BIG BANG

Simon Singh

ビッグバン宇宙論

上

サイモン・シン
著

青木 薫
訳

新潮社

BIG BANG

The Most Important Scientific Discovery
of All Time
and Why You Need to Know About it
vol. I

SIMON SINGH

SHINCHOSHA ◇ Tokyo

装幀◇吉田篤弘・吉田浩美
写真◇坂本真典

ここにお名前を挙げる人たちの存在なしには、本書はありえなかっただろう。カール・セーガン、ジェイムズ・バーク、マグナス・パイク、ハインツ・ウルフ、パトリック・ムーア、ジョニー・ボール、ロブ・バックマン、ミリアム・ストッパード、レイモンド・バクスター、そして私に科学への興味をもたせてくれたテレビ科学番組のディレクターとプロデューサーのみなさんに感謝する。

広大な大聖堂の中に三粒の砂を置けば、大聖堂の砂粒の密度は、宇宙空間の星の密度よりも高いことになる。

——ジェイムズ・ジーンズ

宇宙を理解しようと努めることは、人生を滑稽芝居よりもいくらかましなものにし、悲劇がもつ美質のいくばくかをつけ加える数少ない行為のひとつである。

——スティーヴン・ワインバーグ

人は科学において、それまでは誰も知らなかったことを誰にでもわかるように語ろうとする。しかし詩においては、まったく逆のことが行われる。

——ポール・ディラック

宇宙についてもっとも理解しがたいのは、宇宙が理解可能だということだ。

——アルベルト・アインシュタイン

ビッグバン宇宙論◇目次

上巻

（下巻）

ビッグバン宇宙論 ◇ 上

第Ⅰ章　はじめに神は……

科学は、神話とともに、そして神話への批判とともに始まらざるをえない。

——カール・ポパー

私たちに分別と理性と知性を与えた神が、私たちがその能力を使わないでいることを意図していたと信じるいわれはないと思うのです。

——ガリレオ・ガリレイ

地球上での生活には金がかかるかもしれないが、太陽のまわりを年に一周する旅が無料でついてくる。

——作者不明

物理学は宗教ではない。もし宗教だったなら、資金集めにこれほど苦労はしなかったろう。

——レオン・レーダーマン

この宇宙には一千億以上もの銀河があり、どの銀河にもざっと一千億の恒星が含まれている。その恒星のまわりを、いったいどれだけの惑星が回っているのかはわからないが、少なくともひとつの惑星上に、進化した生命が存在しているのはたしかだ。その中でもひとつの生物種は、この広大な宇宙の起源について考えをめぐらすだけの頭脳と勇気を手に入れた。

人類は幾千代にもわたって空を見上げてきたが、われわれはその中で特別な世代に属するという栄誉に恵まれた。われわれの世代になって初めて、宇宙の創造と進化についてかなり満足のいく、合理的で首尾一貫した説明ができると言えるようになったからだ。ビッグバン・モデルは、夜空に見えるものすべての起源をエレガントに説明するという点で、人間の知性と精神が成し遂げたもっとも偉大な成果のひとつである。ビッグバン・モデルは、飽くことのない好奇心と、大胆な想像力、そして細心の観察と厳格な論理から生み出されたものなのだ。

さらにすばらしいことに、ビッグバン・モデルは誰にでも理解できる。十代のときに初めてビッグバンのことを知ったとき、私はこのモデルのシンプルさと美しさに驚いたが、それだけでなく、基礎となる法則のほとんどは、学校ですでに習った物理学の範囲を超えないことにも衝撃を受けた。ちょうどチャールズ・ダーウィンの自然選択説が、基本的で重要であるだけでなく、知性ある人ならたいてい誰にでも理解できるのと同じく、ビッグバン・モデルは、理論の主要な概念を水で薄めるように嚙み砕かなくとも、素人にもわかる言葉で説明することができるのだ。

しかし、ビッグバン・モデルの黎明《れいめい》期に起こった出来事について語りはじめる前に、まずは少しばかり基礎作りをしておかなければならない。宇宙のビッグバン・モデルはこの百年間に作られたものだが、それが可能になったのは、二十世紀に起こったいくつかの進展のおかげであり、さらには十九世紀に天文学の礎石が敷かれたおかげだった。そして、天空に関するさまざまな理論や観測が組み込まれていった科学の枠組みは、過去二千年のあいだに粘り強く築かれてきたものだ。もっと時間をさかのぼれば、物質界に関する客観的真理への道としての科学的方法が誕生したのは、神話と民間信仰の役割が衰退しはじめた時代のことだった。つまり、ビッグバン・モデルと、科学的な宇宙論を手に入れたいという願望の起源をたずねれば、古代の神話的宇宙観が崩れはじめた時期に到るのである。

◇天地創造の巨人からギリシャの哲学者まで

紀元前六〇〇年に由来する中国の創世神話によれば、宇宙卵から盤古《ばんこ》という巨人が生まれた。盤古はノミを使って山や谷を彫《ほ》り、この世界を作り上げた。次に彼は、太陽と月と星々を大空に取り付けた。それが終わると盤古は死んだ。創造者である巨人の死は、宇宙創造にとって不可欠な要素だ。なぜなら、盤古の死体のさまざまな部分が、宇宙を完成させるために使われたからである。その頭蓋骨は天のドームとなり、その肉は土となり、骨は岩となり、血は河や海となった。いまわの際の一息は風雲を巻き起こし、汗は雨となって降り注いだ。頭髪は地上に振り散って植物となり、頭髪の中に棲んでいた蚤《のみ》からは人間が生まれた。われわれ人間が誕生するために、創造主である巨人が死ななければならなかったことから、人間は永遠に苦労するよう運命づけられた。

　これに対してアイスランドの叙事神話である「新エッダ」によれば、宇宙創造は卵から始まるのではなく、大きな裂け目の中で起こる。この裂け目を境に、世界はムスペッル（炎の国）とニヴルヘイム（霧の国）に分かれていた。ところがある日、ムスペッルの燃え上がるような熱気のためにニヴルヘイムの氷雪が溶け出し、その滴が裂け目の中に流れ込んで、ユミルという巨人が生まれた。ここから宇宙の創造が始まる。

　西アフリカのトーゴに住むクラチ族には、広大な青い神ウルバリの物語がある――われわれにとっては「ウルバリ」と言うより、「空」と言うほうがわかりやすいだろう。かつてウルバリは地面のすぐ上に横たわっていた。ところが、長い棒で穀物を叩いていた一人の女がしつこく彼をつつくので、ウルバリは煩《わずら》わしいこの女よりも高いところに上がった。しかしまだ人間の手が届くところにいたので、人間どもはウルバリの腹のあたりを手ぬぐい代わりにし、青い身体を削り取っては薬味としてスープに加えた。ウルバリはじりじりと高いところに上がっていき、やがて青空に人間は手が届かなくなり、そのまま今日に到っているのだという。

　これもまた西アフリカの一部族であるヨルバ族によれば、天空の所有者はオロルンだった。オロルンは、生気のないぬかるみに被われた大地を見下ろしながら、別の神にこう頼んだ。原初の大地に、カタツムリの殻を一つ持って行ってくれないか？　その殻には土くれが入っていた。さらにオロルンはその神に、鳩と雌鶏をそれぞれ一羽ずつ与えた。ぬかるみだらけの荒れた大地に土くれが置かれ、鶏と鳩がそれを引っ掻いたりついばんだりして広げていった。やがて湿地は乾いた地面になった。オロルンは、世界が首尾良くできあがったかどうかを確かめるためにカメレオンを遣わした。空から大地に降りたカメレオンは、身体の色を青から茶色に変えて、雌鶏と鳩が無事任務を果たしたことを知らせた。

世界中のあらゆる文化が、宇宙はいかにして生じ、どのように形作られたかに関する独自の神話を作り上げてきた。創世神話は実に多様で、ひとつひとつの物語には、それを生んだ自然環境や社会構造が反映されている。アイスランドの神話では、巨人ユミルが誕生する背景には火山や気象の力があった。西アフリカのヨルバ族にとって、固い大地を作ったのは雌鶏と鳩という身近な生き物だった。しかし、独自性の高いこれらの神話にも、いくつか共通する特徴がある。打たれて傷つく広大な青い神ウルバリなのか、死にゆく中国の巨神なのかという違いはあっても、これらの神話は、宇宙創造を説明するにあたって決定的な役割を果たす超自然的な存在を、少なくともひとつは必ずもち込んでいるという点だ。また、これらの神話はみな、その社会内部での絶対的な真理を表している。「神話（myth）」という言葉は、「物語」を意味するギリシャ語の「ミュトス（μυθος）」に由来するが、「ミュトス」にはこのほかにも「権威ある言葉」というニュアンスの「言葉」という意味がある。実際、これらの説明にあえて疑問を呈する者は、異説を抱いたとの非難に身をさらすことになっただろう。

そんな時代が長く続いたが、紀元前六世紀になって、知識人たちは突如としてさまざまな可能性を考えるようになった。このとき初めて、哲学者たちは広く受け入れられていた神話的宇宙観を捨て、自分なりの説明を自由に作り出すようになったのだ。たとえばミレトスのアナクシマンドロスは、地球のまわりには火で満たされた環が回っていて、太陽はその環に開いた穴だと論じた。また彼は、月と星も同じように天空に開いた穴であり、そこから漏れる火のおかげで目に見えるのだと考えた。それに対してコロポンのクセノパネスは、地球は可燃性のガスを放出していて、それが夜のうちに溜まり、臨界質量に達すると発火して太陽になると考えた。ガスの玉が燃え尽きるとふたたび夜が訪れ、後にはわれわれが星と呼ぶ小さな火花が残される。クセノパネスはこれと同じ考えで月も説明し、ガスが二十八日周期で溜まっては燃えるのだと言った。

クセノパネスとアナクシマンドロスが真実にそれほど近くなかったことは問題ではない。ここで重要なのは、彼らが超自然的な仕掛けや神に頼ることなく、自然界を説明する理論を作ろうとしたことだ。太陽は、大空に開いた穴から天の火が漏れているのだという説や、ガスが燃えてできた火の玉だという説は、ヘリオス神が御する燃えさかる馬車として太陽を説明したギリシャ神話とは質的に異なっている。とはいえ、新しい哲学者たちは必ずしも神の存在を否定したかったわけではなく、むしろ自然現象が起こるのは神々のお節介のせいだと考えることを拒んだにすぎない。

これらの哲学者たちは、物理的な宇宙とその起源を科学的に調べようとしたという意味において、最初の「宇宙論研究者《コスモロジスト》」だった。「宇宙論《コスモロジー》」という言葉は、「秩序づける」という意味の古代ギリシャ語「コスメオー（κοσμέω）」に由来し、宇宙は理解可能であり、詳しく調べるにふさわしい対象だという思想を反映している。宇宙にはパターンがあり、それを正しく認識して調べ上げ、その背後にあるものを理解したいというのがギリシャ人たちの大いなる望みだった。

クセノパネスやアナクシマンドロスを、今日的な意味での科学者と呼ぶのは行き過ぎだろうし、彼らの考えを本格的な科学理論と呼ぶのは褒めすぎだろう。しかしそれでもなお、彼らはたしかに科学的な思考の誕生を助けたし、彼らの心的態度《エートス》には現代科学に通じるものが少なくなかった。たとえば、現代科学のアイディアと同じく、ギリシャの宇宙論研究者たちのアイディアは、批判し、比較し、改良したり捨てたりすることができた。ギリシャ人たちは優れた論証を重んじ、哲学者たちのコミュニティーは、さまざまな理論を吟味して、その基礎となる論拠を問いただし、最終的にもっとも説得力のある理論を選び取ろうとした。それとは対照的に、他の多くの文化の中で暮らしていた人々は、あえて神話に疑問を投げかけようとはしなかった。神話はどれもみな、その社会における信仰箇条だったのだ。

サモス島出身のピュタゴラスは、紀元前五四〇年頃から始まったこの新しい合理主義運動の基礎固めに貢献した。ピュタゴラスは自らの哲学の一環として数学への情熱を育み、科学理論を系統的に作り上げるためには数や式が役立つことを示した。彼が初期に切り開いた道のひとつは、簡単な数の比によって和音を説明したことだった。古代ギリシャでも初期の音楽にとってとくに重要な楽器は四弦琴だったが、ピュタゴラスは弦が一本だけの一弦琴を使って実験を行い、和音の理論を作り上げた。まずはじめに決まった張力で弦を張り、弦の長さは変えられるようにしておく。ある長さの弦を爪弾《つまび》くと、特定の音が鳴る。ピュタゴラスは、弦の長さを半分にすると一オクターブ高い音が生じ、最初の音と調和することに気づいた。一般に、弦の長さを変えるとき、初めの長さと簡単な比になるようにすると、弦を爪弾いたときに鳴る音は、初めの音と調和する（たとえば弦の長さが三対二なら、今日で言う「五度」の音程になる）。一方、弦の長さが複雑な比になっていると（たとえば十五対三十七など）、不協和な音程になる。

数学を使って音楽を解釈し、説明できることがひとたびピュタゴラスによって示されると、それに続く科学者たちは、大砲の弾の軌跡からカオス的に変動する天候のパターンまで、あらゆるものを調べるために数を使うようになった。一八九五年にX線を発見したヴィルヘルム・レントゲンは、数理科学に関するピュタゴラス派の哲学を信奉していて、かつてこう語ったことがある。「研究に取りかかろうとする物理学者に必要なものが三つある。一に数学、二に数学、三に数学だ」

ピュタゴラスその人の座右の銘は、「万物は数なり」だった。彼はこの信念に駆り立てられて、天体を支配する数学的規則を見出そうとした。ピュタゴラスは、太陽、月、惑星たちが天空を歩むときにはそれぞれ決まった楽音が生じ、その音程は軌道の長さで決まると論じた。そして彼は、宇宙が調和しているためには、天体の軌道と音は特定の比になっていなければならないと結論したのだ。これは当時広く知られる説となった。ここではこの説を現代の視点から検討して、今日の科学的方法による厳しい吟味に耐えられるかどうかを調べてみよう。まず建設的な面に目を向けると、宇宙は音楽で満ちているというピュタゴラスの説は、いかなる超自然力にも頼っていない。またこの理論はかなりシンプルでたいへんエレガントだ。この二つは、科学において高く評価される性質である。シンプルでエレガントな一個の式に立脚する理論は、ごちゃごちゃと見苦しいいくつもの式に立脚し、複雑な但し書きがたくさんついた理論よりも高い評価を受けるのだ。物理学者バーント・マティアスはこのことを次のように述べた。『フィジカル・レビュー』誌に掲載された論文のうち、一ページの四分の一よりも長い式を含むものは読まなくてよろしい。その論文は間違っている。自然がそんなに複雑であるはずがないからだ」しかしシンプルかつエレガントであることは、科学理論にとっては二番目に重要な特徴でしかない。一番重要なのは、理論が現実世界に合うこと、そして検証可能なことだ。天空の音楽理論はこの点で完全に失格する。ピュタゴラスによれば、われわれは彼の言うところの天空の音楽にたえず浸っているのだが、生まれたときから聞いているため慣れ切ってしまい、知覚できないのだという。何であれ、聞くことのできない音楽や、検出できないものを予測する理論は、科学の理論としては失敗作である。

本物の科学理論は、観測もしくは測定可能な予測をしなければならない。そして、実験もしくは観測の結果が理論の予測と一致すれば、その理論を受け入れ、より大きな科学の枠組みに組み込んでいく根拠となる。一方、もしも理論の予測が間違っていて、実験や観測の結果と矛盾したなら、どれほど美しくてシンプルだったとしても、その理論は捨てるか、あるいは少なくとも修正を加えなければならない。これは理論にとってきわめて重要かつ過酷な条件だが、しかし科学理論の名に値するものはすべて、検証可能でなければならず、現実世界と矛盾してはならないのである。十九世紀の博物学者トマス・ヘンリー・ハクスリーはこれについて次のように述べた。「科学の大いなる悲劇――それは、美しい仮説が醜い事実によって打ち砕かれることだ」

幸いにも、ピュタゴラスの後に続いた者たちは、彼のアイディアを基礎として、その方法論を改良していった。科学はしだいに洗練された強力な学問分野となり、太陽、月、地球の実際の直径や、それら相互の距離を測るという、まさに仰天するような偉業を成し遂げるようになった。これらの測定は、天文学史上の画期的な出来事であり、宇宙の理解へと続く道のりにおいて、とりあえず踏み出された最初の数歩だった。これらの測定はそれ自体として重要なことなので、以下で少し詳しく見ていくことにしよう。

天体の距離や大きさを求めるためには、古代ギリシャ人たちはまず大地は球形であることを証明する必要があった。大地は球形だという考えは、船が水平線のかなたに消えていくときに一番最後まで見えているのはマストの先端だということに哲学者たちが気づいてからは、古代ギリシャでは広く受け入れられるようになっていた。マストが一番最後まで見えているためには、海面がカーブして向こう側が落ち込んでいなければならない。もしも海面がカーブしているなら地面もやはりカーブしているだろうし、その形はおそらく球だろう。大地は球形だという説は、月食のようすからも裏付けられた。月食が起こるのは、大地の丸い影が月面に落ちるときだ。そして丸い影は、球形の物体に対して予想される形なのだ。月食と同じぐらい重要だったのが、月は丸いという誰の目にも明らかな事実だ。このことは、大地は球形をしているという説の傍証となった。大地が球形だと考えれば、あらゆることに辻褄《つじつま》が合った。たとえばギリシャの歴史家で旅行家でもあったヘロドトスは、はるか北方に住む人々は、一年の半分を寝て暮らすと述べた。もしも大地が球形ならば、緯度に応じて太陽光の当たり方は異なるだろうし、極地では冬と夜が半年続くことも自然に説明できる。

しかし大地が球形だとすると、今日でも子どもたちを悩ませているひとつの問題が生じる――南半球に住む人たちは、なぜ落っこちないのだろうか？　この謎に対してギリシャ人が与えた解決策は、宇宙には中心があり、すべてのものは中心に向かって引き寄せられるという信念にもとづいていた。地球の中心は、存在を仮定された宇宙の中心とたまたま一致しているものとされた。そして地球そのものは動かず、地表にあるものはすべて、その中心に向かって引き寄せられるというのだ。そうだとすれば、ギリシャ人も、地球上のほかのどの土地にいる人たちも――地球の反対側に住む人たちでさえも――この力によって大地につなぎ止められるだろう。

地球の大きさを測るという偉業を初めて成し遂げたのは、紀元前二七六年頃に、今日のリビアにあたるキュレネの町に生まれたエラトステネスだった。エラトステネスはまだ幼少のころから優れた頭脳を発揮し、その頭脳のおかげで詩から地理学まであらゆる分野で活躍することになった。彼には、多彩な才能の持ち主であることを意味するペンタトロス（五種競技選手）という渾名《あだな》がついたほどだった。エラトステネスは長年にわたり、古代世界でもっとも権威ある学術ポストだったアレクサンドリアの図書館長を務めた。国際都市アレクサンドリアは、地中海世界の知的中枢の座をアテナイから引き継ぎ、その図書館は世界最高の学問の場だった。本にスタンプを捺《お》したり、ひそひそと小声で話したりする堅苦しい図書館員のイメージは捨てた方がいい。アレクサンドリアの図書館は刺激的で活気に溢れ、聞く者を奮い立たせる学者たちと、まばゆいばかりの才能をもつ学生たちであふれていた。

エラトステネスはこの図書館に在職中、現在のアスワンにほど近いエジプト南部の町シエネの近くにある興味深い井戸のことを知った。毎年六月二十一日、つまり夏至の日の正午になると、太陽がこの井戸の真上から差し込み、井戸の底まで明るく照らすというのだ。エラトステネスは、ちょうどその日に、太陽がまっすぐ頭上に来ているはずだと考えた。シエネより数百キロメートル北にあるアレクサンドリアでは、そんなことは決して起こらない。今日われわれは、シエネはほぼ北回帰線上に位置することを知っている。北回帰線とは、太陽がちょうど頭上に来るもっとも北の緯度である。

シエネとアレクサンドリアで同時に太陽が頭上に来ないのは、大地が球形をしているためだと気づいたエラトステネスは、これを利用して地球の周囲の長さを測れないものだろうかと考えた。エラトステネスの幾何学の解釈や表記法は今日のそれとは違ったから、彼がわれわれとまったく同じようにこの問題を考えたとはかぎらない。しかし彼のアプローチを現代風に説明すれば次のようになる。**図1**には、六月二十一日の正午に、太陽からの平行光線が地球に当たるようすを示した。太陽光線がシエネの井戸を底まで照らすとき、エラトステネスはアレクサンドリアで棒を地面に突き立て、太陽光線とこの棒がなす角度を測った。ここで重要なのは、この角度が、アレクサンドリアとシエネから地球の中心に向かって引いた二つの半径がなす角度に等しいことだ。角度を測定したところ、結果は七・二度だった。

次に、シエネにいる人物がアレクサンドリアに向かってまっすぐ歩こうと決意し、そのまま地球を一周してふたたびシエネに戻るものとする。この人物は、完全な円に沿って三六〇度を踏破することになる。そこで、もしもシエネおよびアレクサンドリアと地球の中心とを結ぶ線の角度がわず

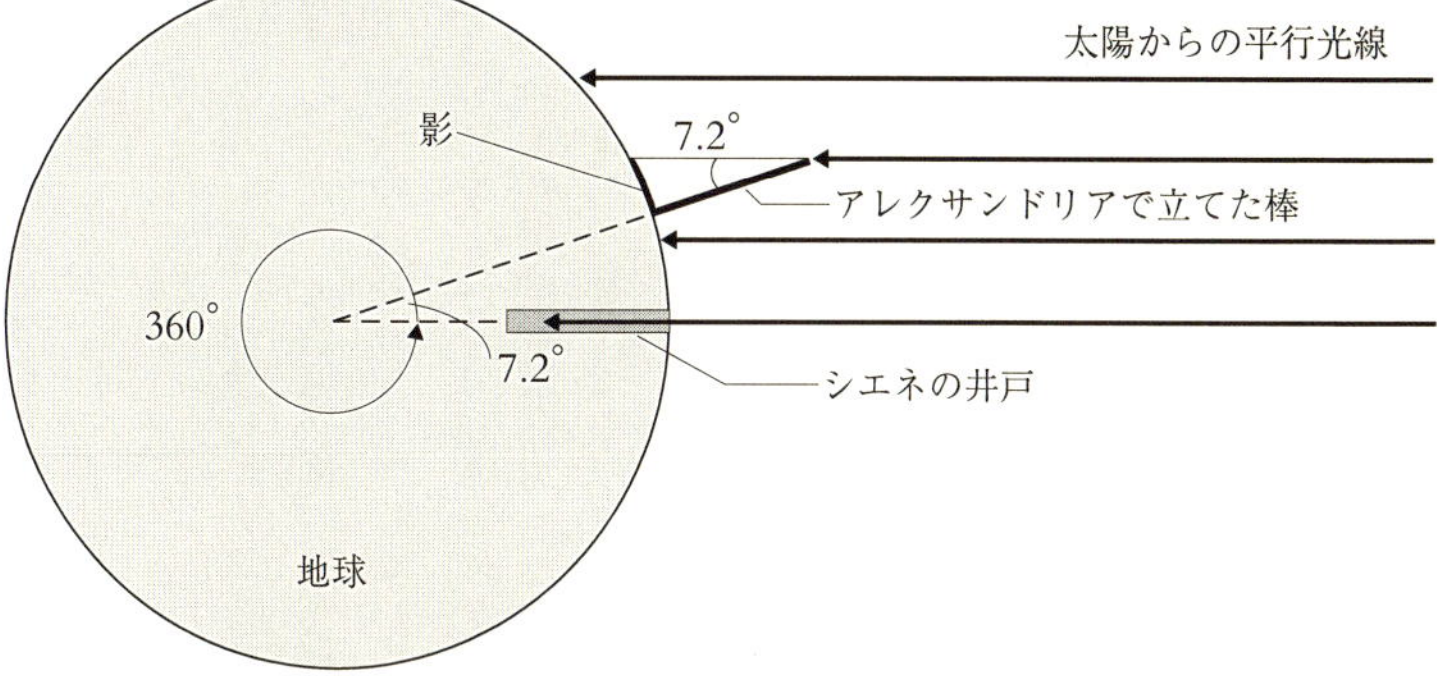

図1　エラトステネスは地球の周囲の長さを求めるために、アレクサンドリアで地面に立てた棒の影を利用した。彼はこの実験を夏至に行った。このとき、太陽は北回帰線の真上から地球を照らすことになる。つまり、北回帰線上にある町では、太陽がちょうど頭上に来る。見やすくするため、この図をはじめ本書の図は、実物通りの縮尺にはなっていない。角度も誇張されている。

か七・二度しかないなら、この二地点を結ぶ距離は、地球の周囲の長さの7.2/360、すなわち五十分の一だということになる。ここから先の計算は簡単だ。エラトステネスがこれら二つの町の距離を測ったところ、五千スタディオンであることがわかった。これが地球の周囲の長さの五十分の一なのだから、求める答えは二十五万スタディオンである。

しかし読者はこんな疑問をもつだろう。二十五万スタディオンとはいったいどれぐらいの距離なのか？　一スタディオンは、徒競走が行われるときの標準的な距離だった。古代ギリシャのオリュンピア競技祭で用いられたスタディオンは百八十五メートルだから、地球の周長の推定値は四万六千二百五十キロメートルとなり、これは実際の値である四万百キロメートルをわずか一五パーセント上回っているにすぎない。実際には、エラトステネスの精度はこれよりさらに高かった可能性がある。というのも、エジプトのスタディオンはオリュンピア競技祭のスタディオンとは異なり、百五十七メートルだったからだ。この場合、地球の周長は三万九千二百五十キロメートルとなり、誤差はわずか二パーセントでしかない。

しかし彼の誤差が二パーセントだったか一五パーセントだったかは問題ではない。重要なのは、エラトステネスが地球の大きさを科学的に求める方法を考え出したことだ。誤差が大きかろうが小さかろうが、それは角度測定の精度や、シエネ―アレクサンドリア間の距離の測定誤差、夏至の正午の時間の決め方や、アレクサンドリアはシエネの真北ではないことなどの結果として生じたものにすぎない。エラトステネス以前は、地球の周長が四千キロメートルなのか四百万キロメートルなのかさえも知る者はいなかったのだから、それが約四万キロメートルだと突き止めたことは偉大な業績である。これにより、地球という惑星を測定するために必要なのは、優れた頭脳と一本の棒をもつ一人の人間だけだということが明らかになった。換言すれば、一人の人間の頭脳といくつかの実験装置があれば、たいていのことはできそうに思えるのだ。

地球の大きさを知ったエラトステネスは、月や太陽の大きさや、地球からこれらの天体までの距離を導き出せるようになった。そのために必要な基礎的作業のほとんどは彼以前の自然哲学者たちによって行われていたが、地球の大きさが確定できないうちは、先人たちの計算は完結しなかった。今やエラトステネスは抜けていた数値を手に入れた。たとえば月食のときに月にかかる地球の影の大きさから（図2）、月の直径は地球のそれのおよそ四分の一であることがわかる。エラトステネスは地球の周長が四万キロメートルであることを示したのだから、地球の直径はざっと（40,000÷π）キロメートル、すなわち約一万二千七百キロメートルだ。したがって月の直径は、（1/4×12,700）キロメートル、すなわち約三千二百キロメートルである。

月の大きさがわかってしまえば、エラトステネスにとって月までの距離を求めるのは簡単なこと

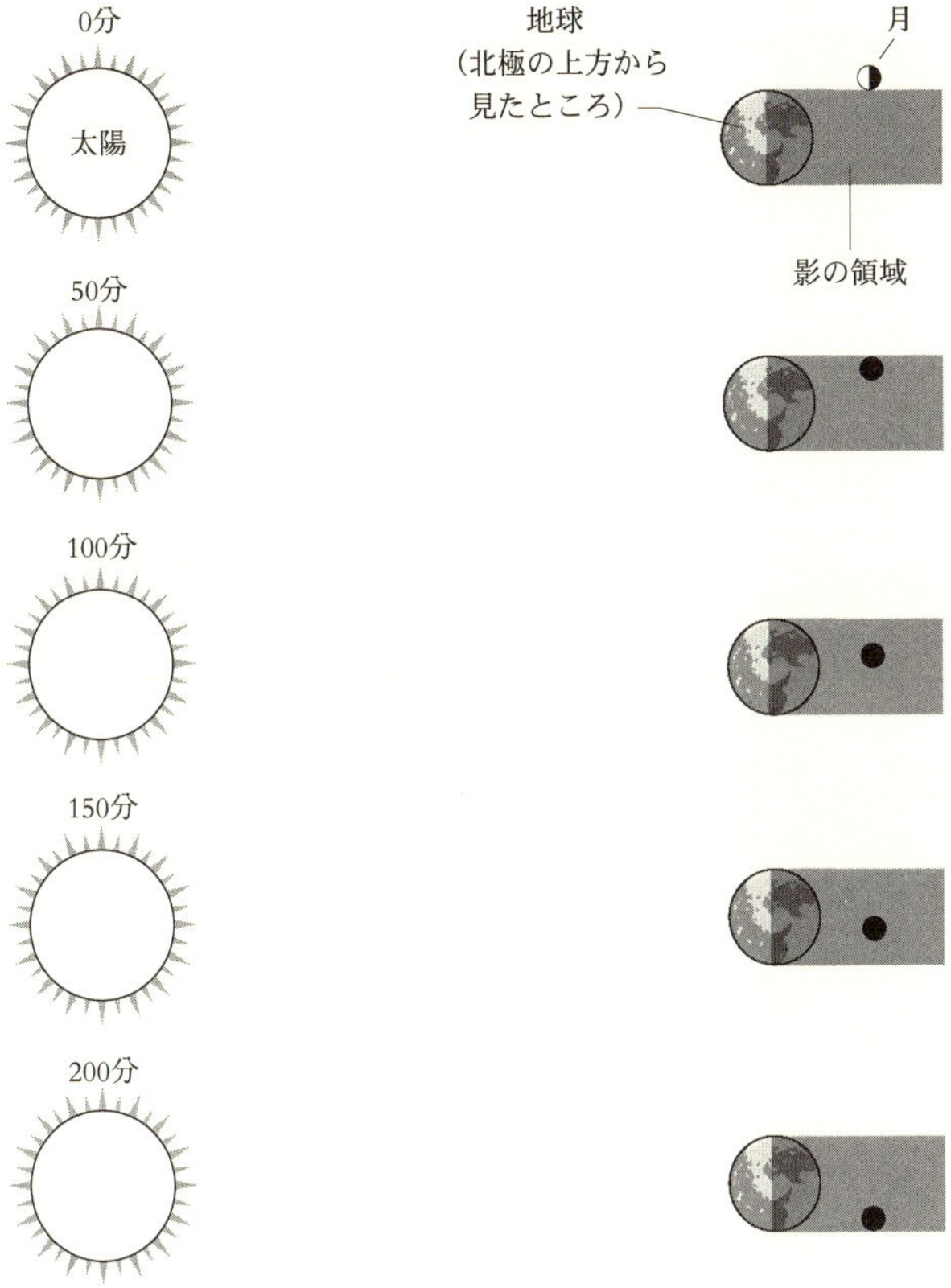

図２　地球と月の相対的な大きさを概算するには、月食のときに地球の影が月面を通り過ぎるようすを観察すればいい。太陽から地球または月までの距離は、地球と月の距離にくらべて非常に大きいので、地球の影はほぼ地球の大きさに等しい。

　ここに示したのは、地球の影の中を月が通過するようすである。この月食では（月は地球の影のほぼ真ん中を通過するものとする）、月が影に接触してから完全に隠れるまでに50分かかり、この値は月の直径のめやすになる。また、月の先端が地球の影を完全に通過するには200分かかる。この値は地球の直径のめやすになる。したがって、地球の直径は月の直径のざっと４倍である。

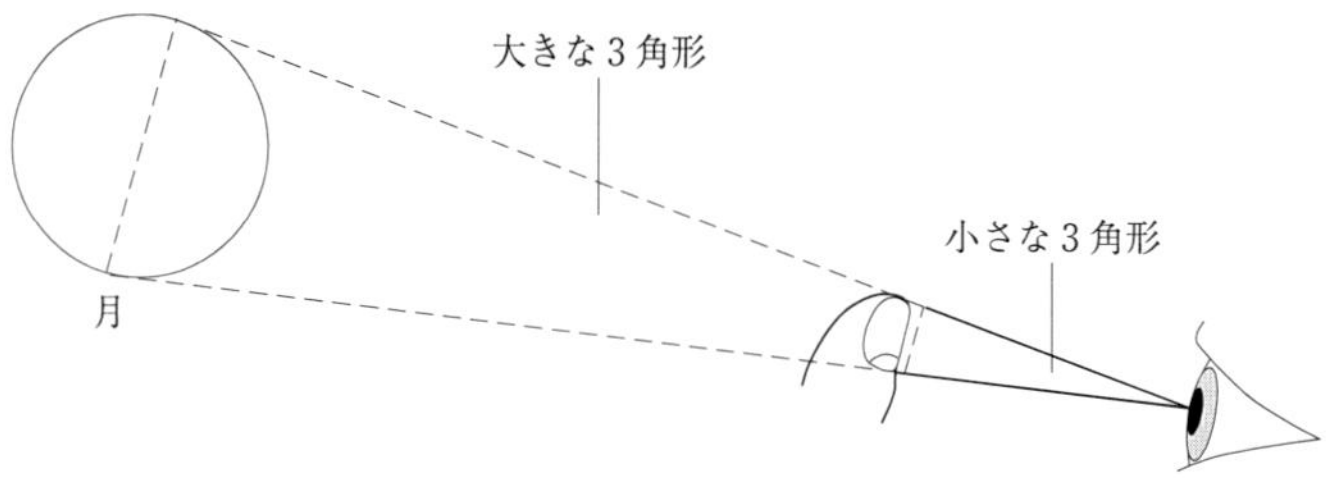

図３　月の大きさがわかれば、月までの距離は比較的容易に導かれる。まず、腕の長さのところにある指の爪で、月をちょうど隠せることに注意しよう。このことから、指の爪の長さと腕の長さとの比は、月の直径と月までの距離との比にほぼ等しいことがわかる。腕の長さは指の爪の長さのざっと100倍だから、月までの距離は月の直径のざっと100倍である。

だった。ひとつの方法として、満月を見上げて片目を閉じ、腕を前に伸ばしてみよう。実際にやってみると、人差し指の先で月をすっぽり覆えるのがわかるだろう。**図3**には、爪の上下と目とを結んでできる三角形を示した。月も、爪よりはずっと大きいが、これと相似の三角形を作る。したがって、腕の長さと爪の長さとの比は（およそ百対一）、月までの距離と月の直径との比に等しいはずだ。このことから、月までの距離は直径のざっと百倍、すなわち三十二万キロメートルとなる。

次にエラトステネスは、太陽の大きさと太陽までの距離を求めた。それができたのは、イオニアの町クラゾメナイの人アナクサゴラスが立てた仮説と、サモス島の人アリスタルコスによる巧みな論証のおかげだった。アナクサゴラスは紀元前五世紀に生きた過激な思想家で、人生の目的は「太陽と月と天を調べること」だと考えていた。彼は、太陽は神などではなく、白くて熱い岩石だと論じた。星々もやはり高温の岩石だが、こちらは非常に遠くにあるため地球では温かさを感じられないのだと考えた。一方、月は冷たい岩石で、光を出さず、月の光は太陽光を反射したものでしかないというのが彼の考えだった。アナクサゴラスが当時住んでいたアテナイ

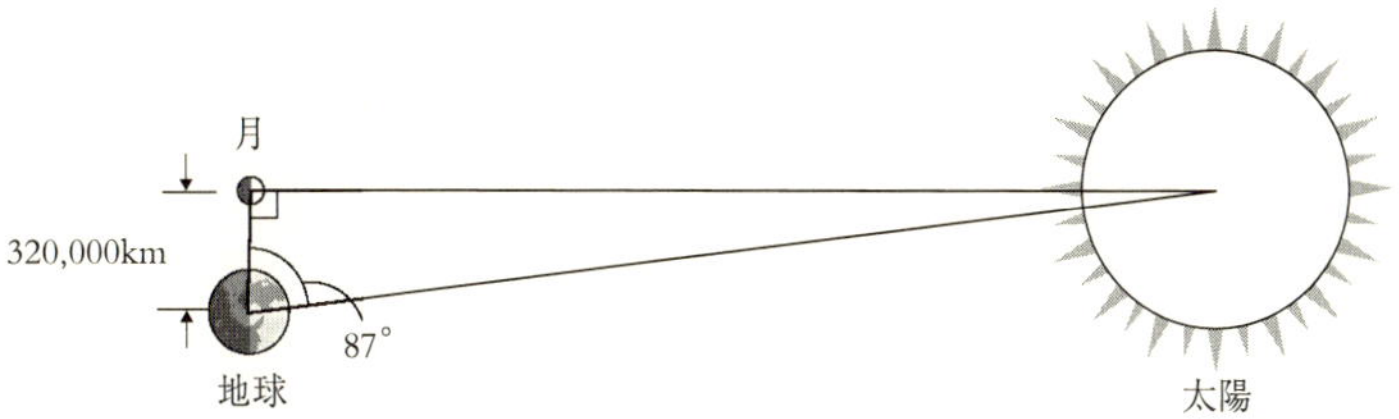

図4　アリスタルコスは、半月のときに地球、月、太陽が直角３角形の配置になることを利用すれば、太陽までの距離を概算できると論じた。彼は半月のときに図に示した角度を測った。簡単な３角法と、すでにわかっている地球と月との距離から、地球と太陽との距離を求めることができる。

では学問的に寛容な気風が生まれつつあったとはいえ、太陽や月は神ではなく岩石だという説は物議をかもした。守旧派のライバルたちは、邪説を説く者として彼を告訴し、組織的な攻撃を開始した。そのためアナクサゴラスは小アジアのランプサコスに逃れざるをえなくなった。アテナイの人々は町を偶像で飾るのを好んだことから、一六三八年、のちのチェスター主教ジョン・ウィルキンズは、神を岩石にした男が、岩石で神を作る人々によって追放されたのは皮肉なことだと述べた。

紀元前三世紀、アリスタルコスはアナクサゴラスの考えをさらに推し進めた。彼は、もしも月の光が太陽光を反射したものなら、半月になるのは、太陽、月、地球が直角三角形の配置になったときだと論じた（**図4**）。そして彼は、地球と太陽、地球と月を結ぶ二本の線がなす角度を測り、三角法を使って、地球と月の距離と、地球と太陽の距離との比を求めた。角度の測定結果は八七度となり、これは太陽が月よりも約二十倍ほど遠くにあることを意味している。また、先ほどの計算結果から、月までの距離はすでに得られている。実を言えば、正しい角度は八九・八五度で、太陽は月よりも四百倍遠くにあることが今日ではわかっている。アリスタルコスはこの角度を測定するために非常に苦労をしたに違いない。いずれにせよ、ここでもやはり精度は重要ではない。ギリシャ人たちが正しい測定方法を考え出したことが大きな進歩だったのであり、未来の科学者たちはもっと良い装置を使うことで正しい答えに近づけるからだ。

いよいよ最後に太陽の大きさだが、これはすぐに求められる。なぜなら、日食のときに月が太陽をすっぽり覆い隠すことはよく知られた事実だからだ。したがって、太陽の直径と、地球から太陽までの距離の比は、月の直径と、地球から月までの距離の比に等しい（図5）。月の直径、地球から月までの距離、地球から太陽までの距離はすでにわかっているから、太陽の直径は簡単に計算できる。この方法は、指の爪の大きさと距離から月までの距離を求めた図3の方法とまったく同じであり、大きさと距離のわかっている物体として、爪の代わりに月を使うだけのことだ。

エラトステネス、アリスタルコス、アナクサゴラスの驚くべき快挙は、古代ギリシャで起こりつつあった科学的思考の進展を鮮やかに示している。というのも、彼らが宇宙を測定した方法は、論理と数学と観測と測量にもとづいているからだ。しかし、科学の礎石を敷いた功績のすべてをギリシャ人たちに帰してしまってよいものだろうか？　なんといってもバビロニア人たちは偉大な実践的天文学者で、詳細な観測を何千件も行っているのだから。だが、バビロニア人は本当の意味での科学者ではなかったという点で、哲学者と科学史家の意見はほぼ一致している。なぜならバビロニアの人々は、宇宙は神に支配され、神話によって説明されるという考えに安んじていたからだ。いずれにせよ、測定結果を山のように蓄積し、星や惑星の位置を延々と記録することは、宇宙の基本的性質を理解することによって観測結果を説明しようという大いなる望みをもつ本物の科学に比べれば取るに足りないことである。フランスの数学者で科学哲学者でもあったアンリ・ポアンカレは、いみじくもこう述べた。「家が石で造られるように、科学は事実を用いて作られる。しかし石の集積が家ではないように、事実の集積は科学ではない」

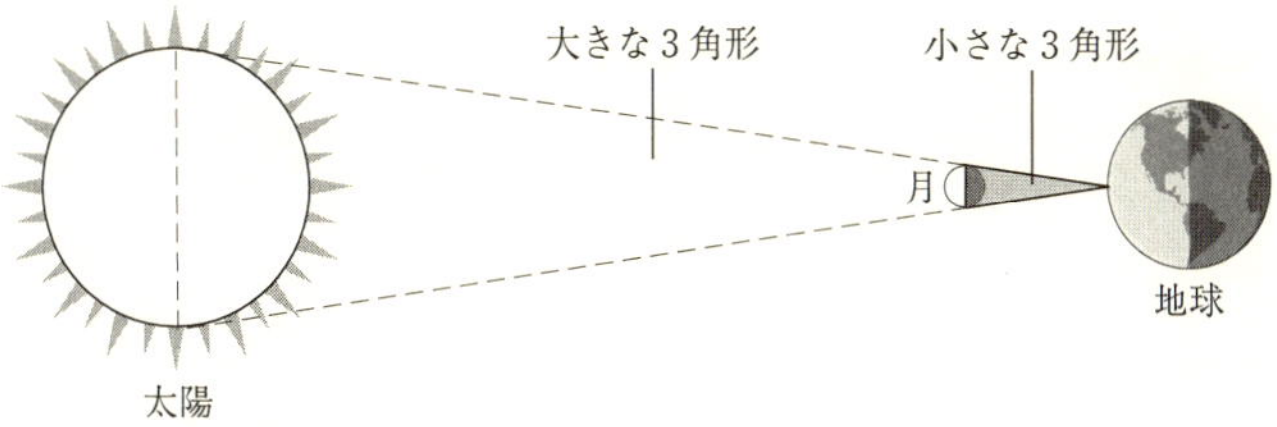

図5　太陽までの距離がわかれば、その大きさを求めることができる。ひとつの方法は、皆既日食と、月の大きさおよび月までの距離を利用することだ。皆既日食は、どの時刻でも地球上のごく限られた地域からしか見えない。なぜなら太陽と月は、地球から見てほぼ同じ大きさだからだ。この図では（縮尺は実物とは異なる）、地球上の日食観測者が、２つの相似な３角形の頂点にいる。第１の３角形は月まで、第２の３角形は太陽まで伸びている。月までの距離と太陽までの距離がわかり、月の直径がわかれば、太陽の直径を求めることができる。

バビロニア人がもっとも古い科学者の原型ではないにしても、エジプト人はどうだろう？　クフ王の大ピラミッドが作られた時期はパルテノン神殿よりも二千年早いし、秤《はかり》や化粧品、インク、木製の錠前、ロウソクなど、さまざまなものを発明、開発した点では、エジプト人はギリシャ人より何世紀も先んじていた。だが、これらはテクノロジーであって科学ではない。テクノロジーは、右に挙げた例からもわかるように、実用的な活動であり、死に際する儀式や、商取引、美容、筆記、保安、照明などの役に立つ。ひとことで言えば、テクノロジーは生（と死）をより快適にするために役立つのに対し、科学はひたすら世界を理解しようとする努力だ。科学者を駆り立てているのは、快適さや便利さではなく好奇心なのである。

科学者と科学技術者《テクノロジスト》とでは、目標は大きく異なっている。それにもかかわらず科学とテクノロジーがしばしば混同されるのは、科学上の発見によってテクノロジーが飛躍的に進歩することが多いからだろう。たとえば科学者が何十年もかけて電気を発見し、科学技術者はそれを利用して電球などを発明するというふうに。しかし古代においては、テクノロジーは科学の恩恵なしに発展し、エジプト人たちは科学を何も知らなくてもテクノロジーの面で成功することができた。ビールを醸造するにしても、テクノロジーとしての方法とその成果には関心があったが、ある物質がなぜ、どのようにして別の物質になるのかには興味がなかった。彼らは基礎となる化学や生化学のメカニズムには少しも気づいていなかったのである。

このように、エジプト人たちは科学技術者ではあっても科学者ではなかった。それに対してエラトステネスとその仲間たちは科学者であって科学技術者ではなかった。ギリシャの科学者たちの目的は、それから二千年後にアンリ・ポアンカレが述べたことと何ら変わらない。

科学者が自然を研究するのは、それが役に立つからではない。科学者が自然を研究するのは、そのなかに喜びを感じるからであり、そこに喜びを感じるのはそれが美しいからである。もしも自然が美しくなかったなら、それは知るに値しないだろうし、もしも自然が知るに値しなかったなら、命は生きるに値しなかったろう。もちろんここで私は五感を刺激する美、質と見かけの美について語っているのではない。私はそのような美の価値を低く見てはいない。それどころか私はそうした美を高く評価している。ただ、そのような美は、科学とは関係がないということだ。科学にかかわる美は、各部分が調和した秩序からもたらされ、純粋な知性によって把握されるような、より深い美なのである。

以上の話をまとめると、古代ギリシャ人たちは、太陽の直径を知るには太陽までの距離がわかればよく、太陽までの距離を知るには月までの距離がわかればよく、月までの距離を知るには月の直径がわかればよく、月の直径は地球の直径がわかればよいことを示した。そしてエラトステネスは、

表1

エラトステネス、アリスタルコス、アナクサゴラスの測定精度はそれほど高くなかったので、さまざまな距離や直径に対して現在得られている値を示し、これまでに引用した数値を訂正しておこう。

地球の周長	40,100km=4.01 $\times 10^4$km
地球の直径	12,750km=1.275$\times 10^4$km
月の直径	3,480km=3.48 $\times 10^3$km
太陽の直径	1,390,000km=1.39 $\times 10^6$km
地球と月の距離	384,000km=3.84 $\times 10^5$km
地球と太陽の距離	150,000,000km=1.50 $\times 10^8$km

ついでに、大きな数を表すための指数表記について説明しておこう（天文学ではとてつもなく大きな数が出てくる）。

10^1は10を意味し	=10
10^2は10×10を意味し	=100
10^3は10×10×10を意味し	=1,000
10^4は10×10×10×10を意味し	=10,000
……	

たとえば地球の周長は、

$$40,100\text{km}=4.01\times 10,000\text{km}=4.01\times 10^4\text{km}$$

と表される。

指数表記は、普通に書けばゼロばかり続いてしまう数を手短に書き表す優れた方法だ。10^Nは、1の後ろに0がN個続くと考えればいい。したがって10^3は、1の後ろにゼロが3個続き、1000となる。

指数表記は非常に小さな数を書くときにも使われる。

10^{-1}は1÷10を意味し	=0.1
10^{-2}は1÷(10×10)を意味し	=0.01
10^{-3}は1÷(10×10×10)を意味し	=0.001
10^{-4}は1÷(10×10×10×10)を意味し	=0.0001
……	

地球の直径を知るという偉大な一歩を踏み出した。距離や直径という足がかりは、北回帰線上にある深い井戸と、地球が月に投げかける影と、半月のときには太陽、地球、月が直角三角形の配置になるという事実と、皆既日食のときには月がぴったり太陽に重なるという観察結果を利用して得られた。これに、月の光は太陽光を反射したものにすぎないといったいくつかの仮定を付け加えると、科学的な論理の体系ができあがる。この科学的な論理体系は固有の美しさをもっている。たくさんの論証がみごとに嚙み合い、いくつもの測定結果が合致し、それまでと異なった理論が突然持ち込まれることでその体系は強度を増す——そうして姿を現すのが、科学的な論理の美なのだ。

初期の測定段階を終えた古代ギリシャの天文学者たちは、いよいよ太陽、月、惑星の運動を吟味できるようになった。彼らはこのときまさに、天体間の相互作用を理解し、ダイナミックな宇宙のモデルを作ろうとしていたのである。それは、宇宙を深く理解するという道のりの次の一歩となるものだった。

◇円に円を重ねる

われわれのもっとも遠い祖先たちでさえ、空のようすは事細かに調べた。それは天気の変化を予測するためだったかもしれないし、時の流れを知るためだったかも、あるいは方角を知るためだったかもしれない。祖先たちは日々太陽が空を渡っていくのを眺め、夜ごとに星たちが定まった道を歩むのを見つめた。彼らの立つ大地は堅固で揺るぎなかったから、静止した地球のまわりを天体が動いている——その逆ではない——と思い込むのはごく自然なことだった。結果として古代の天文学者たちは、球形の大地が真ん中で静止し、そのまわりを宇宙が回転するという世界観を作り上げた。

もちろん現実には、太陽が地球のまわりを回るのではなく、地球が太陽のまわりを回っている。だが、動いているのは地球のほうかもしれないと考えた者は、クロトンの人ピロラオスが舞台に登場するまでは一人もいなかった。ピロラオスは紀元前五世紀に生きたピュタゴラス派の学徒で、地球が太陽のまわりを回っているのであって、その逆ではないという説を初めて打ち出した。紀元前四世紀になると、ポントスの人ヘラクレイデスがピロラオスの説をさらに推し進めた。ヘラクレイデスは友人たちから頭がおかしいと言われ、「パラドクソロゴス（奇想天外な話をする人）」と呼ばれた。この宇宙観に最後の仕上げをしたのが、紀元前三一〇年、ヘラクレイデスが死んだその年に生まれたアリスタルコスである。

アリスタルコスは太陽までの距離を測ることに貢献した人物だが、全体としての宇宙像を驚くべき正しさで作り上げるという壮大な彼の業績にくらべれば、それぐらいは大した仕事ではない。彼は、地球は宇宙の中心にあるという、直観的にわかりやすい（しかし間違った）宇宙像を駆逐しようとした（図6(a)）。アリスタルコスの、それほどわかりやすくない（しかし正しい）宇宙像によれば、地球はより支配的な太陽のまわりを勢いよく回っている（図6(b)）。アリスタルコスは、地球は自分の軸のまわりを二十四時間で一回転していると述べたが、これもまた正しかった。そのように考えれば、なぜわれわれが昼間は太陽のほうを向き、夜は太陽とは違う方角に向くのかも説明できた。

アリスタルコスはたいへんに尊敬されていた哲学者で、天文学に関する彼の説はよく知られていた。実際、アルキメデスは、太陽中心の宇宙像について次のように書いている。「アリスタルコスは、恒星と太陽は動かず、地球は太陽のまわりで円周に沿って運ばれているという仮説を立てた」

しかし哲学者たちは、おおむね正しかったこの太陽系モデルを完全に捨て去り、太陽中心の宇宙像はそれから千五百年のあいだ姿を消すことになったのである。古代ギリシャ人は賢かったと言われているのに、なぜアリスタルコスの洞察に満ちた世界観を捨て、地球中心の宇宙に固執したのだろうか？

地球中心の宇宙観が主流になった背景には、自己中心的なものの見方も影響していたのかもしれない。しかし、アリスタルコスの太陽中心の宇宙ではなく、地球中心の宇宙が選び取られたのには、それ以外にもいくつか理由があった。太陽中心の世界観が抱えていた基本的な問題は、「まったく馬鹿げて見える」ということだった。一方、地球は動かず、そのまわりを太陽が回っているのはごく自然なことに思われた。要するに、太陽中心の宇宙観は常識に反していたのである。しかし優れた科学者は常識に引きずられてはならない。なぜなら常識は、隠れた科学的真理とは何の関係もないことがあるからだ。アルベルト・アインシュタインは常識というものを厳しく批判し、「十八歳までに身につけた偏見の寄せ集め」だと言った。

古代ギリシャ人たちがアリスタルコスの太陽系モデルを受け入れなかったもうひとつの理由は、このモデルは科学的な吟味に耐えられそうになかったからだ。アリスタルコスは現実の世界に合うモデルを作ったというが、それが正しいかどうかは明らかではなかった。はたして地球は本当に太陽のまわりを回っているのだろうか？　アリスタルコスの太陽中心モデルは、三つの明白な欠陥があるとして批判された。

第一に、古代ギリシャ人たちは、もしも地球が動いているならたえず強風が吹き付けてくるはずだし、足下の大地が猛烈なスピードで動いているなら、われわれはなぎ倒されるはずだと考えた。ところが、そんな強い風は感じられず、大地がぐいぐい動くようすもない。そこで古代ギリシャ人

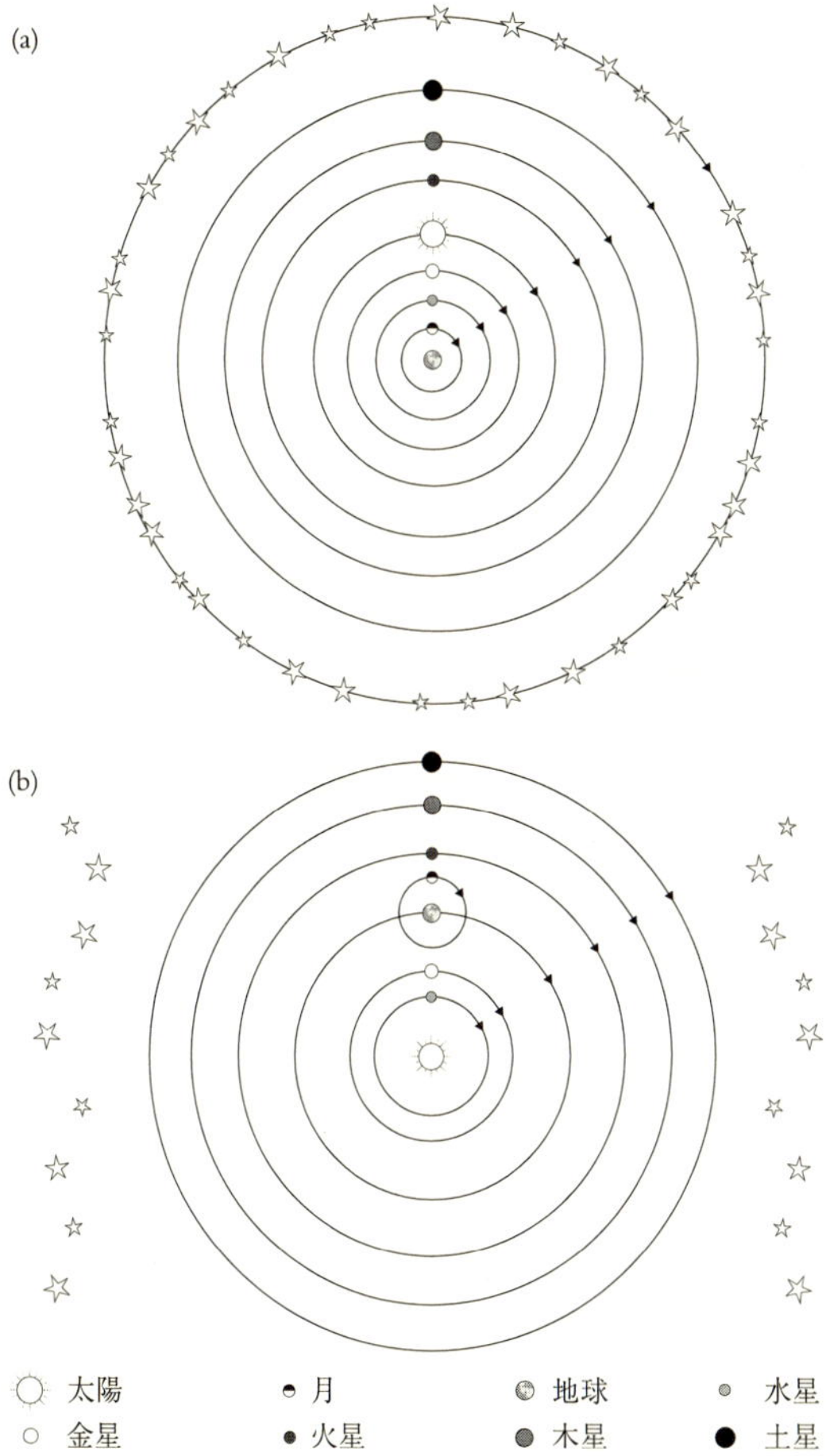

図6　図(a)は、古典古代の間違った地球中心宇宙モデル。月と太陽と惑星たちが地球のまわりを回っている。数千の星たちもまた地球のまわりを回っている。図(b)は、アリスタルコスが唱えた太陽中心の宇宙像。このモデルでは月だけが地球のまわりを回る。星たちは背景の垂れ幕のように静止している。

たちは、地球は静止しているに違いないと考えた。もちろん、現実には地球は動いているのだが、猛烈なスピードで宇宙を突き進んでいることにわれわれが気づかないのは、地球上にあるものはすべて——人間も、大気も、足下の地面も——地球と一緒に動いているからなのだ。しかし古代ギリシャ人たちには、この言い分の正しさは理解できなかった。

第二の欠陥は、地球が動くという説は、古代ギリシャの重力観と相容れなかったことである。すでに述べたように、あらゆるものは宇宙の中心に向かい、地球はすでに中心にあるのだから動かないというのが伝統的な考え方だった。この説はたいへん合理的だった。なぜなら、リンゴが木から落ちて地球の中心に向かうのは、宇宙の中心に引き寄せられているためだとして説明できるからだ。一方、もしも太陽が宇宙の中心なら、なぜ物体は地球に向かって落下するのだろうか？　リンゴは、木から地面に落ちるのではなく、太陽に向かって吸い寄せられていくだろう。リンゴばかりか、地球上のものはすべて太陽に向かって落下するはずなのだ。今日のわれわれは重力をよりよく理解しているので、太陽中心の太陽系モデルのほうがずっと合理的に思える。近代の重力理論によれば、地球に近い物体は地球に引き寄せられ、惑星たちははるかに質量の大きい太陽の引力によって軌道上につなぎ止められている。しかしこの説明もまた、古代ギリシャ人たちの限られた科学的知識の枠組みを超えていた。

哲学者たちがアリスタルコスの太陽中心宇宙モデルを捨てた三つ目の理由は、恒星の相対位置がまったく変化しないように見えたことである。もしも地球が太陽のまわりを回りながら莫大な距離を移動しているなら、一年のうちには異なる位置から宇宙を見ることになる。位置が変われば、宇宙の見え方も変わり、恒星同士の位置関係も違って見えるはずだ。この変化のことを、恒星の「視差」という。視差のメカニズムを知るために、顔から数センチ離れたところに指を一本立ててみよ

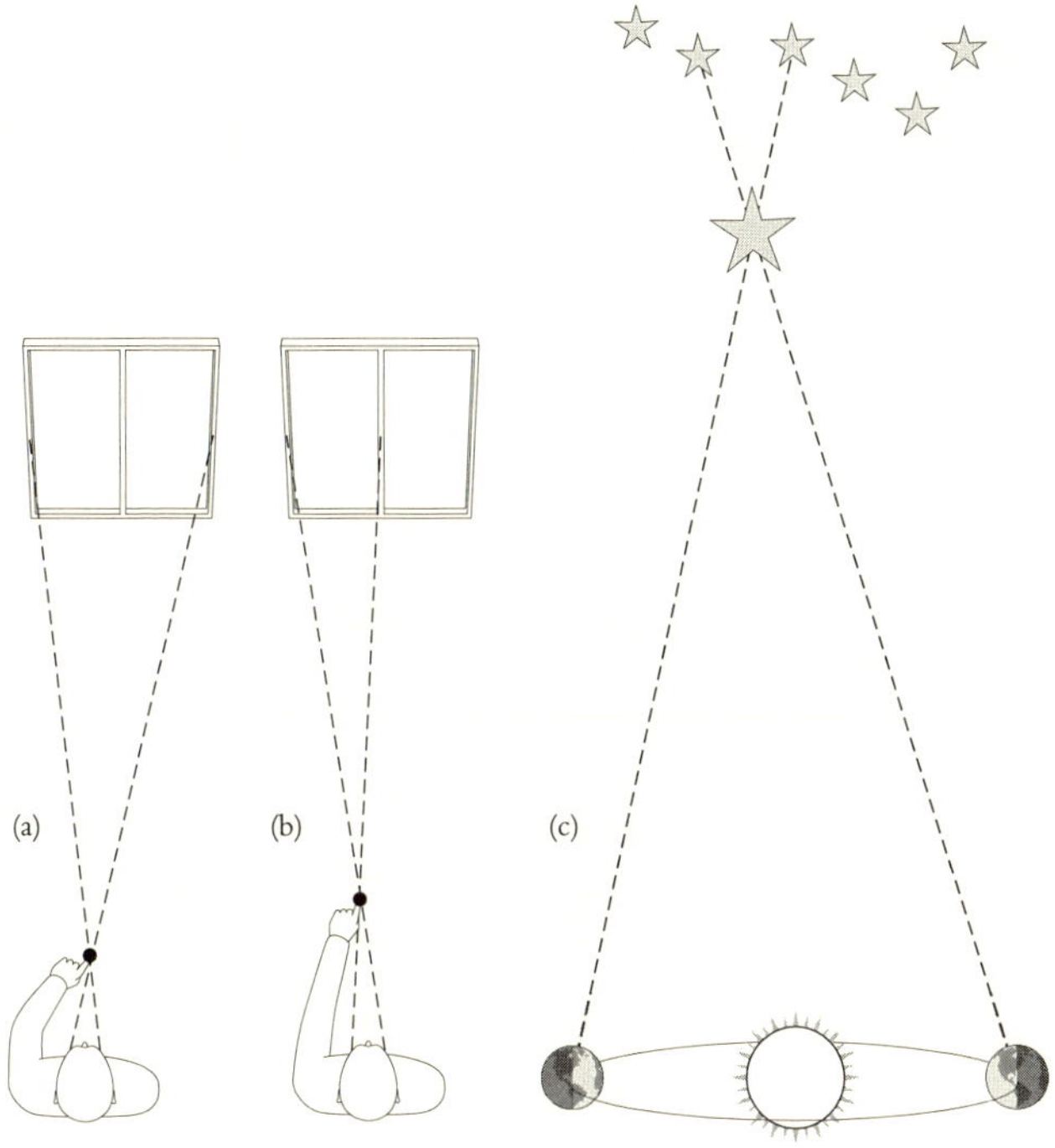

図7　視差とは、観測者の視点が移動したために物体の見かけの位置が変化することである。図(a)には、右目で見たときには、標識である指は窓枠の左端に重なっているが、左目で見ると位置が変わるようすを示した。図(b)には、標識の指が遠ざかると、右目と左目の切り替えによる視差がぐっと小さくなるようすを示した。地球が太陽のまわりを回るにつれてわれわれの視点は移動するので、どれかの恒星を標識に使えば、1年のうちには、より遠くにある恒星に対する位置が変わって見えるはずだ。図(c)には、地球の位置が変化するために、標識となる恒星に並んで見える相手の恒星が変わるようすを示した。しかし図(c)を正しい縮尺で描いたとすれば、恒星たちはこのページの上端より1kmほども遠くにはみ出してしまう。そのため恒星の視差はきわめて小さく、古代ギリシャ人たちには感知できなかったのだ。古代ギリシャ人たちは恒星が実際よりもずっと近くにあると考えたため、彼らにとって視差が存在しないことは、地球が静止していることを意味したのである。

う。左目を閉じて右目だけを使い、指が何か（窓枠など）と重なるようにする。次に右目を閉じて左目を開けると、指は窓枠に対して右側にジャンプしたように見えるだろう。右目と左目を交互に閉じると、指は左右にジャンプする。このように、目を交互につぶって数センチばかり視点を移動させるだけで、窓枠に対する指の見かけの位置が移動するのだ。このようすを図7(a)に示した。

地球と太陽の距離は一億五千万キロメートルだから、もしも地球が太陽のまわりを回っているなら、六カ月後には三億キロメートル離れた場所にいることになる。古代ギリシャ人たちは、地球が太陽のまわりを回っているなら大きな視差があるはずなのに、一年を通じて恒星相互の位置関係はまったく変化しないことに着目した。このこともまた、地球は宇宙の中心で静止しているという結論を支持しているように思われた。だが恒星は非常に遠くにあるため、古代ギリシャ人たちは視差を感知できなかったのだ。距離が大きくなるにつれて視差がどれほど小さくなるかを見るために、もう一度、左右の目を交互につぶる実験をしてみよう。今度は腕をすっかり伸ばして、指が一メートルほど遠くに位置するようにする。前と同じく、まず右目を使って、標識の指が窓枠と重なるようにしよう。次に右目をつぶって左目で見ると、指が遠ざかったために、視差による位置のずれは前よりもずっと小さくなるはずだ（図7(b)）。以上をまとめると、地球はたしかに動いているのだが、視差は距離とともに急速に小さくなり、恒星は非常に遠くにあるため、当時の素朴な装置では視差は検出できなかったということだ。

当時、アリスタルコスの太陽中心宇宙モデルに不利な証拠はとても説得力があったので、彼の友人である哲学者たちがみな地球中心モデルに忠実であり続けたのは無理もないことだった。伝統的な地球中心モデルは、現実の世界によく合い、合理的で首尾一貫していたのである。哲学者たちは、伝統的な宇宙像と、その宇宙における自分たちの位置に満足していた。ただし、ひとつ未解決の問題があった。なるほど太陽と月と恒星はみな従順に地球のまわりを回っているように見えたが、気まぐれに空をうろつく五つの天体があったのだ。そのなかには、ときおりぴたりと動きを止めたのち、しばらく逆向きに進むものもあった。天の大勢に逆らって彷徨《さまよ》うように動いていたのは、当時知られていた五つの惑星、水星、金星、火星、木星、土星だった。実際、「惑星（planet）」という言葉は、ギリシャ語で「放浪者」を意味する「プラネーテース（πλανήτης）」から派生したものなのだ。同様に、バビロニア語で惑星を表す「ビッブ」という言葉は、本来は「離れ羊」という意味で、惑星がどこにでもふらふらと彷徨い出すように見えたことからついた名前だ。古代エジプト人は火星のことを「セクデッド＝エフ・エム・ケトケト」と呼んだが、これは「後方に航海する者」という意味である。

地球が太陽のまわりを回っているという今日の見方からすれば、大空を彷徨うこれらの天体の動きを理解するのは簡単だ。惑星は太陽のまわりを着実に進んでいるのだが、それを見るわれわれの足場――すなわち地球――が動くせいで、惑星の運動が不規則に見えるのだ。とくに、火星、木星、土星の「逆行運動」は容易に説明できる。図8(a)には、太陽と地球と火星だけを残し、それ以外はすべて省略した太陽系を示した。地球は太陽をめぐる軌道上を火星よりも速く進むため、火星に追いつき、追い越すことになるが、そのとき地球から火星に向かう視線が前後にシフトするのである。一方、古い地球中心の考え方によれば、われわれは宇宙の中心で静止し、ほかのすべてがわれわれのまわりを回っていることになるため、火星の動きは謎だった。火星は、図8(b)に示すように、不思議なループを描きながら地球のまわりを回っているように見えた。土星と木星もこれと同様の逆行運動をしたので、ギリシャ人たちはこの二つの惑星もやはり、実際に軌道がループ状になってい

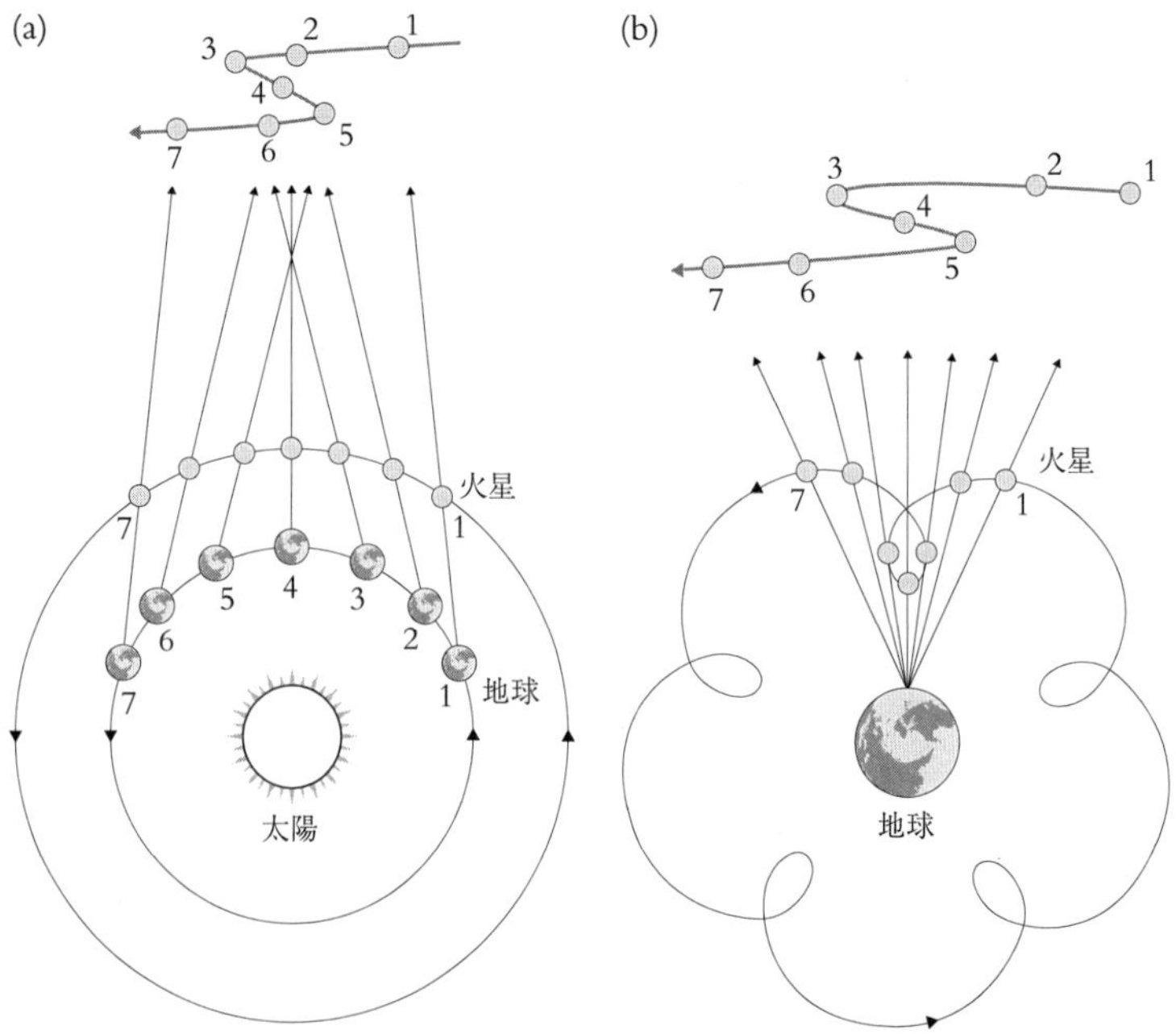

図8　火星、木星、土星は、地球から見たときにいわゆる逆行運動をする。図(a)は、太陽と地球と火星のみを示し、それ以外を省略した太陽系である。地球と火星は太陽のまわりを反時計回りに進む。1の位置から見ると、火星は速度を増しながらわれわれの先を行くが、地球が2の位置を過ぎると火星の速度は落ちはじめる。そして地球が3の位置に来たところで火星は進行を止め、その後右に動きはじめる。その状態は地球が4を経て5の位置に来るまで続く。ここで火星はふたたび進行を止める。その後、火星はまた最初の向きに進みだし、地球は6を経て7に至る。もちろん火星はたえず太陽のまわりを反時計回りに進んでいるのだが、地球と火星が相対運動をしているために、われわれから見た火星はジグザグに進むように見えるのだ。このように、太陽中心モデルの観点からは、逆行運動には何の問題もない。

図(b)には、地球中心モデルの信奉者にとって火星の軌道がどう見えるかを示した。火星がジグザグに進むのは、実際の軌道がループを描くからだと解釈された。換言すれば、伝統主義者たちは、宇宙の中心に不動の地球があり、火星はその地球のまわりでループを描いていると信じていたのだ。

るものと考えた。

古代ギリシャ人にとって、惑星軌道がループを描くことは由々しき問題だった。なぜならプラトンとその弟子であるアリストテレスによれば、すべての軌道は円のはずだったからだ。プラトンとアリストテレスは、円はシンプルで美しく、始まりも終わりもない完全な形であり、天は完全な領域なのだから、天体は円を描いて天空を渡らなければならないと断言した。何人かの天文学者や数学者らがこの問題に取り組み、数世紀をかけて巧妙な解決策を作り上げた。その解決策は、円を組み合わせることによりループ状の惑星軌道を説明するというもので、軌道は完全なる円でなければならないというプラトンとアリストテレスの言葉に沿うものだった。やがてこの解決策には、西暦二世紀にアレクサンドリアで活躍したプトレマイオスという天文学者の名前が冠せられるようになった。

プトレマイオスの世界観では、まずはじめに「地球は宇宙の中心で静止している」という広く支持されていた仮説が置かれた。というのも、もしも地球が静止していなかったとすれば、「すべての動物と、重さをもつあらゆる物体は、後に取り残されて空中に浮かぶことになるだろう」からだ。次にプトレマイオスは、太陽と月は単純な円軌道を描くものと仮定した。そうしておいて、惑星の逆行運動を説明するために、円に円を重ねる理論を作り上げた（図9）。火星のように周期的に逆行運動をする軌道を作るために、プトレマイオスはまずひとつの円を考え（これを「導円」という）、その円周上に一本の棒を取り付けて、棒は回転できるようにした。惑星は、くるくると回るこの棒の先端に位置している。もしも主たる導円は動かずに棒だけが回転すれば、図9(a)に示すように、惑星は半径の小さい円軌道を描く（これを「周転円」という）。逆に、主たる導円が回転し、棒は固定されて動かなければ、図9(b)に示すように、惑星は大きな半径の円軌道を描く。しかし、導円が回転すると同時に、棒も導円上の一点のまわりに回転するなら、惑星の軌道は二つの円運動の組み合わせとなり、逆行運動のループに似た振る舞いをする（図9ⓒ）。

円と、その円周上の一点に取り付けた棒によるこの説明は、プトレマイオス・モデルの中核となる考え方を伝えてはいるが、実際のモデルははるかに複雑だった。そもそもプトレマイオスはそのモデルを三次元で考えたのだし、それぞれの天体を運ぶ天球は透明な固い物質で作り上げたのである。しかし本書では話を簡単にするために、今後も二次元の円で考えていくことにしよう。プトレマイオスはまた、いろいろな惑星の逆行運動を高い精度で説明するために、惑星ごとに導円の半径と周転円の半径を注意深く調節し、それぞれの円の回転速度も選ばなければならなかった。さらに精度を大幅に上げるために、彼は調節可能なものをあと二つ持ち込んだ。その一つが「離心円」で、その名の通り、地球すなわち宇宙の中心から少し離れたところに中心をもつ導円である。そしてもう一つが「エカント」だ（エカントという名称は後世に使われたもので、ギリシャ語ではなくラテン語で「等しくする」という意味。惑星の周転円は、このエカントのまわりで等速運動を行う）。エカントはやはり地球の近くに置かれ、その影響により惑星の運動速度が変わるとされた。こうして惑星運動の説明がしだいに複雑になってくるにつれ、そのようすをイメージするのは容易ではなくなるが、本質的には、円に円を重ねただけのことである。

遊園地に行けば、プトレマイオスの宇宙モデルの模型にぴったりのものが見つかる。単純な径路をたどる月は、子ども用のおとなしいメリーゴーラウンドに取り付けられた馬のようなものだ。しかし火星がたどる径路は、むしろ「ワルツァー」という乗り物の激しい動きに似ている。ワルツァーは、長い腕の先にコーヒーカップのような座席が付いていて、回転する腕の先で座席もくるくると回る。乗客は、長い棒の先端で大きな円を描きながら、座席とともにすばやく回転する。これら二つの運動が合わさると、大きな速度でぐんと前進することもあれば、座席が腕と逆向きに回転す

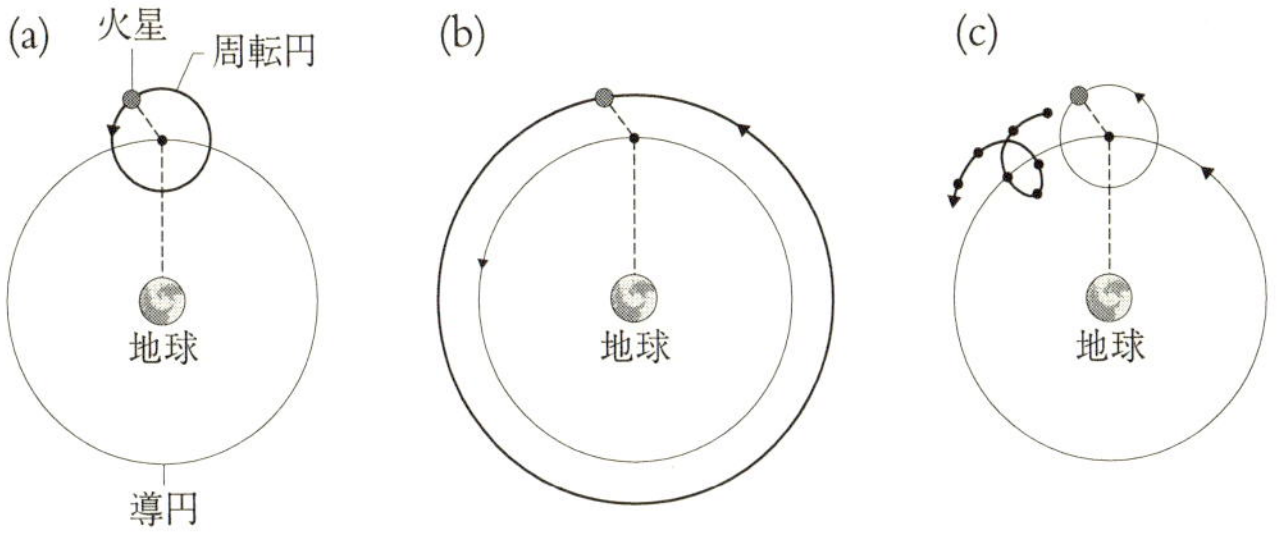

図９　プトレマイオスの宇宙モデルでは、火星などの惑星が描くループのある軌道を、円の組み合わせによって説明する。図(a)には、主たる「導円」と、その円周上の１点に取り付けた棒（図中の短い破線）を示した。惑星はこの棒の先端にある。導円は回転せずに棒だけが回転すれば、惑星の軌道は、棒の先端が描く小さな円になる（図中の太い実線）。これを周転円という。

図(b)には、棒は回転せず、導円だけが回転する場合を示した。このとき惑星は半径の大きな円を描く。

図(c)には、棒が回転するとともに、棒を取り付けた支点も回転する場合を示した。このとき導円に周転円が重なって、惑星の軌跡は２つの円軌道の組み合わせとなり、火星などの惑星が見せるループ状の逆行運動が得られる。導円および周転円の半径は変えることができ、回転速度もそれぞれ調節可能なので、どんな惑星軌道にも合わせることができる。

るせいで速度が小さくなることも、さらには逆行することさえもある。プトレマイオスの用語を使えば、座席はくるくると「周転円」を描き、長い腕は「導円」を描く、ということになる。

地球を中心とするプトレマイオスの宇宙モデルは、すべては地球のまわりに回転し、天体はみな円形の径路をたどるという信念にもとづいて作られていた。そうしてできたモデルは恐ろしく複雑で、導円や離心円の上に周転円が重なり、またそれらはエカントの影響を受けることになった。アーサー・ケストラーは、初期天文学の歴史を描いた『夢遊病者たち』という著作の中で、プトレマイオスのモデルのことを「使い古された哲学と退廃した科学の産物」と評した。しかしプトレマイオスの体系は、基本的なところで間違っていたとはいえ、科学的モデルが満たすべき基本条件のひとつを満たしていた。それは、それ以前のいかなるモデルよりもはるかに高い精度で、すべての惑星の位置と運動を予測したことである。たまたま大枠では正しかったアリスタルコスの太陽中心モデルでさえ、これほど高い精度で惑星の運動を予測することはできなかった。したがって、プトレマイオスのモデルが生き延び、アリスタルコスのモデルが姿を消したのは驚くべきことではない。46〜47ページの**表2**には、これら二つのモデルの主な長所と短所を、古代ギリシャ人たちに知られていた事実に準拠してまとめておいた。地球中心モデルのほうが断然優れていたことは一目瞭然だろう。

プトレマイオスの地球中心モデルは、「大集成」を意味する『ヘー・メガレー・シュンタクシス（ἡ Μεγάλη Σύνταξις）』という書物に収められた。西暦一五〇年頃に執筆されたこの作品は、長期にわたって天文学の分野でもっとも権威ある書物だった。実際、それから千年ものあいだ、ヨーロッパの天文学者は一人残らずこの本の影響を受け、そこに記された地球中心の宇宙像を本気で疑う者は一人もいなかったのだ。『ヘー・メガレー・シュンタクシス』は、西暦八二七年にアラビア語に翻訳されて『アルマゲスト（もっとも偉大なもの）』と題され、さらに多くの読者を得ることになった。中世ヨーロッパの学問が、伝統墨守の風潮の中で沈滞していた時期、プトレマイオスの学説は中東の偉大なイスラム学者たちによって研究され、命脈を保った。イスラム帝国の黄金期には、アラブの天文学者がさまざまな天文装置を発明し、重要な天体観測を行い、バグダードのシャンマースィーヤ天文台をはじめとする大規模な天文台もいくつか建設された。しかしそのアラビア人たちも、円に円を重ねて惑星軌道を作るプトレマイオスの地球中心宇宙モデルを疑うことはなかった。

ヨーロッパが知のまどろみからようやく目覚めはじめると、古代ギリシャの知恵はスペインのトレドを経由して西欧世界に伝えられた。ムーア人の町トレドには大きな図書館があった。一〇八五年に、スペイン王アルフォンソ六世がムーア人の手からトレドを奪取すると、ヨーロッパ各地の学者たちは、世界有数の知の宝庫を利用できるという未曾有の機会を手に入れた。図書館の蔵書はほとんどみなアラビア語で書かれていたため、大規模に翻訳を行う機関を創設することが最優先の課題となった。翻訳者の大半は、仲介者の助けを借りてアラビア語から土地の言葉であるスペイン語に訳し、それをさらにラテン語に翻訳した。しかし、もっとも多産かつ優秀な翻訳者の一人であったクレモナのゲラルドは、より原典に近いものから正確な翻訳をしようとアラビア語を学んだ。彼がトレドに惹かれてやってきたのは、この町にはプトレマイオスの代表作があるらしいとの噂を耳にしたからだった。ゲラルドは七十六の重要文献をアラビア語からラテン語に翻訳したが、『アルマゲスト』は、そのなかでももっとも意義深い訳業である。

ゲラルドら翻訳者たちの努力のおかげで、ヨーロッパの学者たちは古代の書物をふたたび読めるようになり、ヨーロッパの天文学研究は活気づいた。しかし逆説的に、やがて学問の進歩は止まってしまった。なぜなら、古代ギリシャの書物を敬う気持ちがあまりにも強すぎたために、その内容にあえて疑問を呈する者はいなかったからだ。古代の学者たちは、人間に理解可能なことすべてに通暁していたのであり、『アルマゲスト』のような書物は絶対的真理として受け止めなければならないとされた。古代人たちは、途方もない大きなミスをいくつも犯していたにもかかわらずである。たとえば、神聖視されていたアリストテレスの書物には、女性よりも男性のほうが歯の本数が多いと書いてあった。牡馬は牝馬よりも歯の数が多いという観察事実を一般化してしまったのだ。アリストテレスは二度結婚したが、どちらの結婚でも、わざわざ妻の口を覗いたりはしなかったとみえる。アリストテレスは最高の論理学者だったかもしれないが、観察や実験という概念はつかみ損なった。皮肉なのは、中世の学者たちが古代の叡智をふたたび手に入れるまでに、すでに何世紀もか

↘否両論であることを示している。今日のわれわれは、太陽中心説のほうが真実に近いことを知っているが、古代の観点によれば、太陽中心説が地球中心説よりも優れていたのは、たった1つの基準（シンプルさ）だけだった。

太陽中心説

評価基準		評価
1　常識	地球が太陽の周囲をめぐっていると考えるためには想像力と論理の飛躍が必要。	×
2　運動の感知	運動は検出されない。地球が運動しているとすればなぜ検出されないのかは、簡単には説明できない。	×
3　地表への落下	地球が中心でないモデルでは、なぜ物体が地面に向かって落下するのかは、簡単には説明できない。	×
4　恒星の視差	地球が動くとすると、視差がないように見えることは、惑星が非常に遠くにあることを意味する。より良い装置を使えば視差は検出されるのかもしれない。	?
5　惑星運動の予測	良く合うが、地球中心モデルほどは良くない。	?
6　惑星の逆行	地球が運動し、われわれの視点が変われば当然惑星は逆行する。	○
7　シンプルさ	非常に簡単。すべては円運動をする。	○

表2

ここに示したのは、西暦1000年頃までに知られていたことにもとづき、地球中心説と太陽中心説のどちらが優れているかを判定する評価基準である。○印と×印は、それぞれ7つの評価基準に照らしたときの各理論の評価。？は、データがないか、あるいは賛↗

地球中心説

評価基準		評価
1　常識	すべてが地球のまわりを回っているのは当たり前のように見える。	○
2　運動の感知	運動は検出されない。したがって地球が動いているはずがない。	○
3　地表への落下	地球が中心であるため、なぜ物体は下に向かって落ちるのかは説明できる。物体は、宇宙の中心に引き寄せられるのである。	○
4　恒星の視差	恒星の視差は検出されない。視差がないということは、地球が静止し、観測者も静止しているという説と合致する。	○
5　惑星運動の予測	非常に良く合う。これまでで最高に合う。	○
6　惑星の逆行	周転円と導円で説明できる。	○
7　シンプルさ	非常に複雑。周転円、導円、エカント、離心円。	×

かっていたこと、そして古代人の誤りに気づくためには、それからさらに数世紀を費やさなければならなかったことだ。実際、プトレマイオスの地球中心モデルは、ゲラルドが一一七五年に『アルマゲスト』を翻訳してからさらに四百年ものあいだ、そっくりそのまま生き延びたのである。

とはいえ、その間にはカスティリャとレオンの王アルフォンソ十世（一二二一～八四年）のような人たちが、少しずつ批判を始めたのも事実だ。トレドを首都に定めたアルフォンソは、お抱えの天文学者たちに命じて、彼らが行った観測とアラブの天文表を翻訳したものにもとづいて惑星の運行表を作らせた——この惑星運行表はのちに、「アルフォンソ表」として知られることになる。アルフォンソは天文学を強力に奨励したが、導円、周転円、エカント、離心円からなる複雑なプトレマイオスの体系にはまったく納得していなかった。彼はこう語ったと伝えられている。「もしも全能なる神が、天地創造に取りかかる前に私に相談してくださっていたなら、もっと簡素な体系をお勧めしただろうに」

十四世紀になると、フランスのシャルル五世のもとで司教となったニコル・オレームが、地球中心宇宙を支持する論拠はきちんと証明されたわけではないという考えを率直に述べた。しかし彼は、地球中心モデルは間違っていると言うには到らなかった。十五世紀にはドイツの枢機卿ニコラウス・クザーヌスが、地球は宇宙の中心ではないかもしれないと述べたが、地球の後釜として王座に就くべきものが太陽だとまでは言っていない。

しかし十六世紀になって、ついに一人の天文学者が宇宙を組み替える勇気をもち、古代ギリシャの宇宙論に本気で異議を唱えた。アリスタルコスの太陽中心宇宙を新しく作り替えたその男の名はミコワイ・コペルニクと言ったが、むしろラテン名であるニコラウス・コペルニクスのほうが通りがいいだろう。

◇革命もしくは回転

コペルニクスは一四七三年に、今日のポーランドにあるヴィスワ川沿いの町トルンの富裕な家庭に生まれた。のちに彼はフロムボルクの聖堂参事会会員に選出されたが、その際にはエルムラント（ポーランド名ヴァルミア）の司教だった叔父ルカス・ヴァッツェンローデが少なからぬ影響力を振るった。コペルニクスはイタリアで法律と医学を学んだため、聖堂参事会会員としての彼の主な仕事は、ルカス付きの医師および秘書を務めることだった。この仕事は大した負担にはならなかったので、コペルニクスは空いた時間を使ってさまざまなことに手を染めた。彼は経済の専門家となって貨幣制度改革の顧問を務めたほか、テオピュラクトゥス・シモカッテスという、それほど有名ではないギリシャ詩人の作品をラテン語に訳したりもした。

しかしコペルニクスが何よりも情熱を注いだのは、学生時代に「アルフォンソ表」を手に入れて以来ずっと関心を寄せていた天文学だった。アマチュア天文学者コペルニクスは惑星運動の研究にのめり込み、やがて自らのアイディアによって科学史上もっとも重要な人物の一人となるのである。

驚くべきことに、コペルニクスの天文学研究は、たった一・五冊の本に収まっている。さらに驚くべきは、その一・五冊の本にしても、彼の存命中はほとんど読者を得なかったことだ。〇・五冊分は、『コメンタリオルス（Commentariolus＝小論）』という彼の最初の仕事である。『コメンタリオルス』は手書きの論文で、公刊はされず、一五一四年頃にごく少数の人たちのあいだで回覧されたにすぎなかった。しかしたった二十ページのこの論文の中で、コペルニクスは千年あまりの歴史の中でもっとも過激な天文学のアイディアを打ち出し、宇宙を揺さぶることになったのである。この小冊子の核心は、コペルニクスがその宇宙観の基礎とした七つの公理にある。

1 天体は、同じ一つの中心を共有しているわけではない。
2 地球の中心は宇宙の中心ではない。
3 宇宙の中心は太陽の近くにある。
4 地球から太陽までの距離は、地球から恒星までの距離とくらべれば取るに足りないほど小さい。
5 恒星が日周運動をしているように見えるのは、地球が自分の軸のまわりに回転しているからである。
6 太陽が一年かけて動くように見えるのは、地球が太陽のまわりを回っているからである。惑星はみな、太陽のまわりを回っている。
7 惑星のいくつかが逆行運動をするように見えるのは、運動する地球上の観測者という、われわれの立場のせいにすぎない。

コペルニクスの公理はあらゆる点で適切だった。地球はたしかに自転しているし、地球や他の惑星は太陽のまわりを回っている。これにより、惑星の逆行運動を説明することができる。また、恒星の視差が検出できなかったのは、恒星が遠いためだったのだ。コペルニクスがこれらの公理を考え出し、従来の世界観と手を切った動機はよくわかっていないが、おそらくはイタリアで師事した教授の一人、ドメニコ・マリア・ノヴァラ・ダ・フェラーラの影響を受けたのだろう。ノヴァラはピュタゴラス派の教説を支持していたが、その教えはアリスタルコスの哲学の核心でもあった。そしてコペルニクスより千七百年前に太陽中心モデルを初めて提起したのは、ほかならぬアリスタルコスその人だったのだ。

『コメンタリオルス』は、天文学上の反乱を告げるマニフェストであり、複雑で見苦しい古代のプトレマイオス・モデルに対するコペルニクスのいらだちと幻滅の表れだった。のちに彼は、地球中心モデルの小細工を次のように非難した。「それはちょうど一人の画家が、自分の描く人物の手や足や頭や、その他身体の各部分を、個々別々のモデルからもってきたようなもので、各部分はみごとに描かれていますが、一個の人体を作り上げるようにはなっておらず、均整が取れていないため、人間というよりは怪物を作り上げてしまうのと似ています」しかし過激な内容にもかかわらず、『コメンタリオルス』はヨーロッパの知識人のあいだに波風ひとつ立てなかった。その理由は、この小論を読んだ人間の数があまりにも少なかったからだが、もうひとつの理由は、著者がヨーロッパの片隅で研究する一介の聖堂参事会会員にすぎなかったことである。

しかしコペルニクスはそれぐらいでは挫けなかった。なぜならこの小論は、天文学改革という大事業にとってはほんの手始めにすぎなかったからだ。一五一二年に叔父のルカスが死ぬと（チュートン騎士団に毒殺された可能性が高い。この騎士団はルカスのことを「人間の姿をした悪魔」と呼んでいたのだ）、コペルニクスはいっそう多くの時間を研究につぎ込むようになった。彼はフロムボルク城に移り住んで小さな天文台を作り、『コメンタリオルス』には含まれていなかった詳細な数学的内容を付け加え、自分の主張に肉付けをすることに没頭した。

彼は三十年を費やして『コメンタリオルス』を改訂し、裏付けを充実させて二百ページの手書き原稿にした。長年この研究に取り組みながら、彼はほかの天文学者たちがこの宇宙モデルをどう受け止めるだろうかと考えることにも多大な時間を費やした。というのも、彼のモデルは、当時一般に認められていた学問と根本的に矛盾していたからだ。世間の笑い者になることを恐れ、仕事を発表するのは諦めようかと思い悩む日々もあった。さらに言えば、神をも恐れぬ科学的思弁とも思われるその仕事を、神学者たちは断固許さないのではないかという懸念もあった。

彼の心配は杞憂《きゆう》ではなかった。のちにキリスト教会は、イタリアの哲学者ジョルダーノ・ブルーノを処刑することにより、その不寛容ぶりを証明してみせたのだ。ブルーノはコペルニクスの説を奉じ、教会に異議申し立てをした世代に属していた。宗教裁判所はブルーノに対して八つの異端の罪を宣告したが、現存する記録からは、その八つが具体的に何であったかはわからない。歴史家たちは、ブルーノの著作『無限宇宙と諸世界について』が教会を怒らせたのではないかと考えている。この本の中でブルーノは、宇宙は無限であり、星々はそれぞれ惑星をもち、各惑星上には生命が存在すると論じていたのだ。死刑の判決を下されたとき、ブルーノはこう応じた。「おそらくは私に判決を下したあなたがたのほうが、判決を受けた私よりも大きな恐怖を感じているのだろう」一六〇〇年二月十七日、彼はローマのカンポ・デイ・フィオリ（「花の野」の意味）に引き出され、衣服をはぎ取られて猿ぐつわを嚙まされ、杭に縛り付けられて焼き殺された。

コペルニクスが処刑を恐れるあまり、研究が実を結ばずに終わることもありえた。だが幸いなことに、ヴィッテンベルクからやってきた一人の若いドイツ人学者がここに介入する。レティクスの名で知られるこの人物は、本名をゲオルク・ヨアヒム・フォン・ラウヒェンと言い、なんとかコペルニクスに面会して、その宇宙モデルのことをもっと詳しく聞きたいと、一五三九年にフロムボルクにやってきた。それは勇気ある行動だった。なぜならルター派の少壮学者であるレティクスは、カトリックの町フロムボルクでは必ずしも好意的には迎えられなかったからだ。レティクスの同僚たちにしても、この行動を支持していたわけではなかった。当時の風潮は、マルティン・ルターの次の言葉に如実に表れている。ルターは、ある夕食の席でコペルニクスが話題になった折りのことを次のように書き留めているのだ。「新人の天文学者の話になった。その男は、天や太陽や月が動いているのではなく、地球が動いていることを証明しようとしているという。それはちょうど馬車や船に乗って動いている人が、自分は静止し、まわりの大地や樹木が歩き回っていると考えるようなものだ。……この愚か者は、天文学をまるごとひっくり返すつもりなのだ」

ルターはコペルニクスのことを「聖書に刃向かう愚か者」と呼んだが、レティクスは、聖書ではなく科学こそが天の真理への道だというコペルニクスの不動の信念に共感していた。六十六歳のコペルニクスにとって、二十五歳のレティクスが献身的に力になってくれるのは嬉しかった。レティクスは三年のあいだフロムボルクに留まって、コペルニクスの原稿を読み、それに対して意見を述べ、内容に自信をもたせるという三つの仕事をバランス良くこなした。

一五四一年、人扱いのうまさと天文学の力量のおかげで、レティクスはコペルニクスから、原稿をニュルンベルクのヨハネス・ペトレイウスの印刷所に持って行き、出版してもよいとの許可をもらった。レティクスは印刷が終わるまでニュルンベルクに留まり、すべてのプロセスを監督するはずだったが、急な用事でライプツィヒに呼ばれたため、出版を監督する仕事をアンドレアス・オジアンダーという聖職者に任せた。そしてついに一五四三年春、『天球の回転について』（以下、『回転について』）は公刊され、第一刷の数百部がコペルニクスのもとに向かった。

その間の一五四二年末、コペルニクスは脳出血に倒れ、生涯をかけた仕事の完成を一目見るまではと最後の力を振り絞っていた。本はぎりぎりで間に合った。コペルニクスの友人で同じ聖堂参事会の会員だったティーデマン・ギーゼは、レティクスへの手紙の中で、コペルニクスの最期のようすを次のように伝えている。「彼は何日ものあいだ記憶も気力もなくしていました。彼は亡くなったまさにその日、最期の瞬間に、完成した本を一目見ただけでした」

コペルニクスは果たすべき任務をまっとうした。彼の本は、アリスタルコスの太陽中心説を支える説得力のある主張を世界に向かって示したのである。『回転について』は恐ろしく難しい本だが、その内容に話を進める前に、この本の出版にかかわる二つの謎について述べておくことは重要だ。第一の謎は、コペルニクスの謝辞に不備があったことである。彼は『回転について』の序文で、教皇パウルス三世、カプアの枢機卿、クルムの司教らには謝辞を述べているが、コペルニクス・モデルが生まれるために決定的な産婆役を果たした優秀な弟子、レティクスにはひとことも触れていないのだ。歴史家たちはレティクスの名前がないことに首をかしげているが、想像できるのはただ、プロテスタントである彼の名を挙げれば、コペルニクスが好印象を与えたいと願っていたカトリック教会上層部の心証を悪くしただろうということだけである。この不備の結果として、レティクスはひじ鉄を食らわされたように感じ、『回転について』が出版されて以降、これに関与しようとはしなかった。

第二の謎は、『回転について』の冒頭に置かれた序文である。この序文は、コペルニクスの承諾なしに付け加えられたもので、実質的に、彼の主張を否定するものだった。ひとことで言うなら、この序文は、コペルニクスの仮説は「真であることも、また本当らしくある必要すらもない」と述べることで、本の残りのすべてを根底から突き崩したのである。序文は太陽中心モデルが抱えている「不合理」を強調し、コペルニクス自身による詳細かつ慎重な数学的記述は、単なる作り事にすぎないと思わせるものだった。この序文は、コペルニクスの体系が、まずまずの精度で観測結果に合うことは認めつつも、このモデルは現実世界を表すのが目的ではなく、単に計算に便利なひとつの考え方にすぎないと述べ、理論を骨抜きにしたのである。コペルニクス自身による手書き原稿は現

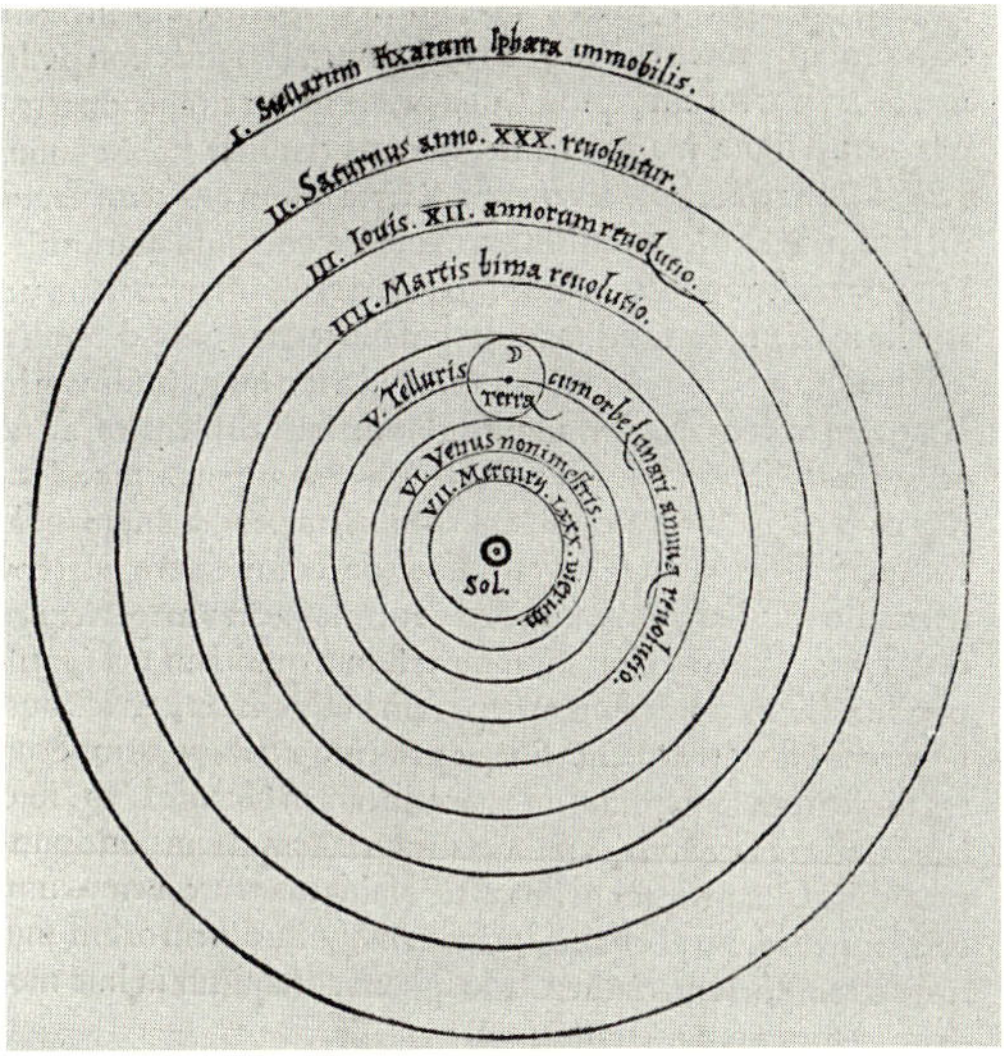

図10　この図は、コペルニクスの『回転について』からの転載である。ここには彼の革命的な宇宙観が示されている。太陽はしっかりと中心に位置し、そのまわりを惑星が回っている。地球は正しく金星と火星のあいだに位置し、月は地球のまわりを回っている。

存しているので、オリジナルな冒頭部分は、彼の仕事を矮小化する印刷された序文とはかなり違っていたことがわかっている。したがってこの新しい序文は、レティクスが原稿を携えてフロムボルクを去ってから挿入されたと考えられる。ということはつまり、付け加えられたこの序文を、コペルニクスは死の床で初めて読んだということだ。本はすでに印刷に付され、いかなる変更ももはや手遅れだった。ひょっとするとこの序文を見たことが、コペルニクスを墓場に送ったのかもしれない。

では、いったい誰が、この新しい序文を書き加えたのだろうか？　もっとも疑わしいのは、レティクスがニュルンベルクを去ってライプツィヒに向かった際、出版の責任を引き受けた聖職者オジアンダーである。彼は、この本に書かれていることが公になれば、コペルニクスが迫害を受けるのは間違いないと考え、非難を和らげることができればという善意から序文を付け加えた可能性が高い。オジアンダーの懸念は、レティクスに宛てた一通の手紙にも見て取れる。彼はその手紙の中で、「アリストテレス主義者」という言葉を、地球中心の世界観をもつ人たちという意味で使っている。「これらの仮定を提案するのは、実際にそれが正しいからではなく、見た目に複雑な運動を計算するためにもっとも便利だからだと言っておけば、アリストテレス主義者と神学者たちを容易に宥《なだ》めることができましょう」

しかしコペルニクスが意図した教皇パウルス三世宛ての序文には、批判者たちに立ち向かう決意がはっきりと表明されていた。「猟犬のように騒ぎ立てる人はいるでしょう。彼らは数学のことなどまるで知りもしないのに、差し出がましくも数学上の問題について自ら判断を下し、聖書のある箇所を盾にして自分の都合のよいように歪曲するでしょう。そういう連中が私の企てを非難し嘲弄したとしても取り合わず、それどころか彼らの批判を無分別なものとして軽蔑することにいたします」

古代ギリシャからこのときまでの天文学において、唯一の、もっとも重要で大きな問題を含む画期的な仕事を発表する勇気を奮い起こしたコペルニクスだったが、悲劇的にも、オジアンダーが彼の理論は巧妙な工夫にすぎないと偽って伝えたことを知って世を去った。結果として、『回転について』は出版から何十年ものあいだ、一般の人々からも教会からも重く受け止めてはもらえず、ほとんど跡形もなく消えてしまった。初版は売れ残り、次の世紀にもわずか二度だけ版を重ねたにすぎない。それとは対照的に、プトレマイオスのモデルを奨励する本は、それと同じ時期にドイツだけでも百回ほども増刷されている。

しかし『回転について』に衝撃力がなかったのは、弱腰で事なかれ主義的なオジアンダーの序文彼のせいばかりではなかった。もう一つの要素は、コペルニクスの文体が恐ろしく読みにくかったことである。そのため、よほど神経を集中しなければ頭に入ってこない文章が四百ページも続くことになった。さらに悪いことに、これは天文学に関する彼の最初の著作で、コペルニクスはヨーロッパの学者のあいだでは無名に等しかった。それだけならば致命的ではなかったろうが、今やそのコペルニクス当人も死に、自分の仕事を売り込むこともできなくなった。レティクスならば『回転について』を支持し、この状況を打開することもできたかもしれない。だが、冷たくあしらわれた彼は、もはやコペルニクスの体系には関わり合いたくないと思っていた。

『回転について』が捨てられた理由はそれだけではない。アリスタルコスの太陽中心モデルもそうだったように、惑星の未来の位置を予想することに関しては、コペルニクスの体系はプトレマイオスの地球中心モデルよりも精度が低かったのである。精度に関しては、おおむね正しい彼のモデルは、根本的に間違っていたライバルのモデルに太刀打ちできなかったのだ。この奇妙な状況が生じたのには二つの理由がある。第一に、コペルニクスのモデルには、ある決定的な要素が欠けていたことだ。それが欠けているかぎり、受け入れてもらえるだけの精度は決して達成できない。第二に、プトレマイオスのモデルは、周転円、導円、エカント、離心円を駆使して高い精度を達成していたことだ。そんな小細工が許されるのなら、どんな欠陥モデルでもたいていは救いようがある。

そして当然ながら、コペルニクスのモデルには、アリスタルコスの太陽中心モデルが捨てられた原因のすべてが、今もつきまとっていた（46～47ページの表2参照）。実際、このときになっても、太陽中心モデルが地球中心モデルよりも明らかに優れていると言えるのは、唯一、シンプルさだけだった。コペルニクスも周転円を使っていたが、彼のモデルは基本的に、個々の惑星に対して単純な円形軌道を採用していたのに対し、プトレマイオスのモデルは、どの惑星に対しても周転円、導円、離心円、エカントを使った微調整が行われ、恐ろしく複雑だったのだ。

コペルニクスにとって幸いなことに、シンプルさは科学における望ましい特徴として高く評価されている。このことを指摘したのが、十四世紀のイギリス人で、フランシスコ会の神学者だったオッカムのウィリアムである。オッカムのウィリアムは、聖職者は資産や富を所有すべきではないと主張したことで存命中から有名だった。彼は自説をたいへん熱心に説いたためにオックスフォード大学を追放され、南フランスのアヴィニョンに移り住むことを余儀なくされたが、その地から教皇ヨハネス二十二世は異端だとして糾弾した。驚くにはあたらないが、彼は破門された。オッカムのウィリアムは一三四九年にペストに倒れたが、「オッカムの剃刀《かみそり》」として知られる科学への遺産によって死後に名を成した。「オッカムの剃刀」は、二つの競合する理論があるならば、よりシンプルなもののほうが正しい可能性が高いというものである。オッカム自身はこれを次のように述べた。pluralitas non est ponenda sine necessitate.（必要なしに多くのものを立ててはならない）

たとえばこんな状況を考えてみよう。前の晩はひどい嵐だった。朝になり、野原の真ん中に二本の木が倒れているのが見つかった。あたりには木が倒れることになった原因を示すものは何もなかった。シンプルな仮説は、木は強い風に吹き倒されたのだと考えることだろう。しかし次のような、もっと複雑な仮説もありうる。二つの隕石《いんせき》が宇宙から同時に飛来し、それぞれが一本の木に激突して倒したのちに跳ね返り、二つの隕石同士が衝突して蒸発した。痕跡が残っていないのはそのためである、と。ここでオッカムの剃刀を使えば、二個の隕石による説明よりも強風による説明のほうがシンプルなので、正しい可能性が高いということになる。オッカムの剃刀は、シンプルな仮説が必ず正しいことを保証するものではないが、たいていは正しい答えを指し示してくれる。医師たちが病気の診断を下すときにもしばしばオッカムの剃刀が使われ、医学生はこうアドバイスされる。

「蹄の音が聞こえたら、シマウマではなく馬の可能性を考えろ」一方、陰謀説が好きな人たちはオッカムの剃刀を忌み嫌い、簡単な説明を却下して、好奇心をそそる複雑な説明のほうを採用することが多い。

オッカムの剃刀は、プトレマイオスのモデル（惑星一つに対して、周転円、導円、離心円、エカントを使う）よりも、コペルニクスのモデル（惑星一つに対して円を一つ使う）に有利に働いた。しかしオッカムの剃刀が決定的な意味をもつのは、二つの理論が同じぐらい成功している場合だけであり、十六世紀の時点では、プトレマイオスのモデルのほうがいくつかの点で明らかに有利だった。とくに注目すべきは、惑星の位置を予測する精度が高かったことである。そのため、太陽中心モデルがシンプルであることには意味がないとみなされた。

また、多くの人にとって太陽中心モデルはあまりにも過激すぎて、真剣に考えてみることさえできなかったため、コペルニクスの仕事がもとで、古い言葉に新しい意味が付け加わった可能性もある。「革命的な（revolutionary）」という言葉は、従来の知識に真っ向から矛盾するものに対して使われるが、一説によると、「革命的な」という意味は、コペルニクスの著書『天球の回転について（De revolutionibus orbium coelestium）』に由来するという。また、太陽中心の宇宙モデルは、革命的であるのと同じぐらい荒唐無稽に思われた。そのため、「コペルニクス」という言葉から派生したドイツ語の köppernecksch は、北バイエルンでは「信じられない」とか「非論理的な」といった意味で使われるようになった。

以上の話をまとめると、太陽中心の宇宙モデルは時代に先駆け、あまりにも革命的であまりにも信じがたく、またその当時は精度も低かったため、広く支持されることはなかった。『回転について』は、いくつかの書斎で本棚に収まり、一握りの天文学者に読まれただけだった。太陽中心の宇宙モデルを最初に提案したのは紀元前三世紀のアリスタルコスだったが、彼のアイディアは無視された。そして今、コペルニクスがふたたび太陽中心モデルを作ったが、またしても無視された。かくしてこのモデルは冬眠に入り、何者かが登場してこれを蘇らせ、吟味し、改良を加え、欠けていた要素を見つけ出すことにより、コペルニクスの宇宙モデルは現実の世界を表していることを世の中に示してくれるのを待つことになった。プトレマイオスは間違っており、アリスタルコスとコペルニクスが正しかったのだという証拠をつかむ仕事は、次世代の天文学者に託されたのである。

◇天の城

一五四六年に、デンマークの貴族の家に生まれたティコ・ブラーエは、特異な二つの理由により、天文学者のあいだでは忘れえぬ名前となっている。第一の理由は、一五六六年の出来事と関係がある。ティコは、親戚筋にあたるマンデロップ・パースベアという男と対立する羽目になった。ひょっとすると、ティコの占星術による予言がはずれたのを、パースベアが侮辱してあざ笑ったのが原因だったかもしれない。ティコはオスマン帝国のスレイマン大帝が死ぬと予言し、それをラテン語の詩にまで詠み込んだというのに、スレイマンはそれより六カ月前に死んでいたのだ――ティコはそのことを知らなかったらしい。この口論は不名誉な決闘に発展した。二人が剣を振るって戦っていたとき、パースベアの一撃がティコの額に斬りつけ、鼻柱を叩き切ったのだ。傷があと少し深ければ、ティコの命はなかっただろう。のちにティコは、肌の色によくなじむ金、銀、銅の合金でできた義鼻を顔に貼り付けた。

ティコが名を上げた二番目の、そしていっそう重要な理由は、観測天文学の精度を空前の高さに

図11　ヴェン島のウラニボリ。史上もっとも潤沢な資金を受け、もっとも快楽にまみれた天文台。

引き上げたことだ。彼の名声はたいへんに高く、デンマーク王フレゼリク二世は、海岸線から十キロメートルほど離れたヴェン島を彼に与え、天文台建設の資金まで提供したほどだった。「ウラニボリ（天の城）」と呼ばれたその天文台は、長い年月をかけて豪勢に飾り立てられた城となり、その建設費用はデンマークの国民総生産の五パーセントを上まわった。研究機関への助成金としては空前絶後の世界記録である。

ウラニボリには、図書館、製紙工場、印刷機、錬金術実験室、窯《かま》、そして命令に従わない使用人を放り込む監獄がついていた。観測塔には、六分儀、象限儀《しょうげんぎ》、渾天儀《こんてんぎ》など、大型の観測装置が設置されていた（当時の天文学者はまだレンズの性能の生かし方を知らなかったので、すべて肉眼による観測装置である）。恒星や惑星の位置を算定する角度の誤差をできるだけ小さくするために、観測装置は四組用意され、まったく同じ四つの測定を並行して行えるようになっていた。ティコの観測誤差はほぼ三十分の一度までに収まっており、それ以前に行われたもっとも優れた測定よりも五倍も精度が高かった。ティコは鼻を取りはずして、目をぴたりと正しい位置につけることができたが、それもまた測定精度を上げるのに役立ったのかもしれない。

ティコの名声は鳴り響き、お偉方が続々と彼の天文台を訪れた。客人たちは彼の研究に興味があっただけでなく、ヨーロッパ中に知られていたウラニボリの豪勢な宴会にも心を引かれていた。ティコはふんだんに酒を振る舞い、機械仕掛けで向きを変える人形をしつらえたり、イェッペという名前のこびとに巧みな物語りをさせるなどして客をもてなした。イェッペは優れた千里眼の持ち主と言われていた。こういう見せ物に加えて、ティコはペットのヘラジカを城内で放し飼いにしていた。かわいそうに、このヘラジカは酒を飲んで酔っぱらい、階段から転げ落ちて死んでしまった。ウラニボリは研究所というよりも、ピーター・グリーナウェイ監督の映画のセットのようだった。

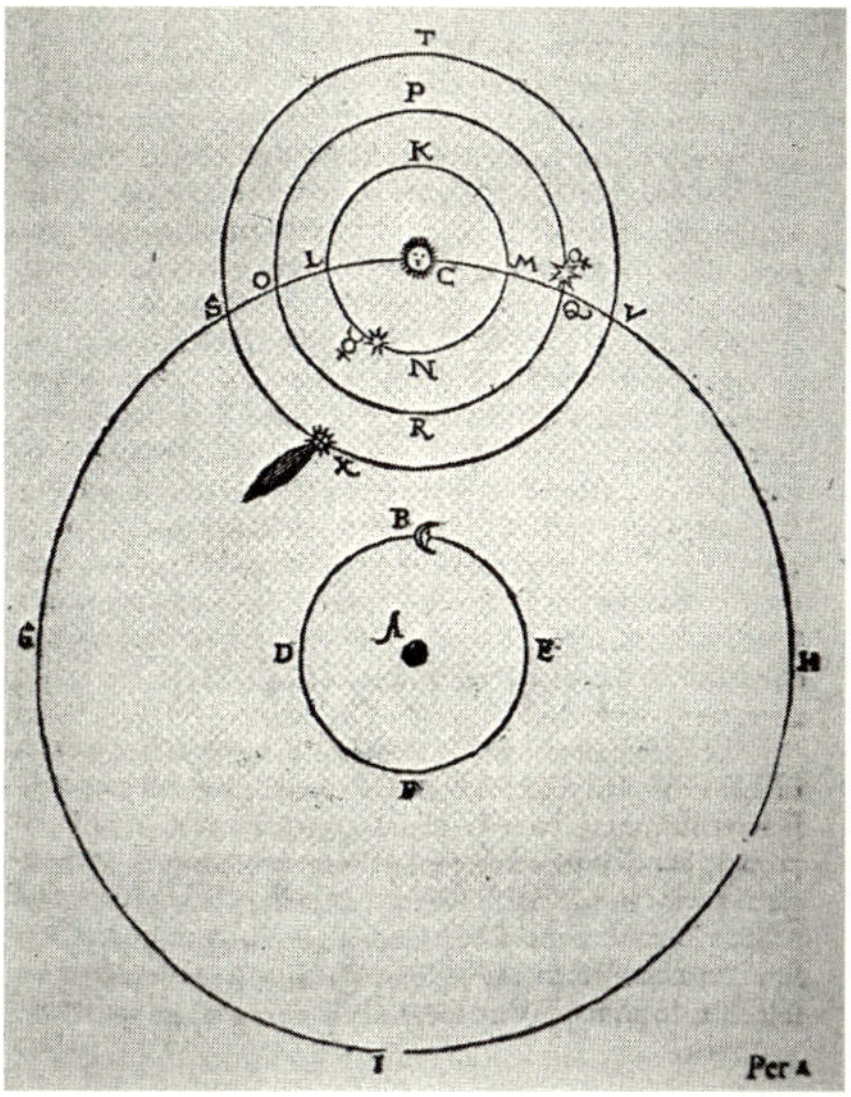

図12　ティコのモデルはプトレマイオスのそれと同じ誤りを犯し、地球が宇宙の中心に据えられていた。そして太陽と月は、地球のまわりを回っている。ティコの前進は、惑星（と、炎の彗星）は太陽のまわりを回っていると気づいたことだ。図はティコの『天界』より。

　ティコはプトレマイオス天文学の伝統の中で育ったが、苦労して観測を続けるうちに、古代の宇宙観をこのまま信じていてよいものだろうかと考え直さざるをえなくなった。実際、彼の書斎には『回転について』が一部あり、彼はコペルニクスの考えに好意的だったことが知られている。だがティコは、コペルニクスのアイディアを全面的に採用することはせず、独自の宇宙モデルを作り上げた。それはプトレマイオスとコペルニクスを折衷した及び腰の案だった。一五八八年、コペルニクスの死からおよそ半世紀後、ティコは『天界に最近見られた現象について（De mundi ætherei recentioribus phænomenis）』（以下、『天界』と略する）を公刊し、**図12**に示すように、すべての惑星は太陽のまわりを回っているが、その太陽は地球のまわりを回っていると主張した。彼の進歩主義は、太陽を惑星運動の中心に据えるところまではたどり着いたが、彼の保守主義は、地球が宇宙の中心であり続けることを彼に強いたのである。ティコが地球中心説を捨てられなかったのは、その中心性こそが、物体が地球の中心に向かって落ちていくのはなぜかを説明する唯一の方法だったからだ。

ティコは天文観測と理論化の計画を次の段階に進めようとしたが、その矢先に彼の研究は大打撃を受けた。パトロンだったフレゼリク王が、ティコの『天界』が公刊されたまさにその年に、宴会での飲み過ぎがもとで死んでしまったのだ。新王クリスティアン四世は、ぜいたくなティコの天文台にこれ以上金を出す気も、彼の快楽主義的なライフスタイルに目をつむるつもりもなかった。ティコはしかたなくウラニボリを手放し、家族と助手たち、そしてこびとのイェッペを伴って、たくさんの観測機器とともにデンマークを去った。さいわいにもティコの観測機器は運搬可能だった。なぜならティコは抜け目なく、こう考えていたからだ。「天文学者はコスモポリタンでなければならない。無知な政治家たちが、天文学者の仕事を正しく評価してくれるのを当てにするわけにはいかないからだ」

ティコ・ブラーエは神聖ローマ帝国の首都プラハに移り住んだ。皇帝ルドルフ二世は彼を宮廷数学者として召し抱え、ベナートキ城に新しい天文台を作ることを許した。結果的に、この引っ越しは不幸中の幸いだった。というのもティコはこのプラハで、数カ月後にやはりこの地にやってきて新しい助手となるヨハネス・ケプラーと力を合わせることになったからだ。ケプラーはルター派の信仰をもっていたが、厳格なカトリック君主のフェルディナント公が、「異教徒を統治するよりは国を不毛の地にしたほうがよい」と言い放ち、その言葉通りケプラーを処刑してやると脅したので、それまで住んでいたグラーツの町から逃げ出さざるをえなくなったのだ。

ケプラーがプラハに向けて旅立ったのは、一六〇〇年一月一日という区切りの良い日だった。新世紀の幕開けは、宇宙の再発見につながる新たな協力関係の始まりを画することになった。ティコとケプラーは、互いに相補い合うという意味において申し分のない相手だった。科学が前進するためには、観測と理論という車の両輪が必要だ。ティコは天文学史上空前の観測データを蓄積していたし、ケプラーはそのデータの優れた解釈者であることがやがて判明する。ケプラーは生まれつきの近視と、像がいくつにも見える乱視に苦しめられていたが、最後にはティコよりも遠くを見ることになるのである。

このパートナーシップはきわどいタイミングで成立した。ケプラーがプラハに来てからわずか数カ月後のこと、ティコはローゼンベルク男爵の晩餐会に出席し、いつものように飲み過ぎた。しかし男爵よりも早く席を離れては失礼だと思い、彼はトイレをがまんした。ケプラーはこのときのようすを次のように書き残している。「さらに飲み続けると膀胱が張ってくるのが感じられたが、彼は健康よりも礼儀を重んじた。家に帰り着いたときには排尿できなくなっていた」その晩ティコは熱を出し、失神と激しい興奮状態とを繰り返した。そして十日後、彼は死んだ。

ティコは死の床で、「願わくば、我が人生が無駄にならぬように」と何度もつぶやいたという。しかし心配は無用だった。ティコの綿密な観測データは、ケプラーがしっかりと実を結ばせることになるからだ。それどころか、ティコの仕事が花開くためには、彼自身は死ななければならなかったと言えなくもない。なぜならティコは存命中、あらゆる記録類を注意深くしまい込んで誰にも見せず、自分一人の代表作として発表することを夢見ていたからだ。ティコがケプラーを対等な共同研究者として認めることはありえなかったろう――なんといってもティコはデンマークの貴族なのに対し、ケプラーはただの田舎者だったのだから。だが、その観測データの深い意味を読み取る仕事はティコの力を超えており、ケプラーのような熟練した数学者の技量を必要としたのである。

ケプラーは、戦争や信仰上の争いによって生じた激動をどうにか乗り切ろうとあえぐ身分の低い家庭に生まれた。父親はつむじ曲がりだったうえに犯罪者となり、母親も魔女の嫌疑をかけられて追放の身となった。そんな家庭環境にあったケプラーが、自分に自信のもてない、不安がちで心気症もちの大人になったのも驚くにはあたらない。ケプラーは、自らを卑下するような星占いを「彼」という三人称でつづりながら、自分をみすぼらしい犬になぞらえた。

> 彼は、嚙み骨と、乾いて固くなったパンの皮を好み、強欲であるために目に止まったものは何でもむさぼり取ろうとする。しかし酒をほとんど飲まず、粗末な食事で満足するところも犬のようだ。……他人に親切にされることをたえず願い、何事につけても他人に依存し、他人の意向におもねり、叱られても腹を立てず、ふたたび気に入られることを切に願う。……また彼は犬のように、風呂やチンキ油や水薬を嫌う。ひどく無謀な性格は、火星が水星と矩象《くしょう》にあり（天球上の黄経が九〇度違うこと）、月と三分《トリヌス》にある（黄経が一二〇度違うこと）からに違いない。

ケプラーが天文学に情熱を注いだのは、それをやっているときだけは自己嫌悪に陥らずにすんだからかもしれない。彼は二十五歳のときに、コペルニクスの『回転について』を擁護する処女作『宇宙の神秘（Mysterium cosmographicum）』を著した。太陽中心モデルの正しさを確信したケプラーは、これ以降、このモデルの精度を悪くしている原因を突き止める仕事に没頭した。誤差が一番大きくなるのは火星の軌道を予測するときで、これはコペルニクスの助手レティクスを悩ませた問題でもあった。ケプラーによれば、火星の問題が解けないことに苦しんだレティクスは、「最後の手段として守護天使にお告げを求めた。するとこの不作法な天使は、レティクスの髪をつかんで彼の頭を天井に叩きつけ、それから彼の身体を落として床に激突させた」という。

ティコのデータをついに手に入れたケプラーは、八日もあれば火星の問題を解決し、太陽中心モデルの精度の悪さを一掃できると確信した。ところが実際には、そのために八年という時間を要したのである。ケプラーが太陽中心モデルを完成させるために要した時間の長さ（八年！）は強調しておかなければならない。なぜなら以下の短い説明だけでは、途方もない彼の偉業をいとも簡単に矮小化してしまいかねないからだ。ケプラーが最終的に到達した答えは、骨身を削るような込み入った計算の成果であり、その計算は二折版で九百葉を埋め尽くすことになったのである。

ケプラーは、古代人の教義のひとつだった「惑星はすべて円軌道または円を組み合わせた軌道上を動く」という信念を捨てることによりこの偉業を達成した。コペルニクスその人さえも円のドグマにしがみついていたが、ケプラーはそれを、彼が誤って置いた仮定のひとつにすぎないと指摘した。それればかりかケプラーは、先輩コペルニクスは三つの誤った思い込みをしたと述べた。

1　惑星は完全な円を描いて運動する。
2　惑星は一定の速度で運動する。
3　太陽はこれらの軌道の中心に位置する。

コペルニクスは、惑星は地球ではなく太陽のまわりを回っていると述べた点では正しかったが、これら三つの誤った仮定を置いてしまったせいで、火星をはじめ惑星の運動を高い精度で予測したいという希望を打ち砕かれた。しかしケプラーは、真理はあらゆるイデオロギー、偏見、ドグマを取り去ったときに初めて現れると信じ、これらの仮定を捨てることによってコペルニクスの失敗を乗り越えていく。彼は目と心を開き、ティコの観測結果を堅固な基礎として、そのデータの上に自らの理論を作り上げたのだ。やがて先入観の曇りを払った宇宙モデルが姿を現した。はたせるかな、軌道に対するケプラーの新しい式は観測結果とみごとに合致し、ついに太陽系が形をなした。コペルニクスの誤りを暴いたケプラーが示したのは、次の三つのことだった。

1　惑星は完全な円ではなく、楕円を描いて運動する。
2　惑星はたえず速度を変える。
3　太陽はこれらの軌道の中心ではない。

自分は惑星運動の謎を解いたのだとわかったとき、ケプラーはこう叫んだ。「おお、全能の神よ、私はあなたの考えを、あなたが考えられた通りに考えています」

実を言えば、ケプラーが明らかにした新しい太陽系モデルの二番目と三番目の特徴は、惑星の軌道は楕円だとする一番目から導くことができる。なぜそうなるかを示すためには、楕円とその作図方法について少し説明すればいい。楕円の描き方としては、たとえば次のような方法がある。ある長さのひもをピンで板に固定し、鉛筆でそれをしっかりと張る（図13）。ひもが弛《たる》まないようにしながら鉛筆を板の上で動かしていくと、楕円の半分が描き出される。鉛筆を反対側に移動させてもう一度ひもをしっかりと張り、さっきと同じように板の上で動かしていくと、楕円の残り半分が描き出される。ひもの長さは一定で、ピンは固定されているのだから、楕円は次のように定義するこ

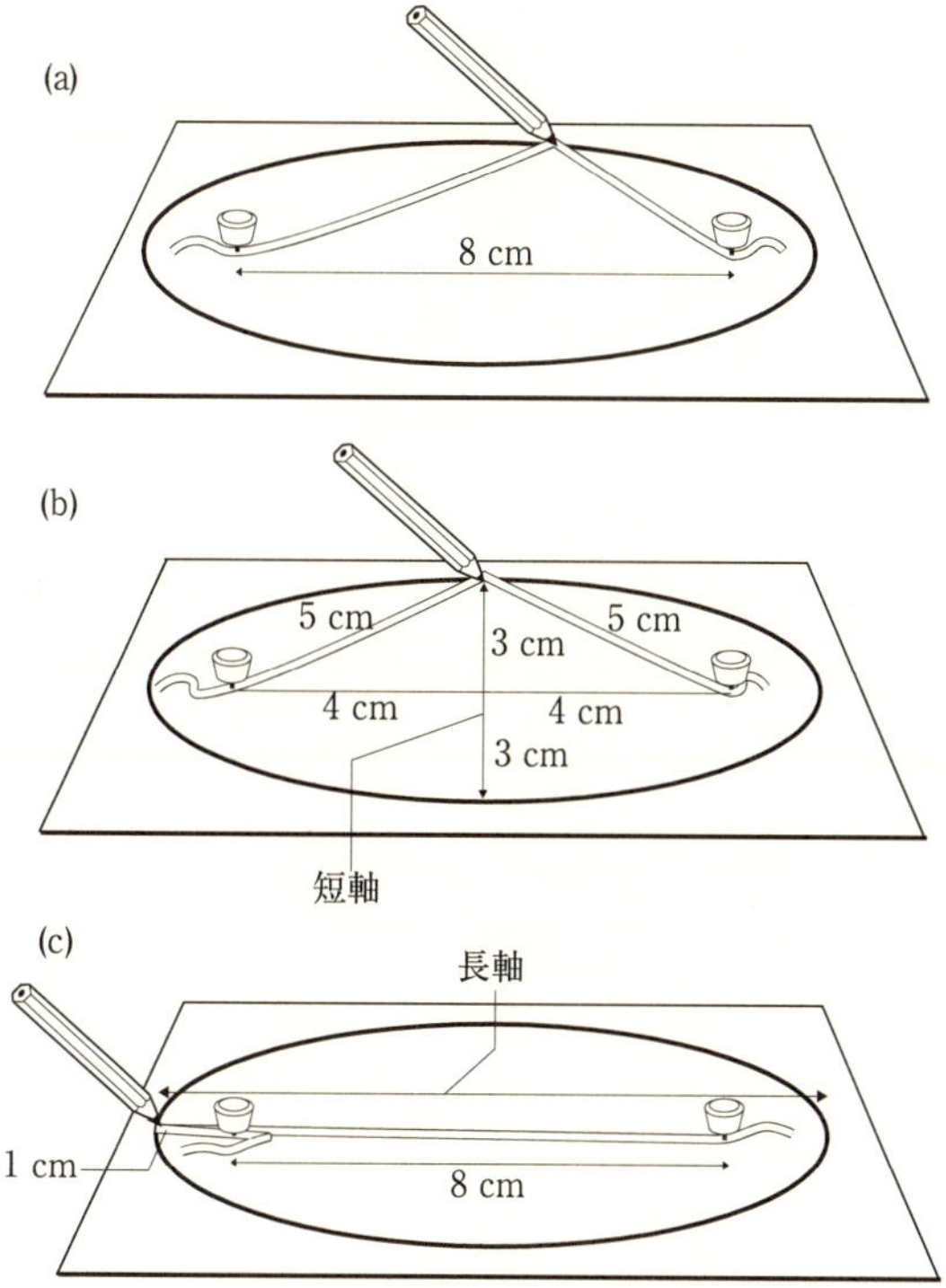

図13　楕円を簡単に描くには、1本のひもを2つのピンで固定する方法がある（図(a)）。もしもピンが8 cm離れていて、ひもの長さが10cmだとすると、楕円上のどの点も、2つのピンからの距離の合計は10cmになる。たとえば図(b)では、10cmのひもは3角形の2辺となり、どちらの辺の長さも5 cmだ。このときピュタゴラスの定理より、楕円の中心から頂上の点までの距離は3 cm。したがって3角形の高さの2倍は6 cmになる（これが楕円の短軸）。図(c)では、10cmのひもが一方に引っ張られている。この図からわかるように、楕円の幅（長軸）は10cmである。なぜならピンからピンまでの距離が8 cm、そして両側に2 cmあるからだ。

この楕円は、短軸が6 cm、長軸が10cmなので、かなり潰れている。2つのピンを接近させると、長軸と短軸の値はもっと近づき、楕円の潰れは小さくなる。もしも2つのピンが1点に重なれば、ひもが作り出す半径は常に5 cmとなり、円が描き出される。

とができる。「二つのピンまでの距離の合計が、ある決まった値であるような点の集合」ピンの位置を楕円の「焦点」と言う。惑星がたどる楕円軌道では、太陽は軌道の真ん中ではなく、二つある焦点の一方に位置している。そのため惑星は太陽に近づくこともあれば遠ざかることもあり、近づくときにはあたかも太陽に向かって落下するような状態になる。この落下の過程で速度は増大していき、逆に太陽から遠ざかるときには速度が減少していく。

ケプラーは、惑星が太陽のまわりで加速したり減速したりしながら楕円を描いていくとき、「惑星と太陽を結ぶ架空の線分は、同じ時間間隔では同じ面積をなでる」ことを示した。ちょっとわかりにくいこの命題を説明したのが、**図14**である。この命題が重要なのは、惑星が軌道上を進んでいくときに速度がどう変化するかを厳密に定めるからだ——速度が変化するということは、惑星の速度は一定不変だというコペルニクスの信念に反することだった。

楕円の幾何学は古代ギリシャの昔から研究されていたというのに、惑星軌道は楕円ではないかと言い出す者がこれまで一人もいなかったのはなぜだろうか？　ひとつの理由は、すでに見たように、円は神聖にして完璧だという根強い信念があったために、天文学者はほかのいかなる可能性にも気づけなかったことだ。しかしもうひとつの理由は、惑星軌道が描く楕円はたいていごくわずかにしか潰れていないため、よほど精密に調べないかぎり円と区別がつかないことだった。たとえば、短軸の長さを長軸の長さで割ったもの、すなわち短軸と長軸の長さの比は（短軸と長軸の定義については**図13**を参照）、楕円がどれだけ円に近いかを示す良い指標になる。軌道が円なら、この比はちょうど一・〇だ。地球の軌道では、〇・九九九八六である。レティクスに悪夢を見させた火星がやっかいだったのは軌道の潰れ方が大きかったからだが、その場合でさえ二つの軸の比は〇・九九五六六というきわめて一に近い値でしかない。要するに、火星の軌道は天文学者が円だと思い込むほ

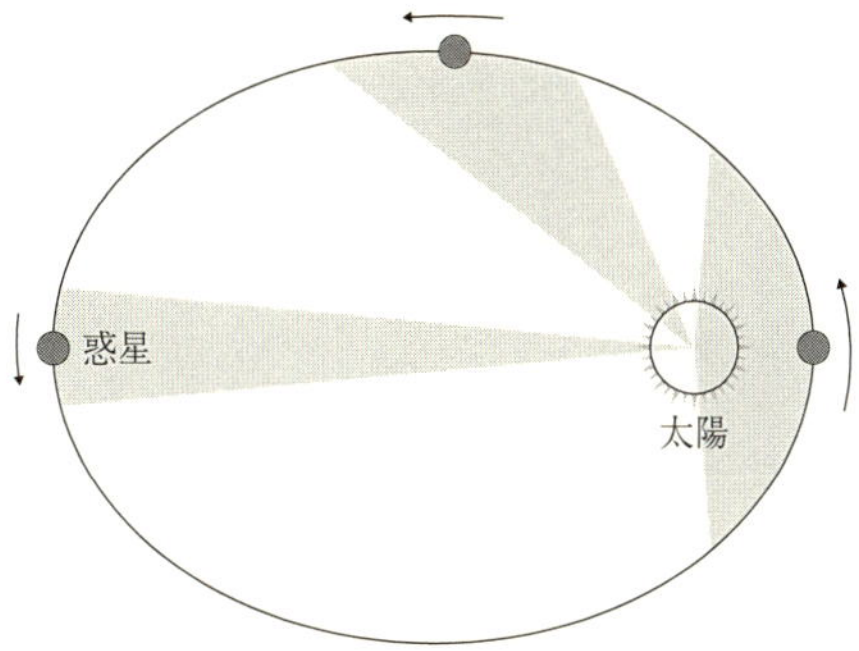

図14　この図の惑星軌道はかなり誇張されている。楕円の横幅に対する縦幅の比はおよそ75%になっているが、実際の太陽系の惑星では、この比はだいたい99%から100%である。またこの図では、太陽の位置する焦点は楕円の中心から大きくはずれているが、実際の惑星軌道では中心からほんの少しずれているにすぎない。この図には惑星運動に関するケプラーの第2法則を示した。ケプラーは、惑星を太陽に結びつける架空の線分（動径ベクトル）は、同じ時間間隔では同じ面積をなでると説明した。そうなるのは、惑星が太陽に近づくにつれて速度が大きくなるからだ。この図で影をつけた3つの領域は同じ面積をもつ。惑星が太陽に近づくにつれて動径ベクトルは短くなるが、速度が大きくなることで埋め合わせがつく。速度が大きくなれば、同じ時間では円周上をより長い距離進むからだ。一方、惑星が太陽から遠ざかるときには動径ベクトルも長くなるが、速度が遅くなるために、同じ時間で円周上を進む距離は短くなる。

どわずかにしか潰れてはいないけれども、円を使ってモデル化しようとする者にとっては正真正銘の難題になる程度には楕円だったのだ。

ケプラーの楕円は、太陽系に対して完璧かつ正確なイメージを与えてくれた。彼が得た結論は科学と科学的方法の勝利であり、観測と理論と数学を結びつけることによって達成された成果だった。一六〇九年、ケプラーは『新天文学（Astronomia nova）』と題する分厚い本としてこの進展を発表した。この本には八年に及んだ綿密な仕事が詳述され、袋小路に入ってしまった研究の道筋も盛り込まれていた。彼は読者に対して、どうかご寛恕願いたいと言う。「退屈な計算方法にうんざりされるかもしれないが、最低でも七十回はそれを繰り返し、莫大な時間を費やしたこの私を哀れんでいただきたい」

だが、ケプラーの太陽系モデルはシンプルかつエレガントで、惑星軌道の予測という点では申し分のない精度を出していたにもかかわらず、このモデルが現実世界を表していると考えた者はいなかった。哲学者、天文学者、教会の指導者たちのほとんどは、計算するのに便利なモデルとしてこれを受け入れたにすぎず、地球は相変わらず宇宙の中心にあると信じて疑わなかった。彼らが地球中心の宇宙を選び取った主な理由は、**表2**（46〜47ページ）に挙げた問題の中に、ケプラーには答えられないものがあったからだった。たとえば重力の問題がそれだ。日常目にするもののすべてが地球に引っ張られているというのに、いったいどうすれば地球や惑星たちが太陽のまわりを回れるというのだろうか？

またケプラーは、惑星軌道は円でなければならないという教義に反して楕円をもち出したが、これもまた馬鹿げた説として一笑に付される原因となった。オランダの聖職者で天文学者でもあったダーフィト・ファブリツィウスもこれについては一家言あり、ケプラーに宛てた手紙の中で次のように述べた。「あなたは楕円を使うことによって、惑星運動が円であることと、運動速度は一定であることを捨て去りましたが、深く考えれば考えるほど、私にはそれが馬鹿げたことに思われるのです。……完全な円の軌道は保持し、小さな周転円を使うことによってあなたの言う楕円軌道を説明できるならば、そのほうがずっとよいのではないでしょうか」しかし円と周転円から楕円は作れず、折衷案を作るのは不可能だった。

『新天文学』の評判が芳しくないことに失望したケプラーは、自分の力量をほかのことに生かそうと新たな道に踏み出した。ケプラーは身のまわりの世界にもたえず関心を寄せ、しつこいほどの科学的探求心をもっていた。彼は次のように書いてそれを弁明している。「鳥たちは何のために歌うのかと尋ねたりはしません。鳥たちは歌うために創造されたのであり、歌うことは彼らの喜びだからです。それと同じく、人間の心がなぜこれほど苦労をしてまで天の秘密を知ろうとするのかと尋ねるべきではありません。……自然の現象はきわめて多様で、天に隠された財宝ははてしなく豊かなので、人間の心が新鮮な驚きを失うことは決してないでしょう」

ケプラーは惑星の楕円軌道のほかにもさまざまな研究に没頭したが、その中身は玉石混淆《こんこう》だった。たとえば彼は見当違いにも、惑星たちは「天球の音楽」によって互いに共鳴し合っているというピュタゴラス派の理論を復活させた。ケプラーによれば、惑星の運動速度はそれぞれ楽音（ドレミファソラシドのようなもの）を響かせている。地球はファとミの音を響かせているが、そこからラテン語の fames（飢餓）という言葉が生じ、これは明らかに地球という惑星の本質を表しているのだという。彼の時間をもう少し有効に使った例として、『夢』という作品を書いたことが挙げられる。この作品はSFの先駆けであり、冒険者たちの一団が月に旅する話だ。また、『新天文学』の公刊からおよそ二年後には、彼の仕事の中でもっとも独自性の高い研究論文のひとつである「六角形の雪について」を著した。ケプラーはその中で、雪の結晶の対称性について考察し、原子論的物質観を打ち出している。

「六角形の雪について」は、ケプラーのパトロンだったヨハネス・マタエウス・ヴァッカー・フォン・ヴァッケンフェルスに捧げられた作品だが、フォン・ヴァッケンフェルスはケプラーがかつて聞いた中でもっとも胸躍る知らせを届けてくれた人物でもある。その知らせは、天文学全般を変革する――とくに太陽中心モデルの位置づけを変える――テクノロジーの進展に関するものだった。その知らせに驚愕したケプラーは、一六一〇年三月のヴァッカー氏の訪問のことをとくに次のように書き残した。「この興味深い話を聞いて私はすばらしい気分を味わった。自分のもっとも深い部分が揺り動かされたような気がした」

ケプラーはこのとき初めて望遠鏡のことを聞いた。ガリレオがそれを使って天を探り、夜空のまったく新しい様相を明らかにしつつあるということだった。ガリレオはこの発明品のおかげで、アリスタルコス、コペルニクス、ケプラーが正しかったことを示す証拠を発見するのである。

◇望遠鏡による躍進

一五六四年二月十五日、イタリア中部の町ピサに生まれたガリレオは、科学の父と称せられることが多い。実際、彼にはその称号に値するだけの圧倒的な実績がある。なるほどガリレオは、科学理論を初めて作ったわけでもなければ、実験を初めて行ったわけでも、最初に自然観察をしたわけでもない。さらに言えば、発明の威力を見せつけたのも彼が最初ではなかった。しかしガリレオはまず間違いなく、それらすべてに秀でた最初の人物だった。彼は卓越した理論家であり、実験の名手であり、鋭い観察者であり、巧みな発明家だったのだ。

ガリレオがその多角的な才能を顕したのは学生時代のことだった。ピサの大聖堂での礼拝が行われていたときのこと、彼の思考はとりとめなくさまよい出し、ランプが揺れているのが目に止まった。そこで彼は自分の脈拍を使い、揺れの一往復にかかる時間を計ってみた。すると、礼拝の初めには大きかった揺れが、礼拝が終わるころには小さく減衰していたにもかかわらず、一往復にかかる時間は同じだったのだ。家に戻ったガリレオは、観察モードから実験モードに頭を切り換え、ひもの長さと錘《おもり》の重さをさまざまに変えた振り子を使って実験をしてみた。次に、こうして得られた実験データをもとに、振り子の周期は、振れの大きさや錘の重さによらず、振り子の長さだけで決まることを説明する理論を作り上げた。こうして純粋な研究をしたのち、ガリレオは発明家モードに頭を切り替えて、ほかの人たちと一緒に「脈拍計」を開発した。この装置は単振子からなり、規則的な振れのおかげで時間を計ることができた。

とくにこの装置は病人の脈拍を測るために使えたので、ここに至って振り子と脈拍の役割は逆転したことになる——はじめガリレオは、脈拍を使ってランプの揺れの周期を測定したのだった。当時ガリレオは医者になるための勉強をしていたが、脈拍計は彼が医学になしたただ一つの貢献となった。その後彼は父親を説得して医学の勉強を止め、科学の道に進む許しをもらった。

彼が科学者として成功できたのは紛れもない天賦の才のおかげだが、それだけでなく、この世界とその中のあらゆることに強烈な好奇心をもっていたためでもある。ガリレオは知りたがり屋な自分の性格のことを熟知していて、「いつになったら疑問をもたなくなるのだろう？」とため息をついたこともあった。

この好奇心は、反逆的な性格と密接に結びついていた。彼は権威というものを敬わず、教師や神学者や古代ギリシャ人がそう言ったからというだけで何かを受け入れたりはしなかった。たとえばアリストテレスは哲学的な考察から、重い物体は軽い物体よりも速く落下すると論じたが、ガリレオは実験を行ってアリストテレスの間違いを証明した。そればかりかガリレオは、アリストテレスは——当時、史上最高の知性と認められていた人物だ——「真理とは反対のことを書いた」と述べるほどの勇気をもっていた。

ガリレオが望遠鏡を使って天を調べていると聞いたとき、ケプラーはガリレオその人が望遠鏡を発明したものと考えたに違いない。実際、今日でもそう思っている人は少なくない。しかし事実を言えば、一六〇八年十月に望遠鏡の特許を申請したのは、ハンス・リッペルスハイというオランダの眼鏡職人だった。ガリレオは、リッペルスハイの快挙からわずか数カ月のうちに、「あるオランダ人が遠めがねを作ったとの噂を聞いた」と書き、すぐに自分でも望遠鏡の製作に取りかかった。

ガリレオの偉業は、未熟な設計だったリッペルスハイの遠めがねを、驚異的と言うしかないみごとな装置に変貌させたことである。一六〇九年八月、ガリレオはヴェネツィアの総督に、当時としては世界最高の望遠鏡を披露した。彼らはサンマルコ広場の鐘楼に上り、望遠鏡を組み立てて干潟を眺めた。それから一週間後、ガリレオは義理の弟への手紙の中で、望遠鏡は「みんなをたいへんに驚かせた」と嬉しい報告をしている。競合する望遠鏡の倍率は十倍ほどだったが、望遠鏡を作るために必要な光学をよりよく理解していたガリレオは、六十倍という高倍率を達成することができたのだ。この望遠鏡のおかげでヴェネツィアは戦略上優位に立てただけでなく（敵がこちらを見る前に、敵を見ることができるから）、抜け目のない商人たちは、香辛料や布地を積み込んだ船がまだ遠くにいるうちから知ることができたので、市場価格が落ちる前に在庫を売りさばくことができた。

ガリレオは望遠鏡を商品化して儲けたが、この装置には商品としてだけでなく、科学的な価値があることにも気がついた。彼が望遠鏡を夜空に向けてみたところ、かつて誰も見たことがないほど遠くまではっきりと宇宙を見ることができたのだ。ヴァッカー氏がガリレオの望遠鏡のことをケプラーに伝えたとき、同じ天文学者であるケプラーはこの装置の可能性を即座に見抜き、次のような賛辞を書いた。「おお、望遠鏡よ、大いなる知識をもたらす装置、いかなる王権よりも価値がある！　汝を手にする者は、神の御業なるこの自然の王にして主となるのではあるまいか？」ケプラーの言葉通り、ガリレオはその「王にして主」になるのである。

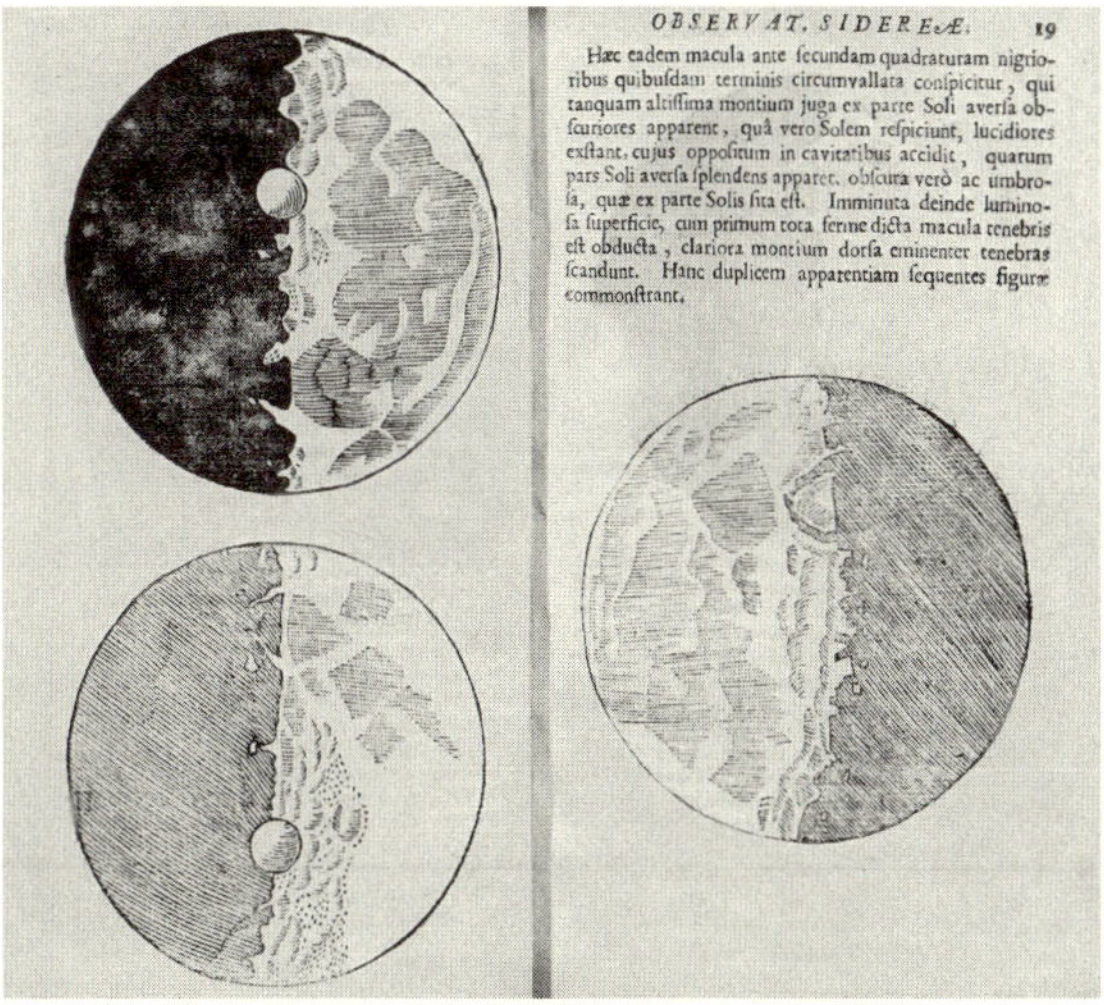

図15　ガリレオによる月の素描

ガリレオはまず最初に月を調べ、月には「いたるところ隆起や深い裂け目があり、山脈や川によって刻まれた地面と何の変わりもない」ことを明らかにした。この事実は、天体は完全無欠な球だとするプトレマイオスの考えに真っ向から対立するものだった。さらにガリレオが望遠鏡を太陽に向けてみると、そこにはシミやキズのようなものがあった――いわゆる太陽黒点である。この発見により、天は完全無欠ではないという見方はさらに裏付けを得た。今日では、太陽黒点は太陽の表面にある低温領域であり、直径はいちばん大きなもので十万キロメートル程度であることがわかっている。

一六一〇年一月、ガリレオはいっそう重大な観測をした。初めてそれを目にしたとき、ガリレオはたまたま木星の近くに四つの星が見えたのだろうと考えた。しかしやがて、それらの天体は木星の周囲で動いていることがわかり、恒星ではないことが明らかになった。

四つの天体は、木星の衛星だったのだ。そのときまで誰一人として、地球の衛星である月のほかには衛星というものを見たことがなかった。プトレマイオスは、地球は宇宙の中心だと論じたが、木星が衛星をもつことは、あらゆるものが地球のまわりを回っているわけではないことを示す歴然たる証拠だった。

ケプラーと文通していたガリレオは、コペルニクス・モデルの最新版であるケプラーのモデルのことをよく知っていたので、木星の衛星の発見が太陽中心モデルを裏付けるさらなる証拠になることは十分に理解していた。彼はコペルニクスとケプラーの正しさを少しも疑ってはいなかったが、因習的な地球中心の宇宙観にしがみついている主流派の考えを変えさせるためには、太陽中心モデルに有利な証拠をもっと集めなければと考えて探索を続けた。こういう手詰まりな状況を打開する唯一の方法は、競合する二つのモデルの違いが明らかになるような予測をすることだ。その予測が検証できれば、一方のモデルの正しさが立証され、他方のモデルは退けられるだろう。良い科学は、検証可能な理論を生み出し、科学は検証によって進歩するのである。

実は、コペルニクスその人がまさにそんな予測をしていたのだが、彼の時代にはそれを検証できるほどの観測装置がなかった。『回転について』の中でコペルニクスは、水星と金星にも月と同様の満ち欠けがあり（満月、半月、三日月のように形が変わる）、その移り変わりのパターンは、地球が太陽のまわりを回っているか、太陽が地球のまわりを回っているかによって異なるはずだと述べていたのだ。望遠鏡がまだ発明されていなかった十五世紀には、満ち欠けのパターンを調べることは誰にもできなかった。しかしコペルニクスは、自分の正しさが証明されるのは時間の問題だと確信していた。「視覚を十分に強化できれば、水星と金星の満ち欠けを見ることができるだろう」（この一件は後世に広まったエピソードで、実際にはコペルニクスはこのような予測も発言もしていない）。

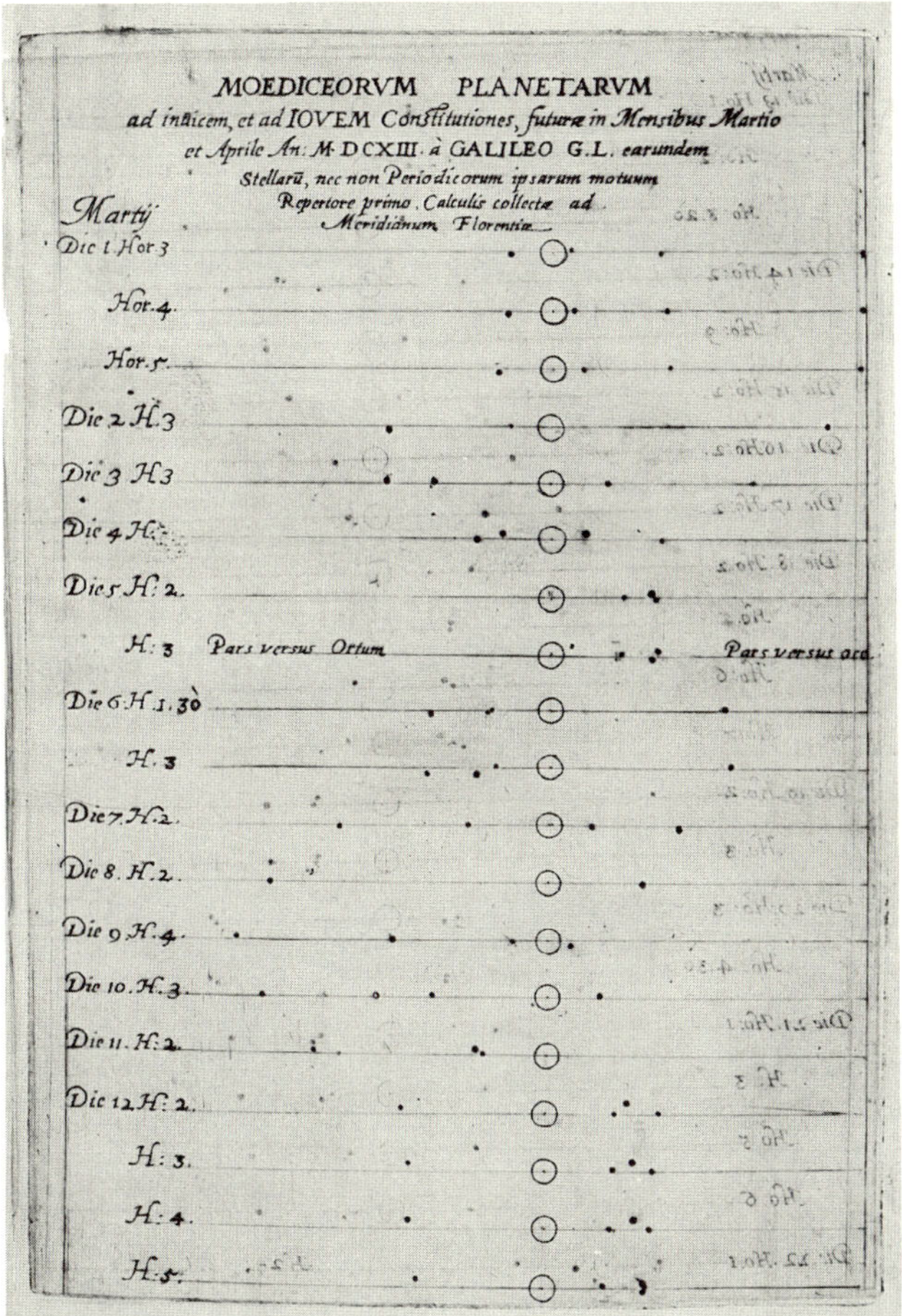

図16　木星の衛星の位置変化。ガリレオによるスケッチ。円は木星を表し、左右に打たれた点は衛星の位置変化を示している。横線は、ある日時に行われた1度の観測を表し、一晩に1度または数度の観測が行われている。

水星はさておき金星に注目すると、図17を見れば、満ち欠けがどれほど重要かは一目瞭然だろう。金星はつねに半面を太陽に照らされているが、地球上にいるわれわれから見ると、その面がいつもこちらを向いているわけではないために満ち欠けが生じる。プトレマイオスの地球中心モデルでは、満ち欠けの経過を決めているのは、金星が地球のまわりを回る径路と、金星が黙々と従う周転円である。それに対して太陽中心モデルでは、金星が太陽のまわりを回る径路だけで決まり、周転円は存在しないため、満ち欠けの経過に違いが生じる。したがって、金星の満ち欠けを実際に調べることができれば、合理的な疑いはすべて解消され、どちらのモデルが正しいかが証明されるだろう。

一六一〇年の秋、ガリレオは金星の満ち欠けを目にし、それを図に書き留めた最初の人となった。予想された通り、観測結果は地球中心モデルによる予想と一致し、またしてもコペルニクス革命を支持する有利な情報となった。彼はこの結果を、謎めいたラテン語の文として報じた。Haec immatura a me iam frustra leguntur oy.（それらは現在のところ、あまりに未熟なので私には読めない、ああ）これはアナグラムという暗号で、解読すれば次のようになる。Cynthiæ figuras æmulatur Mater Amorum.（愛の母はキュンティアーの姿をまねる）「キュンティアー」は月の女神アルテミスの別名であり、それゆえ月を意味する。そして月の満ち欠けはよく知られた事実だ。「愛の母」は、愛と美の女神ウェヌスすなわち金星を意味する。つまり、ガリレオは金星の満ち欠けを発見したということだ。

新たな発見があるたびに、宇宙の太陽中心モデルを支持する証拠は固まっていった。先に見た46～47ページの**表2**は、地球中心モデルと太陽中心モデルを、コペルニクス以前の観測状況にもとづいて比較したもので、ヨーロッパ中世においては地球中心モデルのほうが合理的だったことが示されていた。次ページの**表3**には、ガリレオの観測により、太陽中心モデルの説得力が増大したよう

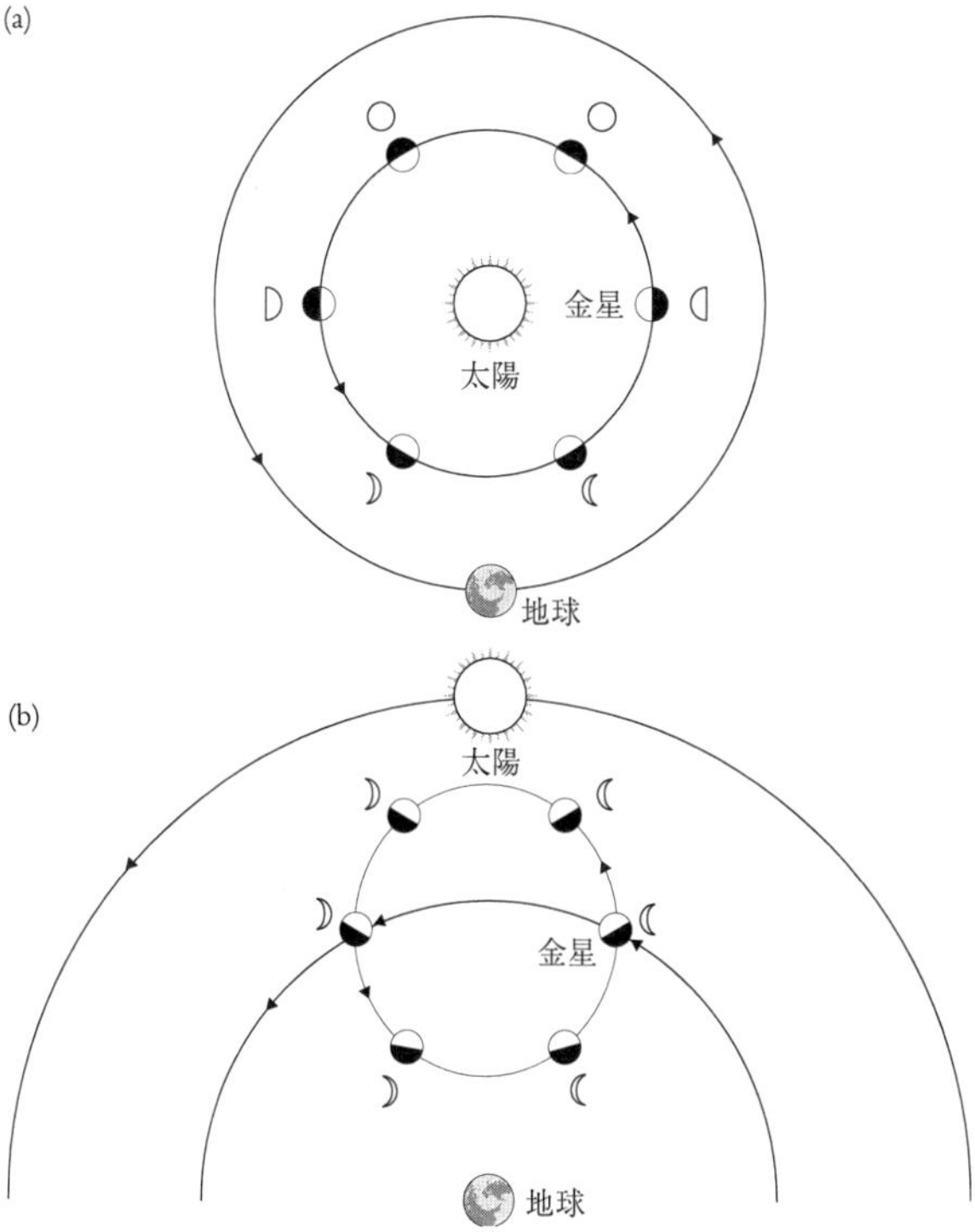

図17　ガリレオが金星の満ち欠けを正確に観測したことにより、コペルニクスが正しく、プトレマイオスが間違っていたことが証明された。太陽中心の宇宙モデルでは（図(a)）、地球と金星はともに太陽のまわりを回る。金星はつねに半面を太陽に照らされているが、地球からは満ち欠けするように見える。地球から見える金星の形を、対応する位置のそばに示した。

地球中心の宇宙モデルでは、太陽と金星はともに地球のまわりを回り、さらに金星は周転円上を動く。地球から見える金星の形は、金星が地球をめぐる径路のどこにあり、周転円上のどこにあるのかによって決まる。図(b)では、金星の軌道は地球と太陽の中間にあるものとした。このとき図に示したような満ち欠けが生じる。ガリレオは実際の満ち欠けのなりゆきを明らかにすることで、どちらのモデルが正しいかを突き止めることができた。

↘タがないことを示す。コペルニクス以前に得られた証拠に基づく評価（46〜47ページの表2）に比べると、今や太陽中心モデルはより説得力をもったように見える。これは一部には、望遠鏡ができてはじめて可能になった新しい観測（8,9,10）のおかげである。

太陽中心説

評価基準		評価
1　常識	地球が太陽の周囲をめぐっているとみなすためには想像力と論理の飛躍がまだ必要。	×
2　運動の感知	ガリレオはなぜわれわれが太陽のまわりを回る地球の運動を感知しないのかを説明しようとしていた。	?
3　地表への落下	地球が中心でないモデルでは、物体が地面に向かって落下することに対する明白な説明はない。ようやく後年になって、ニュートンがこの文脈において重力を説明することになる。	×
4　恒星の視差	地球が動くのだから、視差がないように見えることは、恒星が非常に遠くにあることを意味する。より良い装置を使えば視差は検出されるのかもしれない。	?
5　惑星運動の予測	ケプラーの貢献以降、完璧に合う。	○
6　惑星の逆行	地球の運動とわれわれの視点が変化することから自然に説明される。	○
7　シンプルさ	非常に簡単。すべては楕円運動をする。	○
8　金星の満ち欠け	観測された満ち欠けをうまく説明する。	○
9　太陽と月の傷	問題ではない。このモデルは天体が完全か完全でないかについては何も主張していない。	○
10　木星の衛星	問題ではない。このモデルでは中心が複数あってもかまわない。	○

表3

この表はガリレオの観測以後の1610年に知られていたことに基づき、地球中心モデルと太陽中心モデルを判定するための、10の重要な評価基準をリストした。○と×は、それぞれのモデルが各評価基準に照らして良いか悪いかをおおざっぱに示す。?は、デー↗

地球中心説

評価基準		評価
1　常識	すべてが地球のまわりを回っているのは当たり前のように見える。	○
2　運動の感知	運動は検出されない。したがって地球が動いているはずがない。	○
3　地表への落下	地球が中心であることにより、なぜ物体は下に向かって落ちるのかは説明できる。すなわち、物体は宇宙の中心に引き寄せられるのである。	○
4　恒星の視差	恒星の視差は検出されない。視差がないということは、地球が静止しており、観測者も静止していることと合致する。	○
5　惑星運動の予測	非常に良く合う。	○
6　惑星の逆行	周転円と導円で説明される。	○
7　シンプルさ	非常に複雑である。惑星ごとの周転円、導円、エカント、離心円。	×
8　金星の満ち欠け	観測された満ち欠けを説明できない。	×
9　太陽と月の傷	問題である。このモデルは天は完全だと主張するアリストテレスの宇宙観から生まれている。	×
10　木星の衛星	問題である。すべては地球のまわりを回るはず！	×

すが示されている。この時点でもまだ太陽中心モデルには弱点があったが、しかしその弱点も、科学者たちが重力を正しく理解するようになり、また、地球が太陽のまわりを突き進んでいるようには感じられないのはなぜかが解明された時点で取り除かれた。なるほど太陽中心モデルは常識に反してはいるが（常識に合うことは表にリストされた評価基準のひとつだ）、すでに述べたように、常識は科学とはあまり関係がなく、これは本当の意味での弱点とは言えない。

歴史上のこの時点で、すべての天文学者は太陽中心モデルに乗り換えるべきだったろう。しかしそんな大移動は起こらなかった。ほとんどの天文学者は、静止した地球のまわりを宇宙が回っているものと信じてそれまでの人生を過ごしてきたのであり、学問的にも心情的にも、太陽中心モデルにあっさり転向するわけにはいかなかったのだ。天文学者のフランチェスコ・シージは、ガリレオが木星の衛星を発見したという知らせを聞いて（木星に衛星があるとなれば、地球はすべての中心ではなくなりそうだった）、次のような奇妙な反論をひねり出した。「衛星は肉眼では見えず、それゆえ地球には何の影響も及ぼすことができないのだから、何の役にも立たず、したがって存在しない」哲学者ジュリオ・リブリもこれによく似た非論理的な立場を取り、自らの信念にもとづいて望遠鏡を覗くことさえも拒んだ。リブリが死んだとき、ガリレオはこう述べたと言われている。「彼は天国へと向かいながら、ようやく太陽の黒点や木星の衛星や金星の満ち欠けを目にしていることだろう」

カトリック教会もまた、地球は宇宙の中心にあって不動だという教義を捨てようとはせず、イエズス会の数学者たちが、新しい太陽中心モデルのほうが精度が良いことを確かめてからもその立場を変えなかった。このとき以降神学者たちは、太陽中心モデルは惑星の軌道を高い精度で予測することは認めながらも、それが現実世界に対する合理的な解釈だとは認めないという立場を取ることになった。言い換えると、ヴァチカンが太陽中心モデルに対して取った立場は、われわれが次の文に対して取る立場と同じだった。How I need a drink, alcoholic of course, after the heavy lectures involving quantum mechanics.（何か飲み物がほしいな、もちろんアルコール入りのやつだ、量子力学の難しい講義が終わったところだから）この文は、無理数πの記憶術になっている。この文でそれぞれの単語に含まれる文字数に注目すると、3.14159265358979となり、小数点以下十四位までのπの正しい値になっているのだ。この文はたしかに非常に高い精度でπの値を表してはいるが、πとアルコールとには何の関係もないことをわれわれは知っている。カトリック教会は、宇宙の太陽中心モデルもこれと同じく、精度が高くて便利ではあるが、現実の世界を表してはいないと言ったのだ。

しかしコペルニクス説の信奉者たちは、太陽中心モデルが現実世界を的確に予測するのは、太陽が宇宙の中心だからにほかならないと主張し続けた。驚くにはあたらないが、そういう態度は教会を怒らせ、厳しい反応を引き起こした。一六一六年二月、宗教裁判所当局は、太陽中心の世界観を抱くことは異端であると宣言した。この布告により、コペルニクスの『回転について』は、公刊されてから七十三年後の一六一六年三月に禁書となった（多くの修正を命ぜられたのち、四年後に閲読を許された）。

ガリレオは、自分の科学上の考えが教会によって咎《とが》められることがどうにも理解できなかった。彼は熱心なカトリック教徒だったが、それと同時に熱烈な合理主義者でもあり、彼の中ではこの二つに矛盾はなかったのだ。物質世界について語るには科学者がもっとも適任であり、精神世界と、物質世界の中で人がいかに生きるべきかについて語るには神学者がもっとも適任だ、というのが彼の達した結論だった。ガリレオはこう論じた。「聖書は天国への行き方を教えるものであって、天の仕組みを教えるものではありません」

もしも教会が、論理に弱いところがあるとか、データが不十分だとかいう理由で太陽中心モデルを批判したのなら、ガリレオも仲間たちも快くそれに耳を傾けただろう。だが教会の批判は純然たるイデオロギー上のものだった。ガリレオは枢機卿らの意見には取り合わない決心をして、来る年も来る年も、新しい宇宙観を推し進める方向で研究を進めた。そしてついに一六二三年、親しかったマッフェオ・バルベリーニ枢機卿が教皇に選出されてウルバヌス八世になると、今こそ体制派を打倒する時だとガリレオは考えた。

ガリレオと新教皇は、共にピサ大学で学んでいた頃からの知り合いだったため、ウルバヌス八世が即位した直後に、ガリレオは六度にわたる長い拝謁を認められている。ガリレオはある謁見の折りに、対立する二つの宇宙観を比較する本を書くという計画を教皇に話した。拝謁を終えてヴァチカンを後にしたとき、ガリレオは、教皇の祝福をもらったという強い感触を得ていた。彼は書斎に戻ると、本の執筆に取りかかった——その著作が、科学史上もっとも大きな論争のひとつを引き起こすことになるのである。

ガリレオは、その著作『世界の二大体系に関する対話』(以下では『天文対話』と略する)の中で、三人の登場人物を使い、太陽中心説と地球中心説をそれぞれ吟味した。登場人物の一人であるサルヴィアティは、ガリレオの支持する太陽中心説を提唱し、どこから見ても知的な読書家で、弁舌も立つ人物である。道化役を演じるシンプリチオは、地球中心説を擁護しようとする。サグレドは、サルヴィアティとシンプリチオのあいだに立って二人の対話を整理誘導する役目だが、彼が必ずしも中立ではないことは、議論の途中でシンプリチオをたしなめたり、からかったりすることからもわかる。『天文対話』は学術的な本だったが、登場人物を使ってある学説とそれへの反論を述べていくという工夫のおかげで、幅広い読者を得ることになった。また、この本がラテン語ではなくイタリア語で書かれたことからも、ガリレオの目的が、太陽中心説を広く一般大衆に支持してもらうことだったのは明らかである。

『天文対話』がようやく公刊にこぎ着けたのは一六三二年。教皇の承認を得たかに思われた出来事からほぼ十年が経っていた。執筆に取りかかってから公刊までの大幅な遅れは由々しき結果をもたらすことになった。というのも、その間続いていた三十年戦争のために政治的宗教的な情勢が変わり、いまやウルバヌス八世は、ガリレオとその学説を弾圧しようとしていたからだ。三十年戦争が始まったのは一六一八年。そもそものきっかけは、プロテスタントの一群がプラハの王宮になだれ込み、国王顧問官二人を上階の窓から放り出した、いわゆる「第二次プラハ窓外放出事件」だった。プラハの人々は、何かにつけてプロテスタントが迫害されることに怒りを感じていたが、この事件が火種となって、ハンガリー、トランシルヴァニア、ボヘミアをはじめとするヨーロッパ各地にプロテスタントの地域共同体による暴動が広まっていった。

『天文対話』が公刊されたとき、激しい戦争はすでに十四年も続いており、カトリック教会はしだいに増大するプロテスタントの脅威に警戒を強めていた。教皇は、カトリックの信仰のために戦う最強の戦士として人々に認知される必要があったため、一般大衆にアピールする積極策を取ることにした。その一環として、教皇は巧みに手のひらを返し、伝統的な地球中心の宇宙像に異議を唱え、けしからぬ説を説く科学者が書いた冒瀆《ぼうとく》的な書物は、その科学者が何者であろうと断固処罰することにしたのである。

教皇の劇的な心変わりには、もっと個人的な理由があったとの説もある。ガリレオの名声に嫉妬した天文学者たちが、保守的な枢機卿らと手を組んで、教皇がかつて素朴に口にした言葉が『天文対話』の道化役のセリフとよく似ていることを問題にしたというのだ。たとえばウルバヌスは、シンプリチオと同じく、万能の神は物理法則など意に介さずに宇宙を創られたと述べたことがあった。そうだとすれば、『天文対話』の中でサルヴィアティがシンプリチオに向かって言った皮肉なセリフは、教皇を侮辱したに違いない。サルヴィアティはこう言ったのだ。「なるほど神は、骨は純金製で、血管は水銀で満たされ、肉は鉛よりも重く、翼はとても小さな鳥でも飛ばせることができたでしょう。しかし神はそうはなさらなかったということが何かを示しているのです。何かにつけて神を持ち出すのは、無知を覆い隠すためでしかありません」

『天文対話』が出版されてまもなく、宗教裁判所は「異端の深い疑い」によりガリレオを召喚した。ガリレオは、体調がすぐれないため旅行には耐えられないと訴えたが、宗教裁判所は、それならばおまえを逮捕したうえ、鎖につないでローマに引き立てるぞと脅した。ガリレオはやむをえず命令に従い、旅の支度をした。教皇はガリレオの到着を待つあいだにも『天文対話』を押収しようと、すべての本をローマに送るよう印刷業者に命令を出した。しかし時すでに遅く、本はすべて売り切れていた。

年が明けて一六三三年四月、裁判が始まった。異端であるとの告発の核心にあったのは、ガリレオの見解と、「主は地をその基《もとい》の上に据えられた。地は、代々《よよ》限《かぎ》りなく、揺らぐことがない」という聖書の言葉との食い違いだった。宗教裁判所の裁判官の多くは、かつてベラルミーノ枢機卿が述べた次のような見解を支持していた。「地球が太陽のまわりを回ると主張することは、イエスは処女から生まれてはいないと主張するのと同様に誤りである」しかし裁判に立ち会った十人の枢機卿の中には、教皇ウルバヌス八世の甥フランチェスコ・バルベリーニ率いる人々もいて、彼らは合理的な考えをもち、ガリレオに同情的だった。二週間のあいだガリレオに不利な証拠が積み上げられ、拷問の脅しさえあったが、バルベリーニはそのつどガリレオに対する慈悲と寛容を求めた。バルベ

図18　コペルニクス（上左）、ティコ・ブラーエ（上右）、ケプラー（下左）、ガリレオ（下右）の４人は、地球中心モデルから太陽中心モデルへの転換を推進した。彼らの業績には、科学が進歩するときの重要な特徴が見て取れる。すなわち、理論やモデルというものは、何人かの科学者たちがそれぞれ他人の仕事の上に立って、時間をかけて開発、改良していくなかで生まれるということだ。

コペルニクスは理論的飛躍をする覚悟を決め、地球を一惑星の地位に追いやり、太陽に中心的役割を与えた。ティコ・ブラーエは、鼻は金属製だったけれども観測による証拠を提供し、そのおかげでヨハネス・ケプラーはコペルニクスのモデルに含まれていた大きな問題点を突き止めることができた。その問題点とは、惑星の軌道はわずかに潰れた楕円であって、完全な円ではないということだった。そして最後にガリレオは、望遠鏡を使い、疑念をもつ人々をも納得させるはずの重要な証拠を見出した。彼が示したのは、木星が衛星をもつ以上、地球はすべての中心ではないということだった。また、金星の満ち欠けの成り行きは太陽中心の宇宙モデルとしか合わないことも示した。

リーニは一定の成功を収めた。有罪の判決が下ったのち、ガリレオは処刑されたわけでも地下牢に閉じこめられたわけでもなく、無期軟禁を命じられ、『天文対話』は禁書目録に加えられた。バルベリーニは、判決文に署名しなかった三人のうちの一人だった。

ガリレオの裁判とそれに続く処罰は、科学史上もっとも陰鬱なエピソードのひとつであり、不合理な思想が論理を打ち負かした出来事である。裁判の最後にガリレオは、自説を否定し、撤回することを強いられた。しかし彼はかろうじて、科学の名においていくばくかの誇りを守ることができた。判決が下ったのち、ガリレオは跪《ひざまず》いていた姿勢から立ち上がりながら、「それでも地球は動く(Eppur si muove!)」とつぶやいたと伝えられている。それはつまり、何が真理かを教えるのは現実世界であって、宗教裁判所ではないということだ。教会が何と言おうと、宇宙はそれ自身の不変な法則によって運行し、地球は太陽のまわりを回るのである。

ガリレオはすみやかに世間から切り離された。彼は別荘に幽閉されてからも宇宙を支配する法則について考えることをやめなかったが、一六三七年に、おそらくは望遠鏡で太陽を見つめたせいで病んだ緑内障のために視力を失うと、研究は著しく制限されてしまった。偉大な観測者は、もはや観測ができなくなったのだ。一六四二年一月八日、ガリレオは死んだ。教会は最後の処罰として、彼をカトリック教徒として葬ることを禁じた。

◇究極の問い

太陽中心モデルは、十八世紀が進むにつれて天文学者に広く受け入れられていった。そうなった理由のひとつは、望遠鏡の精度が高くなるにつれて観測上の証拠が増えたからだが、もうひとつの理由は、モデルの背後にある物理現象を説明するための、理論上の進展があったからである。また、それとは別の大きな要因として、上の世代の天文学者たちが死んでいったことが挙げられる。死は、科学が進歩する大きな要因のひとつなのだ。なぜなら死は、古くて間違った理論を捨てて、新しい正確な理論を取ることをしぶる保守的な科学者たちを片づけてくれるからだ。彼らが頑固になるのも無理はない。生涯をかけて一つのモデルの上に仕事を積み重ねてきたというのに、新しいモデルのせいでそれを捨てなければならないという恐れが出てきたのだから。二十世紀最大の物理学者の一人であるマックス・プランクはこう述べた。「重要な科学上の革新が、対立する陣営の意見を変えさせることで徐々に達成されるのは稀である。サウロがパウロになるようなことがそうそうあるわけではないのだ。現実に起こることは、対立する人々がしだいに死に絶え、成長しつつある次の世代が初めから新しい考え方に習熟することである」

天文学の主流派が太陽中心の宇宙観を受け入れていくにつれ、教会の態度も変わっていった。神学者たちは、学者が現実世界のありようだと考えているものを否定し続けたりすれば、馬鹿に見えるのは自分たちだということに気がついた。教会は天文学をはじめ科学のさまざまな分野に対する態度を和らげ、新たな知的自由の時代が幕を開けた。科学者たちは十八世紀を通じて、まわりの世界に関するさまざまな問題に対し、超自然的な古代の神話や哲学上の的はずれな見解や宗教的なドグマを、正確で論理的で証明可能で現実的な説明もしくは答えで置き換えていった。科学者たちは光の性質から生殖のプロセス、物質の構成要素から火山の力学まで、あらゆることを研究した。

しかし、あるひとつの問題だけはあからさまに放置されていた。なぜなら科学者たちは、その問題に取り組むことは自分たちの分限を超えているという点で合意していたからだ。実際、合理的な試みの範囲では、その問題には手が届かないというのが大方の見方だった。その問題とは、「宇宙はいかにして創造されたか」という究極の問いであり、これに取り組むような大それた者がいるとは思えなかった。学者たちは自然現象を説明することだけに自らを制限し、宇宙創造は超自然的な出来事であるとみなされていたのである。また、そんな問題を取り上げたりすれば、科学と宗教とのあいだに生まれていた相互尊重の気運を危険にさらすことになっただろう。十七世紀には太陽中心の宇宙モデルが宗教裁判所の神経を逆撫でしたように、神の介在しないビッグバンという今日的な概念は、十八世紀の神学者にとっては異端に見えただろう。ヨーロッパにおいては、宇宙の創造に関するかぎり、相変わらず聖書こそが絶対の権威だったのであり、学者の圧倒的多数は、天と地は神が創ったという考えを受け入れていたのである。

　しかしそのなかでただひとつ、論議してもよさそうに見えたのは、神はいつ宇宙を作ったのかという問題だった。そこで学者たちは、旧約聖書に登場する家系を創世記から順にたどり、アダムや預言者や王たちの治世などを考慮に入れて、各世代の誕生から次の誕生までの年数を数えて注意深く足し上げていった。こうして推定された宇宙創造の年代には、誰が計算したかによって最大三千年もの開きがあった。たとえば、カスティリャとレオンの王で、「アルフォンソ表」を作らせたアルフォンソ十世は、宇宙創造の年代としてもっとも古い紀元前六九〇四年という数字を出した。一方、ヨハネス・ケプラーは、紀元前三九九二年という比較的新しい年代を選んでいる。

　なかでもとりわけ入念な計算を行ったのが、一六二四年にアイルランドのアーマー大司教となるジェイムズ・アッシャーだった。アッシャーは中東に人を雇って、知られているかぎりもっとも古い聖書の写本を探させた。そうして手に入れた写本を使い、自分の推定した年代から、筆写や翻訳の過程で入り込むミスをできるだけ取り除こうとしたのだ。またアッシャーは、旧約聖書の年代学を、記録に残っている歴史的出来事に結びつけることにも力を注いだ。結局彼は、ネブカドネザルの死が、列王記下に間接的に触れられていることを突き止め、聖書時代の歴史に照らして年代を特定することに成功した。ネブカドネザルの死とその年代は、プトレマイオスが作成したバビロニアの王名表に挙がっていたため、近代の史的記録と結びつけることができたのだ。延々と年数を数え上げ、歴史の研究を積み重ねた結果、アッシャーはついに、天地創造は紀元前四〇〇四年の十月二十二日土曜日だったと宣言することができた。さらに正確を期すため、アッシャーは創世記の「夕べがあり、朝があった。第一の日である」という一文を根拠として、創造が開始された時刻は同日午後六時だったと発表した。

馬鹿馬鹿しいほど字句通りに聖書を解釈した実例とも思えるが、しかし天地創造のような大問題に関しては聖書こそが絶対の権威とされていた社会では、これはまったく道理にかなったことだった。実際、アッシャー大司教が算出した年代は、一七〇一年に英国国教会の承認を得て欽定訳聖書の冒頭欄外に書き込まれ、この習慣は二十世紀初頭まで続いた。十九世紀の段階では、科学者や哲学者までもがアッシャーの年代を快く受け入れていたのだ。

しかしチャールズ・ダーウィンが自然選択による進化理論を発表すると、天地創造は本当に紀元前四〇〇四年だったのか否かを問題にすべきだという科学上の大きな圧力がかかりはじめた。ダーウィンとその支持者たちにとって、自然選択という考え方には説得力があった。しかしそうだとすると、進化のメカニズムには途方もなく時間がかかることを認めなければならず、世界の年齢は六千歳だというアッシャーの言葉とは相容れなくなる。かくして、地球の年齢は数百万年、ことによると数十億年にもなることを証明できるかもしれないという希望のもと、科学的な手段で地球の年齢を突き止める作業が一斉に始まった。

ヴィクトリア朝の地質学者たちは堆積岩が形成される速度を調べ、地球の年齢は少なくとも数百万年と推定した。一八九七年にはケルヴィン卿が別の手法でこの問題に取り組んだ。彼は、できたばかりの地球は高温でどろどろに融けていたと想定し、現在の温度に冷えるまでには少なくとも二千万年はかかることを明らかにした。それから二年ほど後にはアイルランドの地質学者ジョン・ジョリーが、それとは別のプロセスを考えることによりこの問題に取り組んだ。ジョリーは、海洋ははじめ純水だったと想定して、今日の塩分濃度になるまで塩が溶け込むにはどれぐらいの時間がかかるかを推定し、ざっと一億年という年齢を示唆する結果を得た。二十世紀に入ってからは物理学者たちが、放射性崩壊を使えば地球の年齢がわかることを示し、一九〇五年には五億年という推定値が得られた。さらに技術改良が重ねられ、一九〇七年には地球の年齢は十億年以上にまで延びた。地球の年齢を確定するという作業は、科学にとって重要な課題であることが明らかになり、新たな測定技術が使われるたびに地球はどんどん古く見えてきた。

　科学者たちは、地球の年齢に対する考え方ががらがらと変わっていくのを目の当たりにし、それに応じて宇宙に対する見方にも変化が起こった。十九世紀に入るまで、科学者たちはおおむね「激変説」を取り、宇宙の歴史は激烈な変化によって説明できると考えていた。激変説とは、岩山が大きく盛り上がって山脈ができたり、聖書に書かれている洪水が起こって今日あるような地形が刻まれるなど、突発的に起こったいくつかの激変によってこの世界は創造され、形作られたとする説である。地球がわずか数千年で形成されるためには、そのような激変が必要不可欠だった。しかし十九世紀の末になって、地球を詳しく調査し、岩石年代決定法による新たな成果にも照らした結果、科学者たちは「斉一《せいいつ》説」に傾きはじめた。斉一説とは、宇宙の歴史は、過去にも現在と同じような漸進的な変化が起こったものとして説明できるという考え方である。斉一論者たちは、山は一夜にして出現するのではなく、一年間に数ミリメートルほどの割合で、何百万年もかけて盛り上がるのだと確信していた。

斉一説が力を得てくると、地球の年齢は十億年よりも古く、宇宙はそれよりもさらに古いはずであり、おそらくは無限に古いだろうというのが大方の見方になった。永遠の宇宙という考えには、科学者の心の琴線に触れるものがあったようだ。なぜならこの考えには、一種のエレガンスとシンプルさ、そして完全性が備わっていたからだ。もしも宇宙が永遠の過去から存在していたのなら、創造の時にどうやって作られたのか、いつ作られたのか、なぜ作られたのか、「誰が」作ったのかを説明しなくともよくなる。科学者たちは、神をもち出さなくともすむ宇宙論を作ったことを大いに誇らしく思った。

チャールズ・ライエルは斉一論者の中でももっとも著名な人物だが、時間の始まりは「死すべき定めにある人間の知力の及ばないところにある」と述べた。この立場はスコットランドの地質学者ジェイムズ・ハットンによってさらに強化された。ハットンはこう述べた。「それゆえ現在の調査結果によると、宇宙に始まりがあったという痕跡はなく、終末もありそうにない」

初期ギリシャの宇宙論者の中にも斉一説の支持者はいたようである。たとえばアナクシマンドロスは、惑星や恒星は「永遠の、年齢のない無限のうちに生まれ、そして亡びる」と論じた。それから数十年後の紀元前五〇〇年頃、エフェソスのヘラクレイトスも宇宙は永遠だと述べた。「この秩序立った世界、万人に同一のものとしてあるこの世界は、神々のどなたかが造ったものでもないし、人間の誰かが造ったものでもない。それは、いつも生きている火として過去において常にあり、現にあり、また未来においてありつづけるであろう――しかるべき量だけ燃え、しかるべき量だけ消えながら」

二十世紀初めまでの科学者たちは、永遠の宇宙に生きることに何の不満もなかった。しかしこの説の基礎となる根拠はかなりあやふやなものだった。地球はずいぶん古く、少なくとも十億歳にはなっているという証拠はあったものの、だから宇宙は永遠だとする考えの基礎にあるのは盲信だったと言っていい。地球の年齢が少なくとも十億年だからといって、宇宙は永遠だという説を正当化するような科学的根拠は一つもなかったのだ。なるほど永遠の宇宙は、首尾一貫した宇宙像ではあるだろう。しかしそれを裏付ける証拠が見つからないうちは、あくまでも希望的観測でしかない。実際、永遠宇宙モデルの基礎はあまりにも脆弱《ぜいじゃく》で、科学理論というよりはむしろ「神話」だった。一九〇〇年段階での永遠宇宙モデルは、空と大地を分けたのは青い巨神ウルバリだという主張と同じぐらい説得力を欠いていたのだ。

しかし最終的には、宇宙論研究者たちはこの恥ずべき事態に立ち向かっていく。実際彼らは二十世紀の残りの時間を費やして、大いなる最後の神話とも言うべきこの宇宙観をれっきとした精密科学で置き換えようと奮闘することになるのである。彼らは精度の高い理論を作り上げ、堅固な証拠でそれを裏付けることにより、「宇宙は永遠なのか、それともどこかの時点で創造されたのか」という究極の問題に自信をもって答えられるようになろうと力を尽くした。

宇宙の歴史は有限か無限かをめぐる戦いに参加したのは、この問題に取り憑《つ》かれた理論家と、勇敢な天文学者、そして才気あふれる実験家たちだった。反逆者の同盟軍は、巨大望遠鏡や人工衛星などの最新テクノロジーを駆使して、手強い主流派を打ち倒そうとした。この究極の問いに答えることは、科学史上もっとも偉大で、もっとも多くの論争を生み、もっとも大胆な冒険のひとつとなるのである。

第Ⅰ章　はじめに神は……のまとめ

初期の社会は神話、神、怪物ですべてを説明していた。

①紀元前六世紀のギリシャで：
哲学者たちは宇宙を自然現象として（超自然現象としてではなく）記述しはじめた。

⇩

ギリシャの〈原〉科学者たちは、
・シンプルで
・正確で
・自然で
・使い勝手の良い
理論とモデルを探した。

⇩

彼らは
・実験と観測
・論理と理論（と数学）
を使って、地球、太陽、月の大きさと、

それら相互の距離を測ることに成功した。

ギリシャの天文学者は宇宙について、
間違った「地球中心モデル」を確立し、
太陽と恒星と惑星は
不動の地球のまわりを回るとした。

②地球中心モデルでは不十分だとわかると、
天文学者たちはその場しのぎの対応をした。
（例：プトレマイオスの周転円は惑星の逆行運動を説明した）

神学者は、聖書と矛盾しない地球中心モデルに
忠実であることを天文学者に求めた。

③十六世紀：
コペルニクスは宇宙の太陽中心モデルを作った。
そのモデルでは地球とその他の惑星は太陽のまわりを回る。
このモデルはシンプルで、まずまずの精度をもっていた。
残念ながら、コペルニクスの太陽中心モデルは無視された。なぜなら、

・コペルニクスはほぼ無名だったから
・彼のモデルは常識に反していたから
・彼のモデルはプトレマイオスのモデルより精度が低かったから
・宗教上の（そして科学上の）主流派は、独創的な思想を抑圧したから

④コペルニクスのモデルは、ティコの観測結果を用いたケプラーにより改良された。ケプラーは、惑星は円軌道ではなく、（ごくわずかにつぶれた）楕円軌道を描くことを示した。
かくして太陽中心モデルは、地球中心モデルよりもシンプルで、精度が高くなった。

⑤ガリレオは太陽中心モデルを擁護した。彼は望遠鏡を使って、木星には衛星があること、太陽には黒点があること、金星には満ち欠けがあることを示したが、これらは古代の理論と矛盾し、新しい理論を支持した。

⇩

ガリレオは、太陽中心モデルの正しさを説明する本を書いたが、残念ながら教会は一六三三年、ガリレオを脅してそれを撤回させた。

その後の数世紀に、教会はもっと寛容になった。

天文学者たちは太陽中心モデルを支持し、科学は盛んになった。

⑥一九〇〇年までには、宇宙論研究者は、
宇宙は過去のある時点で創造されたのではなく、
永遠の過去から存在していると結論した。
しかしこの理論を裏付ける証拠はなかった。
宇宙は永遠だとする仮説は、ほとんど神話と変わらなかった。

⑦二十世紀の宇宙論研究者は、
あらためて宇宙の大問題に立ち返り、
科学的に取り組んでいくことになる。

⇦

宇宙は過去のある時点で創造されたのか？
それとも
永遠の過去から存在していたのか？

第Ⅱ章　宇宙の理論

（アインシュタインの相対性理論は）今日までに人間の知力が成し遂げたもっとも偉大な総合的業績であろう。　――バートランド・ラッセル

（アインシュタインの相対性理論によって、宇宙に対する人間の思索は新しい段階に到達した）それはあたかも、われわれを真理から隔てていた壁が崩れ落ちたかのようである。知識を追い求める眼の前に、かつて誰も予想だにしなかったような、広大かつ深遠な領域が開かれたのだ。いまやわれわれは、あらゆる物理現象の基礎にある首尾一貫した設計図の理解に向けて、大きな一歩を踏み出した。　――ヘルマン・ヴァイル

感じることはできても表現することはできない真理を、暗闇の中で懸命に探す年月。強烈な願望と、交互に訪れる自信と不安。そして、ついにそこから脱却して光の中に出る――それがどういうことかを理解できるのは、そういう経験をしたことのある者だけである。

――アルベルト・アインシュタイン

光速よりも速く進むことはできないし、できたらいいとも思えない。だって帽子が吹き飛ばされてばかりいるからね。　――ウッディ・アレン

二十世紀初頭、宇宙論研究者はいくつもの宇宙モデルを作り出しては、それらを検証していくことになった。候補となるモデルは、物理学者たちがこの宇宙をよりはっきりと理解し、その理解を裏づける科学法則を明らかにするにつれて姿を現してきた。宇宙はどんな物質でできていて、その物質はどんな振る舞いをするのだろうか？　重力はどういう原因で生じているのだろう？　重力はどのようにして恒星や惑星の相互作用を支配しているのだろう？　宇宙は空間から成り立ち、時間とともに変化していくが、物理学者たちはいったいどういう意味で「空間」や「時間」という言葉を使っているのだろう？　これらはみな、きわめて基本的な問いである。ところが――ここが重要な点なのだが――これらすべての問いに答えるためには、物理学者たちはまず、一見すると他愛のなさそうなひとつの問いに立ち向かわなければならなかったのである。その問いとは、「光の速度とは何か？」というものだ。

稲妻がわれわれの目に見えるのは稲妻から光が出るからだが、その光がわれわれの目に届くまでには何キロメートルも旅をしなければならないこともある。古代の哲学者たちは、光の速度によって、「見る」という行為にどんな影響が出るだろうかと考えた。光の速度が有限ならば、光がわれわれのところに届くまでには多少とも時間がかかるから、われわれが稲妻を見るころには、その稲妻自体はすでに消えているだろう。一方、光の速度が無限大ならば、光は瞬時にわれわれの目に届くから、われわれは雷が落ちると同時に稲妻を見ることになる。これら二つのモデルのいずれが正しいかを判定することは、古代人の知恵を超えていたようである。

音についても同じ問題を立てることはできるが、こちらはずっと簡単だ。雷鳴と稲妻は同時に生じるけれども、われわれはまず稲妻を見てから雷鳴を聞く。それゆえ合理的に考えれば、音の速度は有限であり、少なくとも光の速度よりはずっと小さいはずである。そこで古代の哲学者たちは、光と音に関して、不完全な論理の鎖にもとづく次のような理論を作り上げた。

1　落雷があると、光と音が生じる。
2　光は、非常に大きな、あるいは無限大の速度でわれわれのほうに向かってくる。
3　われわれが稲妻を見るのは、落雷の直後、あるいは落雷と同時である。
4　音は、光よりもゆっくりと進む（時速千キロメートル程度）。
5　したがって雷鳴は、雷が落ちてから少し後に聞こえる。雷鳴が稲妻よりどれくらい遅れるかは、雷が落ちた場所がどれぐらい遠いかによる。

しかし、光の速度に関する基本的な問題――すなわち、光の速度は有限なのか、それとも無限大なのかという問題――は、それから何世紀ものあいだ世界最高の知性たちを悩ませ続けた。紀元前四世紀にはアリストテレスが、光の速度は無限大であり、それゆえひとつの出来事と、その出来事の観測とは同時に起こると論じた。十一世紀にはイスラムの科学者アヴィケンナ（イブン・シーナー）とアルハゼン（イブン・アルハイサム）がともにこれとは反対の立場を取り、光の速度はきわめて大きいとはいえ有限であり、あらゆる出来事は、それが起こってから多少とも後にならなければ観測されないと考えた。

意見の相違があるのは明らかだったが、いずれにせよ論議は哲学上のものに留まっていた。しかし一六三八年になって、ガリレオが光の速度を測定する方法を提案した。二人の観測者がそれぞれランプと遮光器を持ち、ある距離だけ離れて立つ。第一の観測者が第二の観測者に向かって光の信号を送り、第二の観測者はそれを受信するとすぐに信号を送り返す。第一の観測者が送信から受信までにかかった時間を計れば、光の速度が推定できるだろうというのである。残念ながら、このアイディアを得たとき、ガリレオはすでに視力を失っており、軟禁中の身でもあったため、彼自らこの実験を行うことはついになかった。

ガリレオの死から二十五年後にあたる一六六七年、フィレンツェの名高い学術団体アカデミア・デル・チメントが、ガリレオのアイディアを検証にかけることにした。はじめ二人の観測者はそれほど遠くない距離に立った。第一の観測者が第二の観測者に向かって光を発し、第二の観測者はその信号を見るなり光を送り返す。第一の観測者がはじめの光を送信してから、返信されてきた光を見るまでの時間を測定したところ、数分の一秒という結果が得られた。しかしこの値は、二人の観測者の反応時間とみることができる。この実験は、二人の観測者がどんどん遠く離れていきながら何度も繰り返され、距離が大きくなるにつれて、信号が戻るまでの時間にどんな変化があるかが調べられた。距離が大きくなるにつれて時間が延びれば、光の速度はそれほど大きくない有限の値であると考えられる。ところが実際にやってみると、信号が戻るまでの時間は一定のまま変化しなかった。これはつまり、光の速度は無限大、もしくはきわめて大きな値であり、二人の観測者のあいだを光が往復するのにかかる時間は、二人の反応時間にくらべて非常に小さいことを示していた。

結局この実験からは、「光の速度は、時速一万キロメートルから無限大までのどれかの値である」という不十分な結果しか得られなかった。もしも光の速度がそれより小さければ、二人の観測者が離れていくにつれて、信号が戻ってくるまでの時間は少しずつ延びていくのが認められただろう。

光の速度は有限か無限大かという問題は未解決のまま残されたが、それから数年後、オーレ・レーマーというデンマークの天文学者がこの問題に取り組んだ。レーマーは若いころに、かつてはティコ・ブラーエのものだったウラニボリの天文台で研究を行い、この天文台の位置を精密に測定することによって、ティコの観測結果をヨーロッパ各地の観測結果と関連づけられるようにした。天空を測量するすぐれた腕前で名を上げたレーマーは、一六七二年、名誉あるパリの科学アカデミーに会員として迎えられた。このアカデミーは、気まぐれな王や女王や教皇の機嫌を取らなくとも、科学者が自由に研究できるようにすることを目的として設立された組織だった。レーマーはそのパリで、やはりアカデミーの会員だったジョヴァンニ・ドメニコ・カッシーニから、木星の衛星、とくにイオの奇妙な振る舞いについて調べてみてはどうかと勧められた。月が地球のまわりを規則正しく回るように、木星の衛星はどれも木星のまわりを規則正しく回るはずだったから、イオの動きにわずかな不規則性が見つかって、天文学者たちは衝撃を受けた。イオは、予定よりも数分ほど早く木星の陰から出てくることもあれば、数分ほど遅れることもあったのだ。衛星ならばそんな振る舞いをするはずはなかったから、イオのちゃらんぽらんな行動に誰もが首をかしげた。

この不思議な現象について調べるため、レーマーはカッシーニが記録していたイオの位置と出現時刻の一覧表を事細かに調べていった。はじめは何がどうなっているのか皆目見当がつかなかったが、やがてレーマーは、光の速度が有限でありさえすれば、すべては説明できることに気がついた（図19）。木星と地球は太陽の同じ側にあることもあれば、太陽の反対側にあって遠く離れているこ

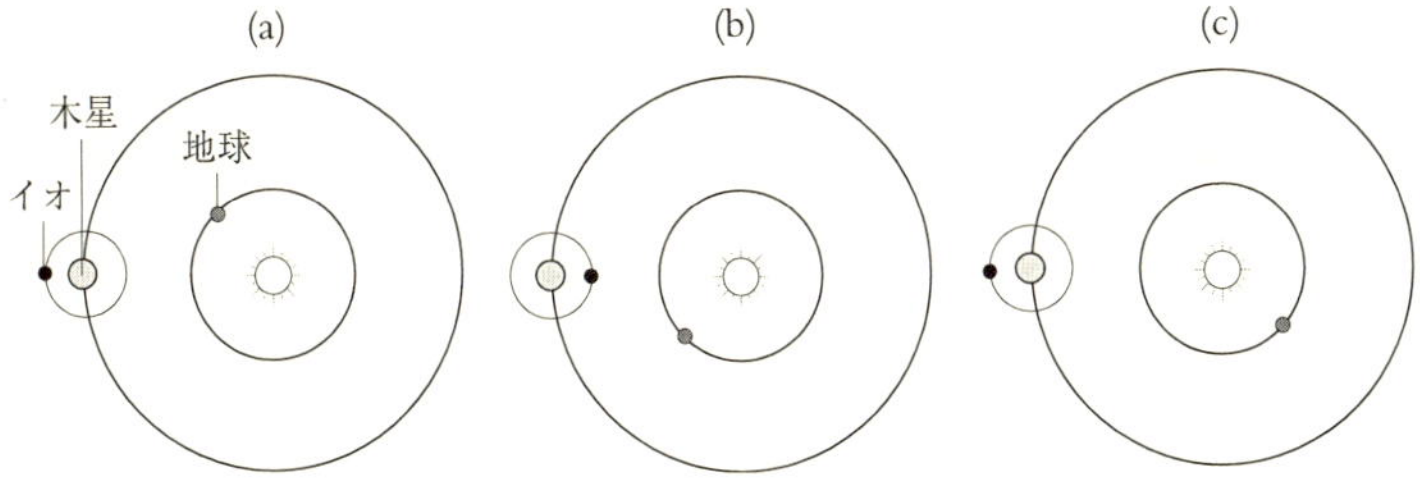

図19　オーレ・レーマーは木星の衛星イオの運動を調べることにより光の速度を測定した。この図に示すのは、レーマーが実際に使った方法を少し変えたものである。図(a)では、イオは木星の陰に隠れようとしている。図(b)では、イオは半周を終えて、木星の前に出てきている。その間、木星はほとんど動いていないが、地球は木星より12倍速く太陽のまわりを進むため、地球の位置はだいぶ変わっている。地球上の天文学者が、(a)から(b)までに経過した時間、すなわちイオが軌道を半周するのにかかる時間を測定する。

図(c)では、イオはさらに半周して元の位置に戻り、その間地球はさらに木星から遠ざかった。地球上の天文学者は、(b)から(c)までに経過した時間を測定する。その時間は、(a)から(b)までに経過する時間と同じはずだが、実際に測定してみるとかなり長いことが判明する。余計に時間がかかるのは、イオからの光が、図(c)の地球に到達するためには、地球が木星から遠ざかった距離だけ余計に旅をしなければならないからだ。この時間の遅れと、木星と地球との距離を使えば、光の速度を求めることができる（これらの図では、地球の移動距離は誇張されている。なぜならイオは、２日とかからず木星のまわりを１周するからである。また、木星の位置変化は、問題を複雑にするため考慮しなかった）。

ともある。地球と木星がもっとも離れているときには、もっとも接近しているときにくらべて、イオを出発した光が地球にたどり着くまでには三億キロメートルも余計に旅をしなければならない。もしも光の速度が有限ならば、それだけの距離を進むためにはそれ相応の時間がかかり、余計にかかった時間の分だけ、イオは予定よりも遅れて行動するように見えるはずである。要するにレーマーは、イオは完全に規則的に行動しているのだが、イオを出た光が地球にたどり着くまでに進む距離が変わり、その距離を進むのにかかる時間も変わるせいで、あたかも不規則な振る舞いをしているかに見えるだけだと論じたのである。

これを理解するために次のような例を考えてみよう。近くに大砲があり、毎正時に発砲されるものとする。大砲の音が聞こえたら、手元のストップウォッチを押し、時速百キロメートルで大砲から遠ざかるようにまっすぐ車を走らせる。次に大砲が発砲されるときには、大砲から百キロメートル離れたところにいるだろう。そこで車を止め、かすかな大砲の音を聞く。音は時速千キロメートルほどで伝わるから、最初の発砲を聞いてから二度目の発砲を聞くまでの時間は、六十分ではなく、六十六分となるだろう。この六十六分の内訳は、一度目の発砲から二度目の発砲までに実際に経過した六十分と、二度目の発砲の音が百キロメートル離れたところにたどり着くまでにかかった六分だ。つまり、大砲は完全に規則的に発砲されているのだが、音の速度が有限なのと、観測者の位置が変わったために、音は六分だけ遅れて聞こえるのである。

レーマーは、観測されたイオの出現時刻と、地球と木星との位置関係を分析することに三年を費やしたのち、光の速度として秒速十九万キロメートルという値を得た。実際の値はおよそ秒速三十万キロメートルなのだが、この食い違いは重要ではない。ここで重要なのは、レーマーが光の速度は有限であることを示し、それほど悪くない値を得たことだ。長い歴史をもつ論争がついに解決されたのである。

だがレーマーがこの結果を発表したとき、カッシーニは平静ではいられなかった。レーマーは主としてカッシーニの観測データを使って計算を行ったというのに、彼に対してはひとことの謝辞もなかったからだ。カッシーニはレーマーの厳しい批判者となり、光の速度は無限大だとする説をなおも支持していた多数派のスポークスマンとして、強硬な発言をするようになった。レーマーのほうも強気な態度を崩さず、自分が得た有限な光速の値を使って、一六七六年の十一月九日に起こるはずのイオの食は、ライバルたちが予測した時刻よりも十分だけ遅れるだろうと述べた。イオの食は実際に数分ほど遅れ、レーマーは鼻高々だった。レーマーは正しかったことが証明され、彼は光の速度として得た値の確証となる論文をさらに一篇発表することになった。

この食の予測によって論争はきれいに片づくはずだった。ところが、太陽中心説と地球中心説との論争のところでもすでに見たように、科学上のコンセンサスは、純然たる論理や理性を超えたものに左右されることがある。カッシーニはレーマーよりも年長で政治力もあったうえに、レーマーよりも長生きしたため、光の速度は有限だとするレーマーの主張とは反対のほうに科学界の意見を引っ張ることができたのだ。しかしそれから数十年も経つと、新しい世代の科学者たちがカッシーニ一派に取って代わった。新世代の科学者たちはレーマーの結論を公正な目で見、自ら検証してそれを受け入れたのである。

光の速度は有限であることが確定すると、科学者たちは次に、光の伝播という新たな謎の解明に乗り出した。光はどんな媒質を伝わるのだろうか？　音がさまざまな媒質を伝わることはわかっていた。人間というおしゃべりな動物は、気体である空気を媒質として音波を伝え、クジラは液体である水を媒質として歌い合う。われわれが歯を鳴らせば、歯と耳のあいだにある固体の骨を媒質としてガチガチと歯の鳴る音が聞こえる。光もまた音と同じく、空気などの気体や、水などの液体や、ガラスなどの固体を伝わることができる。しかし光と音には根本的な違いもあった。一六五七年、有名な一連の実験によってそれを鮮やかに示したのが、ドイツはマクデブルク市の市長だったオットー・フォン・ゲーリケである。

フォン・ゲーリケはすでに世界初の真空ポンプを発明しており、真空の不思議な性質を調べることに情熱を注いでいた。彼はある実験で、真鍮でできた直径四十センチメートルほどの半球殻を二つ合わせ、そうしてできた球の内部から空気を抜いた。すると二つの半球殻は、強力な吸引カップのように互いにくっつき合った。そうして彼は、八頭ずつの馬からなる二つのチームにそれぞれの半球を引っ張らせ、それでも二つの半球は引き離せないことを実演してみせたのだ。科学の不思議を見せつけるみごとな演出である。

馬による綱引きは真空の威力を示したが、光の本性については何も教えてくれない。フォン・ゲーリケは、光の本性についてはもっと繊細優美な実験を行った。彼はガラス瓶に小さな鐘を入れ、瓶から空気を引き抜いて真空にした。空気が抜かれると、その場にいた人々に鐘の音は聞こえなくなったが、鐘の舌が鐘を打ち鳴らすようすは見ることができた。したがって音は真空を伝われないのは明らかだった。またこの実験では、光は真空を伝われることが示された。なぜなら鐘は見え続け、瓶が暗くなったりはしなかったからだ。しかし、もしも光が真空を伝われるというなら、何もないところを何かが伝わるという奇妙なことになってしまう。

科学者たちはこの明白なパラドックスに直面して、真空は本当にからっぽなのだろうかと疑いはじめた。空気はたしかに抜かれたが、瓶の中にまだ何かが残っていたのではないだろうか？　その何かが、光を伝える媒質なのではないだろうか？　十九世紀に入るころには、物理学者たちは、宇宙には「光エーテル」という物質が染み渡っており、それが光を伝える媒質の役目を果たしているという説を打ち出した。存在を仮定されたこの光エーテルという物質は、いくつか驚くべき性質をもつはずだった。ヴィクトリア朝の偉大な科学者ケルヴィン卿は、それについて次のように述べた。

では、光エーテルとは何であろうか？　それは空気よりも桁違いに密度の低い物質である――実際その密度は、空気の密度よりも百万分の一の百万分の一の百万分の一ほども小さい。光エーテルがもつべき性質については、ある程度限定することができる。われわれはそれが実在し、密度に比較してきわめて剛性の高いものだと考えている。また、それは一秒間に四億回の百万倍回振動することができる。しかし密度がきわめて低いため、その中を通過するいかなる物体に対しても、きわめてわずかな抵抗すらも生じることはない。

換言すれば、光エーテルは驚異的に頑丈でありながら奇妙なほど希薄であり、透明で摩擦がなく、化学的には不活性だということになる。エーテルはいたるところに存在するが、誰もそれを見たことも触ったこともドンとぶち当たったこともないため、存在に気づくのがきわめて困難なのは明らかだった。それでもなお、自分ならばエーテルの存在を証明できるかもしれないと考えたのが、アメリカ人として初めてノーベル物理学賞を受賞することになるアルバート・マイケルソンである。

ユダヤ人だったマイケルソンの両親は、一八五四年、息子がまだ二歳のときに、プロイセンのユダヤ人迫害を逃れてアメリカにやってきた。成長したマイケルソンはまずサンフランシスコで学んだのち、合衆国海軍兵学校に進んだ。彼が兵学校を卒業したときの成績は、航海術では二十五番というパッとしない順位だったが、光学では一番だった。この成績を見て、兵学校の校長は次のように言った。「将来きみが科学よりも砲術に心を向けるようになれば、いつかは国のためになにがしかの役に立つときが来るかもしれない」しかしマイケルソンは賢明にも、もっぱら光学の研究に携わるようになり、一八七八年、二十五歳のときに、光の速度は299,910±50km/sであることを明らかにした。この結果はそれ以前のいかなる測定値よりも二十倍も精度が高かった。

その後一八八〇年になって、マイケルソンは光を伝えるエーテルの存在を証明できそうな実験を思いついた。彼が考えた装置は、一つの光線を二つに分け、それぞれを互いに垂直な方向に進ませるというものだった。一方の光線は、地球が宇宙空間を運動するのと同じ向きに進み、他方の光線は、第一の光線に対して直角をなして進む。二本の光線は同じ距離だけ進んだところで鏡に反射され、元来た道を戻り、ふたたび合わさって一本の光線になる。このとき二本の光線は、「干渉」と呼ばれる作用を起こす。この干渉作用のおかげで、マイケルソンは二つの光線を比較し、もしも別々に進んだ時間に差があればそれを検出できるはずだった。

マイケルソンは、地球が太陽のまわりを時速十万キロメートルほどで運動していることを知っていた。それはつまり、地球はそれと同じ速度でエーテルの中を突き進んでいるということだ。エーテルは宇宙のいたるところに染み渡り、まったく動きのない物質だと考えられていたから、地球が宇宙空間を突き進めば「エーテル風」が生じるだろう。それはちょうど、風のない日にオープンカーで走ったときにニセの風を感じるのと同じようなものである——実際には風はないのだが、運動しているせいで風を感じるのだ。したがって、光がエーテルの中を、エーテルを媒質として伝わるのであれば、光の速度はエーテル風の影響を受けるだろう。もう少し具体的に言うと、マイケルソンの実験では、一方の光線はエーテル風に乗って、あるいは逆らって進むため、光の速度は大きな影響を受け、他方の光線はエーテル風を横切るように進むため、あまり影響は受けないはずだった。もしも二つの光線がそれぞれの径路を進むのにかかる時間に差が出れば、エーテルの存在を裏づける強力な証拠となるだろう。

エーテル風を検出するための実験は複雑だったので、マイケルソンはその基礎となる前提をクイズのかたちで説明した。

幅百フィートの川があり、同じ速度で泳ぐことのできる二人の泳者がいるとしよう——その速度を秒速五フィートとする。川は秒速三フィートでよどみなく流れていく。二人は次の方法で競泳を行う。川岸の同じ場所から出発して、一方の泳者は対岸の一番近い地点に向かってまっすぐ川を横切り、向こう岸に着いたらターンしてふたたびまっすぐ戻ってくる。他方の泳者は流れのままに川を下り、川幅と同じ距離だけ下ったところで反転し（この距離は川岸に沿って測るものとする）、はじめの地点まで川をさかのぼる。この競泳に勝つのはどちらだろうか？（原注　答えは**図20**を見よ）

マイケルソンは可能なかぎり高品質の光源と鏡を得るために資金を投入し、装置を組み立てるにあたっては考えられるかぎりの予防措置を講じた。どのパーツも細心の注意を払って調整し、水平にし、磨き上げた。装置の感度を上げ、エラーを最小限にするために、主要部分は大きな水銀槽に浮かべるということまでして、誰かが遠くで足を踏み鳴らしたせいで生じた振動などの外的影響から装置を切り離そうとした。この実験の眼目はエーテルの存在を証明することにあり、マイケルソンはエーテル検出の可能性を少しでも高めるように打てるだけの手は打った。それだからこそ、直交する二つの光線にまったく時間差が検出できなかったときの彼の驚きは大きかった。エーテルが存在する形跡はいっさい見出せなかったのだ。これは衝撃的な結果だった。

何がいけなかったのかを突き止めようと躍起になったマイケルソンは、化学者のエドワード・モーリーに声をかけて実験に参加してもらった。二人は協力して装置を作り直し、感度をさらに上げるために各パーツを改良し、何度も測定を繰り返した。そしてついに一八八七年、七年ものあいだ実験を重ねた末に、二人は決定的な結果を発表した。これだけやってもなお、エーテルが存在する証拠は見つからなかったのだ。二人は、エーテルは存在しないと結論するしかなかった。

エーテルのもつべき性質が馬鹿げたものだったことを思えば——なにしろそれは宇宙でもっとも希薄で、なおかつもっとも固い物質とされていたのだ——エーテルが作り事だったとしても驚くにはあたらなかっただろう。ところが科学者たちは、エーテルを捨て去ることに強い抵抗を示した。なぜなら、光がいかにして伝わるかを説明しようとすれば、エーテルをもち出すしか方法がなかったからだ。当のマイケルソンさえも、自分が出した結論を容易には受け入れられないほどだった。彼は、ありし日を懐かしむようにこう語ったことがある。「愛しいエーテルは打ち捨てられてしまったが、私は今も多少の愛着を感じている」

エーテルは光だけでなく、電場と磁場の媒質でもあると考えられていたため、それが存在しないことは重大な問題だった。サイエンス・ライターのバネシュ・ホフマンは、この火急の事態を短い言葉でおもしろく表現した。

はじめに光エーテルがあった
次に電磁エーテルがあったが
今やどちらもなくなってエーテル

かくして十九世紀の末までには、マイケルソンがエーテルは存在しないことを証明していたのである。皮肉なのは、マイケルソンが科学者としての地位を築いたのは光学に関する一連の実験を成功させたおかげだったが、彼の最大の業績は失敗した実験から生まれたことだった。彼は一貫して、エーテルが存在しないことをではなく、存在することを証明しようとしていたのである。いずれにせよ、今や物理学者たちは、ともかくも光は真空を——つまり何の媒質も存在しないからっぽの空

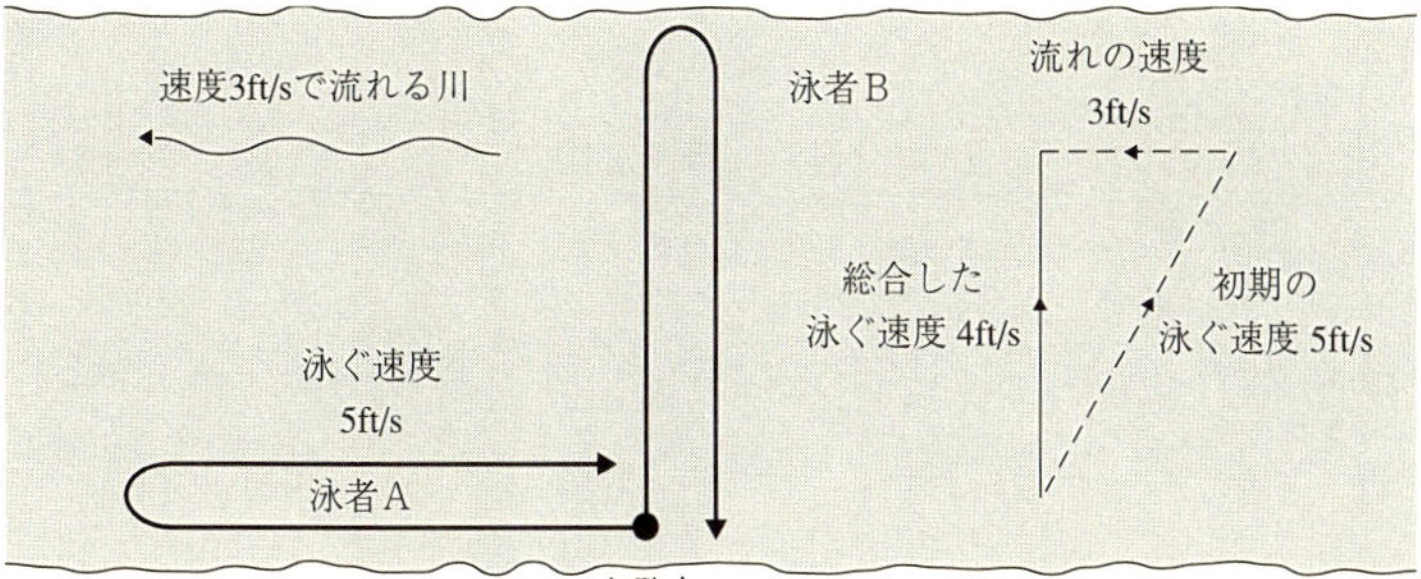

図20　アルバート・マイケルソンは水泳のクイズを使ってエーテルの実験を説明した。直交する２本の光線の役割を演じるのは、２人の泳者である。一方の泳者は、はじめは流れのままに川を下り、次に流れに逆らって川をさかのぼるのに対し、他方の泳者は流れを横切って進む。それはちょうど、一方の光線はエーテル風と同じ向きに進み、次にエーテル風に逆らって戻ってくるのに対し、他方の光線はエーテル風を横切って進むのと同じことである。このクイズは、静止した水では５ft/sで泳げる２人の泳者が、この方法で200フィートを泳ぐときにどちらが勝つかを調べよというものだ。泳者Aは、最初は流れのままに100フィート泳ぎ、次に流れに逆らって100フィート泳ぐのに対し、泳者Bは川を横切って往復し、片道100フィートずつ泳ぐ。川の流れは３ft/sである。

川の流れと平行に往復する泳者Aのタイムはすぐにわかる。流れに沿って進むとき、全体としての速度は８ft/s（５＋３ft/s）だから、100フィートを泳ぐのにかかる時間は12.5秒である。流れに逆らって戻るときは、実質わずか２ft/s（５－３ft/s）で泳ぐことになるから、100フィートを泳ぐのには50秒かかる。したがって、200フィートを泳ぐのにかかる時間は合計62.5秒である。

川を横切る泳者Bは、流れを相殺するために、流れに対してある角度をなして泳がなければならない。ピュタゴラスの定理からわかるように、彼が斜辺にそって５ft/sで泳ぐとすると、流れに逆らう成分（これが川の流れを相殺する）は３ft/sとなり、川を横切る成分は４ft/sとなる。したがって、100フィートを泳いで向こう岸にたどり着くまでに25秒かかり、戻ってくるのにまた25秒かかるので、200フィートを泳ぐには全部で50秒かかる。

どちらの泳者も流れのない水の中では同じ速度で泳げるにもかかわらず、川を横切る泳者が、川の流れと平行に泳ぐ泳者に勝つことになる。したがってマイケルソンは、エーテル風を横切って進む光線は、最初エーテル風に乗って進み、次にエーテル風に逆らって進む光線よりも短い時間で戻ってくると考えた。彼はこれが実際成り立つかどうかを調べるためにひとつの実験を計画した。

間を——伝われるということを認めざるをえなくなった。
マイケルソンがこの偉業を成し遂げるためには、洗練された高価な装置と、長年に及ぶひたむきな努力を必要とした。それとほぼ同じころ、学界とは切り離された十代の若者が、マイケルソンの実験による進展のことは知らないまま、理論による論証だけによってやはりエーテルは存在しないという結論に達していた。その若者の名をアルベルト・アインシュタインという。

◇アインシュタインの思考実験

アインシュタインが青年時代に発揮した勇敢さと、その後に花開く天才とは、主として身のまわりの世界に対する強烈な好奇心から芽生えたものだった。実り多く、革新的で、先見性のあった研究者としての一生を通して、アインシュタインは宇宙を支配する基本法則について考え続けた。わずか五歳のときには、父がくれた方位磁石の不思議な働きに魅了された。方位磁石の針を引っ張っている目に見えない力の正体は何なのだろう？　針はなぜ北を向くのだろう？　アインシュタインは一生涯、磁気の性質への興味を失うことはなかった。彼は、一見すると当たり前のような現象を深く調べてみたいという飽くなき好奇心に駆り立てられていたが、磁気はそんな彼にふさわしい研究対象だった。

アインシュタインはかつて、彼の伝記を書いたカール・ゼーリッヒにこう語ったことがある。「私には特別な才能はありません。激しいほどの好奇心があるだけなのです」彼はまたこうも言った。「大切なのは、問いを発するのを止めないことです。好奇心にはそれ自体として存在理由があるのです。永遠や、生命や、実在の驚くべき構造のことを考えるとき、人は畏怖の念を抱かずにはいられません。日々、そんな不思議をほんの少しでも理解しようと努めるならば、それで十分なのです」ノーベル賞受賞者のイジドール・アイザック・ラビはこの点をさらに強調して次のように述べた。「私が思うに、物理学者は人類の中のピーター・パンだ。彼らは決して大人にならず、いつまでも好奇心をもち続ける」

これに関連して言えば、アインシュタインはガリレオと共通する点をたくさんもっていた。アインシュタインはこう書いたことがある。「私たちの置かれている状況は、巨大な図書館に入ろうとしている子どものそれである。その図書館には、さまざまな言語で書かれた本が天井までびっしりと詰まっているのだ」ガリレオもこれと同じようなたとえを用いたが、しかし彼は自然というその図書館の全体を、一つの言語で書かれた一冊の壮大な本に圧縮した。好奇心に駆られたガリレオは、その言語の解読に取り組まずにはいられなかった。「その本は、数学という言語によって書かれ、そこで使われている文字は三角形や円などの図形です。これらの文字を知らずには、人間はその言語の中のたったひとつの単語すらも理解できないまま、暗い迷路をさまよっていることでしょう」

ガリレオとアインシュタインとを結びつけるもうひとつの共通点は、ともに相対性に興味をもったことである。ガリレオは相対性の原理を発見したが、それを最大限に利用したのはアインシュタインだった。ガリレオの相対性原理をひとことで述べれば、「すべての運動は相対的だ」ということになる。これはつまり、外の座標系に照らさないかぎり、自分が運動しているかどうかはわからないということだ。ガリレオは『天文対話』の中で相対性の意味するところを鮮やかに説明した。

あなたが友人と一緒に大きな船の甲板の下にある広い船室に閉じこもり、蠅や蝶などの飛び回る小動物を持ち込んだとしましょう。また、魚を入れた大きなたらいを用意します。それから、高いところから瓶を吊り下げ、瓶からしたたり落ちる水滴を、下に置いた広口の容器に受けるようにします。船がじっとしているときに小動物をよく観察すれば、船室のどちらの方向にも同じ速度で飛ぶのがわかるでしょう。魚もまた、どちらの方向にも同じように泳ぐでしょうし、したたり落ちる水滴はまっすぐ下の容器に入るでしょう。あなたが友人に何かを投げるとき、距離が同じであれば、向きによって投げる強さを変える必要はありません。両足を揃えて跳べば、どちら向きにも同じ距離だけ進むでしょう。

以上のことを注意深く観測したなら、次に、船を好きな速度で動かしてください。ただしその運動速度は一定で、あちこち揺れないようにします。あなたは先に挙げたことのすべてについて、ほんのわずかな変化も見出さず、どの現象からも、船が動いているか静止しているかを区別することはできないでしょう。

つまり、一定の速度で直進しているかぎりは、自分の速度を測定するすべはなく、運動しているのかどうかすらもわからないということだ。なぜなら、周囲のものもすべてあなたと同じ速度で進み、すべての現象（瓶から滴り落ちる水や、蝶の飛翔など）が、運動しているか静止しているかによらず、まったく同じように起こるからである。またガリレオのシナリオでは「甲板の下にある広い船室」が使われ、外の世界から切り離されているため、外の座標系に照らして相対運動に気づくことは期待できない。滑らかな線路上を走る列車に乗って、耳栓をし、目をつぶることによって外の世界から切り離されれば、列車が時速百キロメートルで走っているのか駅に停車しているのかを区別するのは難しい。この列車のシナリオもまた、ガリレオの相対性原理を検証するひとつの方法である。

ガリレオの相対性原理は、彼が成し遂げたもっとも偉大な発見のひとつである。なぜならこの発見のおかげで、懐疑的な天文学者たちでさえも、地球はたしかに太陽のまわりを回っているのだと納得するようになったからだ。反コペルニクス主義の立場を取る批判者たちは、風がたえず吹きつけてきたり、大地が足下でぐいぐい動いたりするなどの地球の運動が感じられない以上、地球が太陽のまわりを回っているはずはないと論じていたのだった。しかしガリレオの相対性原理によれば、地球が宇宙空間を猛烈な速度で運動しているのが感じられないのは、大地から大気まであらゆるものが、われわれと同じ速度で空間を突き進んでいるからなのだ。動いている地球の環境は、静止している地球上でわれわれが経験するはずの環境と、実質的にはまったく同じなのである。

一般に、ガリレオの相対性理論は、自分がすばやく運動しているのか、ゆっくり運動しているのか、そもそも動いているのかどうかも区別できないと述べている。このことは、地球上に隔離されていても、列車の中で耳栓と目隠しをされていても、甲板の下にもぐり込んでいても、それ以外の方法で外の座標系から切り離されていても等しく成り立つ。

アインシュタインは、マイケルソンとモーリーによってエーテルの存在が否定されたことを知らないまま、ガリレオの相対性原理を基礎としてエーテルが存在するかどうかを調べはじめた。もう少し具体的に言うと、彼は「思考実験」の中でガリレオの相対性を使ってみたのだ。思考実験とは、物理学者の頭の中だけで行われる完全に想像上の実験である。なぜ想像上なのかというと、多くの場合、現実の世界では実施できないプロセスが含まれているからだ。思考実験は純然たる理論上の構築物だが、現実の世界について深い理解をもたらしてくれることが多い。

アインシュタインは一八九六年、まだ十六歳のときに、ひとつの思考実験を行った。顔の前に手鏡を持ちながら、光と同じ速度で突き進んだらどうなるだろうと考えたのだ。とくに気がかりだったのは、鏡に映る自分の顔は見えるのだろうかという点だった。その当時のエーテル理論によれば、エーテルは宇宙全体に染み渡り、完全に静止して動かない物質のはずだった。そして光はエーテルを媒質として伝わると考えられていた。つまり光が秒速三十万キロメートルで進むのは、エーテルに対してだと考えられていたのである。アインシュタインの思考実験では、彼の身体も、顔も、手に持った鏡も、すべては光の速度でエーテルの中を進んでいる。光はアインシュタインの顔を離れて、彼が手に持った鏡のほうに向かおうとするが、すべては光の速度で進んでいるため、光は彼の顔から離れられず、ましてや鏡にたどり着くことはできない。鏡にたどり着けなければ反射して戻れるはずもないから、アインシュタインは鏡に映る自分の顔を見られないことになる。

これは衝撃的な結論だった。というのもこの結論は、ガリレオの相対性原理と矛盾するからである。ガリレオの相対性原理によれば、速度が一定ならば、われわれは自分が大きな速度で動いているのか、小さな速度で動いているのか、逆向きに動いているのか、そもそも動いているのかどうかも判別することはできない。ところがアインシュタインの思考実験によれば、顔が鏡に映らなくなることから、自分が光の速度で動いていることはわかるはずなのだ。

神童アインシュタインは、宇宙はエーテルで満たされているものとして思考実験を行い、ガリレオの相対性原理と矛盾するおかしな結果を得た。そこでわれわれはもう一度、ガリレオの「甲板の下の船室」のシナリオを採用して、アインシュタインの思考実験をやり直してみよう。この場合、船が光の速度で進めば、鏡に映るはずの顔が見えなくなるから、船員は船が光の速度で進んでいることに気づくだろう。しかしガリレオは、船員は船が動いているかどうかを知ることはできないと断言したのだ。

どこかで修正が必要なのは明らかだった。ガリレオの相対性が間違っているか、あるいはアインシュタインの思考実験に根本的な欠陥があるかだ。結局アインシュタインは、この思考実験がおかしな結果になったのは、エーテルで満たされた宇宙を基礎としたせいであることに気がついた。彼はこのパラドックスを解消するために、次のように結論した。光はエーテルに対して一定の速度で進むのではなく、エーテルを媒体として伝わるのでもない。エーテルはそもそも存在しないのだ、と。アインシュタインの知らないことではあったが、これはまさしくマイケルソンとモーリーによってすでに発見されていたことだった。

アインシュタインの少々こじつけめいた思考実験に納得がいかない人もいるかもしれない。ことに、物理学とは現実の実験を基礎とし、本物の装置で測定を行ってこその学問だと考えている人ならなおさらだろう。実際、思考実験は物理学にとって副次的な意味しかないし、いつも必ず信用できるわけでもない。だからこそ、マイケルソンとモーリーが現実に行った実験がきわめて重要だったのだ。だがそれでもなお、アインシュタインの思考実験は若々しい頭脳の冴えを見せつけた。いっそう重要なことには、アインシュタインはこの思考実験をきっかけとして、宇宙にエーテルが存在しなければどういうことになるのか、光の速度という観点からこれを見直せばどうなるのかという問題に取り組むことになったのである。

エーテルという因習的で硬直した概念には、どこか人を安心させるものがあった。なぜならこの概念は、科学者が光の速度について語るとき、それがどういう意味かを理解できるだけの文脈を与えてくれたからだ。光が一定の速度（秒速三十万キロメートル）で進むことは誰もが認めていたし、光の速度が秒速三十万キロメートルなのは媒質に対してだと誰もが決めてかかっていた。そしてその媒質がエーテルだと考えられていたのである。エーテルに満たされ、固くこわばった宇宙においては、すべてに筋が通っていた。ところがマイケルソン、モーリー、アインシュタインの三人は、エーテルは存在しないことを示した。光が伝わるのに媒質は不要だというなら、科学者たちが光の速度について語るとき、彼らはいったい何の話をしているのだろうか？　光の速度は、何に対して秒速三十万キロメートルなのだろう？

アインシュタインはそれから数年のあいだ、折に触れてこの問題を考え続けた。やがて彼はひとつの解決策を思いついたが、それはひどく直観に頼ったアイディアだった。そのアイディアは一見すると馬鹿げたものにみえたが、しかし最終的には、彼はその解決策がたしかに正しいことを証明することになる。アインシュタインによれば、光は観測者に対して秒速三十万キロメートルという一定の速度で進む。言い換えれば、観測者がどんな環境下にあろうとも、光がどのように放出されようとも、それぞれの観測者が測定した光の速度はすべて秒速三十万キロメートル、または、同じことだが秒速三億メートルになるというのだ（より正確には 299,792,458m/s）。これが馬鹿げた話に思われるのは、普通の物体の速度に関してわれわれが日常経験していることと相容れないからである。

一例として、豆鉄砲をもった小学生を考えてみよう。その豆鉄砲からはつねに秒速四十メートルで豆が打ち出されるものとする。その小学生から少し離れたところで、あなたは道ばたの壁にもたれて立っている。小学生があなたに向かって豆鉄砲を撃てば、豆は秒速四十メートルで豆鉄砲を離れ、秒速四十メートルで飛び、額に当たれば、たしかに秒速四十メートルで飛んできたように感じられるだろう。その小学生が自転車に乗り、秒速十メートルであなたに近づきながら豆鉄砲を撃てば、豆が豆鉄砲から飛び出す速度はやはり秒速四十メートルなのだが、地面に対する速度は秒速五十メートルとなり、豆があなたに当たれば秒速五十メートルで飛んできたように感じられるだろう。余分の秒速十メートルは、走っている自転車から豆が発射されたために付け加わったものである。

あなたが秒速四メートルでその小学生のほうに向かって行けば、事態はさらに悪化する。なぜなら、このときあなたの額に豆が当たれば、その豆は秒速五十四メートルで飛んできたように感じられるからだ。以上の話をまとめると、あなた（観測者）が感じる豆の速度はさまざまな要因によって変化する、ということになる。

　アインシュタインは、光はこれとは異なる振る舞いをすると考えた。少年が自転車に乗っていないとき、自転車のライトから出た光は299,792,458m/sであなたに当たるだろう。少年が自転車に乗って秒速十メートルであなたの方に向かってきても、自転車のライトから出た光は299,792,458m/sであなたに当たる。そしてあなたがこちらにやってくる自転車に向かって歩き出したとしても、光はやはり299,792,458m/sであなたに当たるのだ。光は観測者に対して一定の速度で進む、とアインシュタインは主張した。誰がどんな状況で測定しようとも、光の速度は常に同じ値になるというのである。のちに実験で示されたように、アインシュタインは正しかった。次の表には、光の振る舞いと、光以外の物体（ここでは豆）の振る舞いとの違いを示す。

	あなたが知覚する豆の速度	あなたが知覚する光の速度
二人とも動いていない場合	40m/s	299,792,458m/s
小学生の自転車が秒速十メートルであなたに向かってくる場合	50m/s	299,792,458m/s
さらにあなたが小学生に向かって秒速四メートルで進む場合	54m/s	299,792,458m/s

アインシュタインは、光の速度が一定なのは、観測者に対してであるはずだと確信していた。なぜなら、鏡の思考実験が意味をなすためには、そう考えるしかなさそうだったからだ。光の速度に対するこの新しいルールを使って、アインシュタインの思考実験をもう一度よく吟味してみよう。この思考実験での観測者となるのは、アインシュタイン自身である。彼が光の速度で進んでも、彼の顔を離れた光は、やはり光の速度で進んで行くように見えるだろう。なぜなら光は観測者に対して、つねに一定の速度、すなわち「光速」で進むからである。光は光速でアインシュタインを離れ、鏡に反射されて光速で戻ってくる。したがって彼は鏡に映る自分の顔を見ることになる。彼が洗面所の鏡の前に立っていたとしても、これと同じことが起こるだろう。光はやはり光速で彼の顔を離れ、鏡に反射されて光速で戻ってくる。この場合もやはり、彼は鏡に映る自分の顔を見ることになる。つまり、光は観測者に対してつねに一定の速度で進むと仮定すれば、アインシュタインは自分が光速で移動しているのか、洗面所にじっと立っているのかを区別できなくなるのだ。これはまさしくガリレオの相対性原理が要請することだった。運動していようといまいと、人は同じ経験をするのである。

光の速度は観測者に対して一定であるという結論は鮮烈で、その後のアインシュタインの思考を支配し続けることになった。当時まだ十代だったアインシュタインは、若者らしい野心と素朴さで自分のアイディアの意味を探っていった。いずれ彼はその成果を発表し、革命的なアイディアで世界を揺るがすことになるのだが、しかし当面は、人知れず研究を続け、世間並みの教育を受けていた。

深く思索していた時期にきわめて重要だったのは、通っていた大学は権威主義的だったにもかかわらず、アインシュタインは持ち前の情熱と創造性と好奇心を失わなかったことである。彼はかつてこう述べた。「私の勉強の妨げになるのは、唯一学校教育だけだ」彼は大学の先生たちにまったく敬意を払わず、すぐれた研究者だったヘルマン・ミンコフスキーに対してさえその調子だった。ミンコフスキーはそんなアインシュタインのことを「ぐうたら犬」と呼んで相手にしなかった。もうひとりの教師であるハインリヒ・ヴェーバーは、アインシュタインに向かってこう言った。「きみは頭の良い青年だ、アインシュタイン、たいへんに頭が良い。しかしきみにはひとつ大きな欠点がある。人の話を聞こうとしないことだ」アインシュタインがそんな態度を取ったのは、ひとつにはヴェーバーが物理学の最新のアイディアを教えなかったからだった。そのためアインシュタインは彼をヴェーバー教授とは呼ばず、単にヴェーバーさんと呼んでいた。

こんな確執があったせいで、ヴェーバーはアインシュタインが研究職に就くために必要な推薦状を書かなかった。そのためアインシュタインは大学卒業後の七年間を、スイスのベルンで特許局員として過ごすことになった。しかし結果的には、これはそれほど悲惨な情況ではなかった。一流の大学で、広く受け入れられた主流の理論に縛られる代わりに、アインシュタインは職場の机に向かって、十代のときにやった思考実験の意味について考えることができたからだ――それはヴェーバー教授ならば鼻先で笑いそうな思弁的な考察だった。アインシュタインはお役所仕事をこなせばよく（当初の肩書きは「見習い三級技師」というものだった）、特許業務は一日に数時間もあれば片づいたので、残りの時間を自分の研究につぎ込むことができた。もしも彼が大学の研究者になっていたら、組織内政治に巻き込まれ、運営がらみの雑務に追われ、負担の大きい教育の仕事に日々を空しく費やしていただろう。アインシュタインはある友人への手紙の中で、自分の職場について次のように書いた。「ここは世俗の修道院のようなところで、私は自分が生み出したとても美しいアイディアを卵から孵《かえ》しています」

後年明らかになるように、特許局の職員として過ごした年月は、彼の知的生涯の中でもっとも実り多い時期だった。それはまた、成熟しつつある天才にとっては精神の高揚する時期でもあった。一九〇二年には、父親のヘルマン・アインシュタインが不治の病にかかったことに彼は深い衝撃を受けた。ヘルマンは死の床で、アルベルトとミレバ・マリッチとの結婚を許した――二人のあいだにはすでにリゼールという娘がいたことも知らずに。実を言えば歴史家たちも、一九八〇年代末にアインシュタインの個人的な手紙が手に入るまでは、アルベルトとミレバに娘がいたことは知らなかったのだ。その手紙から明らかになったのは、ミレバはこの出産のために生まれ故郷のセルビアに帰ったこと、そして女の子が生まれたという知らせを聞くやいなや、アインシュタインはすぐにミレバにこんな手紙を書いたことだった。「娘は元気でちゃんと泣いたかい？　どんなかわいい目をしているのだろう？　ぼくたち二人のうち、どっちによく似ている？　誰がミルクをやっているのかい？　お腹は空いていないだろうね？　髪の毛はまだ全然生えていないのかな？　こんなに愛しているのに、ぼくはまだ娘に会ってもいないんだ！……彼女はもう泣くことができるに違いないが、笑うようになるのはずっと先だ。そこには深い真理がある」結局アルベルトは、娘の泣き声を聞くことも、娘が笑うのを見ることもなかった。アルベルトとミレバは非嫡出の子をもつという社会的不名誉を背負いきれず、リゼールをセルビアで養子に出したのである。

アルベルトとミレバは一九〇三年に結婚し、翌年には一人目の息子ハンス・アルベルトが生まれた。そして一九〇五年、父親としての責任と特許局の仕事をこなしながら、アインシュタインはついに宇宙に関する考えをまとめ上げた。彼の理論的研究は、『アナーレン・デア・フィジーク』誌上に矢継ぎばやに発表された。彼はそのうちのひとつの論文で、ブラウン運動として知られていた現象について調べ、物質は原子や分子でできているという説を支持するみごとな論証を行った。また別の論文では、光電効果というよく知られた現象は、誕生したばかりの量子物理学によってきれいに説明できることを示した。驚くには当たらないが、この論文はアインシュタインにノーベル賞をもたらすことになった。

しかし第三の論文はさらにすばらしかった。それはアインシュタインが、光の速度は観測者に対して一定だということについて、十年をかけて考え続けてきたことの総まとめだった。この論文は物理学にまったく新しい基礎を与え、究極的には宇宙を研究するための基本原則を打ち立てることになるのである。重要なのは、光速が一定であることそれ自体ではなく、それを基礎としてアインシュタインが予測したことのほうだった。この理論は、アインシュタイン当人さえも驚愕するような途方もない余波を生み出したのだ。研究を発表したときアインシュタインはまだ二十六歳という若さだったから、のちに「特殊相対性理論」として知られることになるこの研究を進めるなかで、強烈な自己不信に陥ったこともあった。「特殊相対性理論がはじめて私の中に芽生えたとき、ありとあらゆる精神的葛藤に見舞われたことを認めなければなりません。若いころ、私はよく何週間も取り乱したまま出歩いていたものでした。そんなときの私は、こうした問題にはじめて出くわし、茫然自失した状態を克服できないひとりの人間でした」

図21　1905年のアインシュタイン。この年彼は特殊相対性理論に関する論文を発表し、名声を確立した。

アインシュタインの特殊相対性理論から導かれるもっとも驚くべき結論のひとつは、時間という慣れ親しんだ概念は、根本的に間違っているということだ。科学者も、科学者ではない人も、時間とは一種の普遍時計が時を刻んでいるようなものだろうと考えていた。その普遍時計はいわば宇宙の鼓動であり、それを基準としてほかのすべての時計を合わせられるような存在だった。われわれはみなその普遍時計によって生き、したがって時間の流れ方は誰にとっても同じであるはずだった。まったく同じ振り子が、今日も明日も、あなたにとっても私にとっても、ロンドンでもシドニーでも、同じペースで振れているようなものだ。時間は絶対的で規則正しく、いつでもどこでも誰にとっても同じだと考えられていたのである。これに対してアインシュタインは「ノー」と言った。時間は伸びたり縮んだりし、人それぞれにとって流れ方が異なり、あなたの時間と私の時間は違う。具体的には、あなたに対して運動している時計は、あなたのそばで静止している時計よりもゆっくりと時を刻む。したがって、あなたが走行中の列車に乗っていて、私は駅のホームから走り去るあなたの時計を見ているとすると、私にとってあなたの時計は、私の時計よりもゆっくり進むように見えるだろう。

ありえない話のようだが、アインシュタインにとってこれは論理的に避けられない結論だった。以下の数段落では、なぜ時間の流れ方が観測者ごとに異なり、観測下にある時計の速度によって変わるのかを簡単に説明しよう。数式も少し出てくるが、いずれもごく簡単なものである。読んで論理を追うことができれば、特殊相対性理論がわれわれの世界観を変えずにはすまない理由が正しく理解できるだろう。しかし数式を飛ばしたり、式のところでつまずいたりしても心配はいらない。重要なポイントは、数学的な説明が終わったところにまとめておく。

特殊相対性理論が時間概念に及ぼした影響を理解するために、発明家のアリスと、彼女が発明した非常にめずらしい時計を考えよう。すべての時計には、「時を刻むもの」が必要だ。たとえば振り子時計には振り子がついているし、水時計には水のしたたりがある。アリスの時計でその役割を果たすのは、一・八メートル離して平行に置かれた二枚の鏡によって交互に反射される光のパルスである（図22(a)）。光の速度は一定だから、このような反射は「時を刻むもの」としては理想的で、アリスの時計はきわめて正確だ。光は秒速三十万キロメートル（3×10^8m/s）で進むから、刻みの間隔を、「光が一方の鏡から他方の鏡に向かい、反射されて戻ってくるまでにかかる時間」と定義すると、アリスにとっては次の値になる。

$$時間_{アリス}=\frac{距離}{速度}=\frac{3.6\mathrm{m}}{3\times10^{8}\mathrm{m/s}}=1.2\times10^{-8}\mathrm{s}$$

アリスは時計と一緒に列車に乗り込み、列車は真っ直ぐな線路上を一定の速度で進む。彼女から見て、刻みの間隔に変化はない（思い出してほしいが、ガリレオの相対性原理によれば、彼女は自分と一緒に運動している物体を調べることによっては、自分が静止しているか運動しているかを知ることはできないのだから、すべては前と同じはずである）。

一方、アリスの友人であるボブは駅のホームに立ち、アリスを乗せた列車が光速の八〇パーセントの速度、すなわち2.4×10^8m/sで走り去るのを見ている（これは究極の「急行列車」だ）。ボブは列車の大きな窓を通してアリスと時計を見ることができる。彼の目には、光のパルスは斜めに進むように見える（図22(b)）。彼の見ている光のパルスは普通に上下運動しているのだが、彼の立場からすると、光は列車とともに横向きにも進むからだ。

つまり、光が下の鏡から出発して上の鏡に到着するまでのあいだに時計は列車とともに移動するので、光は斜めになった長い径路を進むことになるのである。実際、ボブの立場からすると、光が上の鏡に到着するまでに列車は二・四メートル移動するから、斜めの径路の長さは三・〇メートルになる。したがって光のパルスは、全部で（上下合わせて）六・〇メートル進まなければならない。アインシュタインによれば、光の速度はどの観測者にとっても同じだから、ボブにとって刻みの間隔は長くなる。光の速度は同じなのに、進む距離が長くなるからだ。ボブが知覚する刻みの間隔は簡単に求めることができる。

$$\text{時間}_{\text{ボブ}}=\frac{\text{距離}}{\text{速度}}=\frac{6.0\text{m}}{3\times10^{8}\text{m/s}}=2.0\times10^{-8}\text{s}$$

かくして時間の性質はとても奇妙なものとなり、不穏な気配が漂いはじめる。アリスとボブは落ち合って、お互いの記録を見せ合う。ボブは、アリスの鏡時計は 2.0×10^{-8} 秒に一回時を刻むように見えたと言い、アリスは、自分の時計は 1.2×10^{-8} 秒に一回時を刻むように見えたと言う。アリスにとってみれば、自分の時計はいつも通りに時を刻んでいるように見えた。アリスとボブは同じ時計を見ていたにもかかわらず、時の刻み方は違って見えたのだ。

アインシュタインは、アリスを基準として、ボブの見る時間間隔がどれだけ変化するかを表す一般的な式を導いた。

$$\text{時間}_{\text{ボブ}}=\text{時間}_{\text{アリス}}\times\frac{1}{\sqrt{(1-v_{\text{A}}^{2}/c^{2})}}$$

この式によると、ボブが観測する時間間隔は、アリスが観測する時間間隔とは異なり、ボブに対するアリスの速度（v_{A}）と、光の速度（c）によって決まる。この式に、今の場合に相当する数字

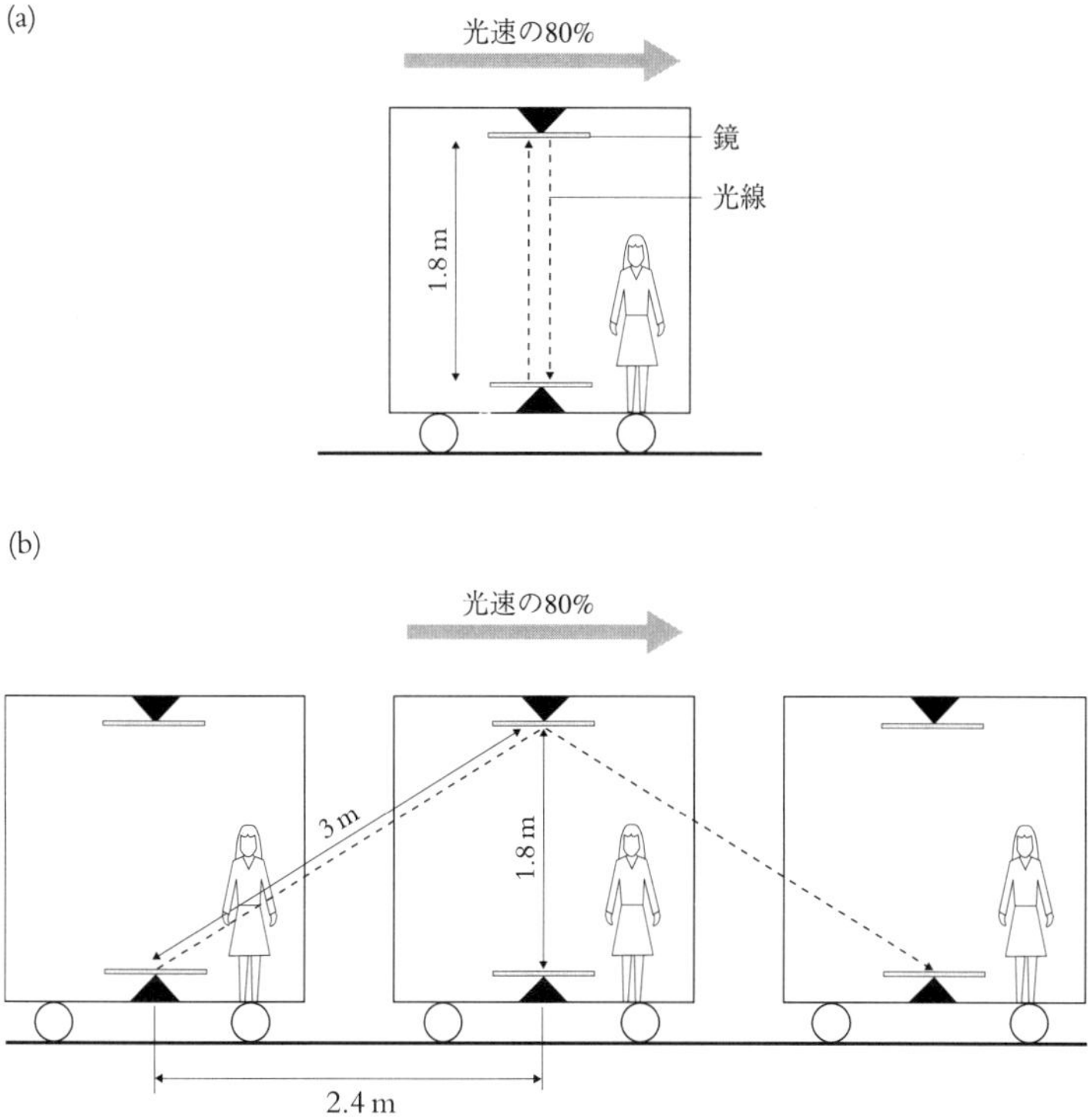

図22　以下のシナリオは、アインシュタインの特殊相対性理論から導かれる主要な結論のひとつをわかりやすく示したものである。アリスは時計とともに列車の中にいる。この時計で「時を刻むもの」は、2つの鏡に規則正しく反射される光のパルスである。

図(a)は、アリスの視点から見た状況である。列車は光速の80%の速度で走るが、時計はアリスに対して動いていないので、彼女の目にはいつも通りの速さで時を刻むように見える。

図(b)は、同じ状況（アリスと時計）をボブの目から見た場合である。列車は光速の80%で進むので、ボブの目には、光のパルスは斜めに進むように見える。光の速度はどの観測者にとっても同じだから、ボブにとっては、光のパルスが長い対角線の径路を取るために長い時間がかかるように見える。そこで彼は、アリスの時計が時を刻むペースは、アリス自身が感知するペースよりも遅いものとして感知する。

をあてはめると、

$$時間_{ボブ} = 1.2 \times 10^{-8} s \times \frac{1}{\sqrt{(1-(0.8c)^2/c^2)}}$$

$$= 1.2 \times 10^{-8} s \times \frac{1}{\sqrt{(1-0.64)}}$$

$$= 2.0 \times 10^{-8} s$$

となり、たしかにボブの測定した時間間隔が得られる。アインシュタインはかつてこんな名言を吐いた。「熱いストーブに一分間手を乗せていれば、その時間は一時間にも思えるだろう。可愛い女の子と一緒に一時間を過ごせば、その時間は一分間のように思えるだろう。それが相対性というものだ」しかし相対性理論はジョークではない。観測者に対して相対的に運動している時計はゆっくり時を刻むように見え、アインシュタインの式はその見え方を厳密に示しているのだ。この現象を、「時間の伸び」という。これはあまりにも常識に反しているように見えるので、すぐに四つの疑問が浮かぶ。

1　われわれがこの奇妙な効果にまったく気づかないのはなぜか？

時間がどれくらい伸びるかは、時計なり、考察下の物体なりが、光の速度を基準としてどれぐらいの速度で運動しているかによって決まる。さっきの例で時間の伸びが非常に大きかったのは、アリスの乗った列車が光の速度の八〇パーセント、すなわち秒速二億四千万メートルという途方もなく大きな速度で走っていたからである。しかし、列車が秒速百メートル（時速三百六十キロメートル）という妥当な速度で走っているなら、ボブが見るアリスの時計は、アリスが見る彼女の時計とほとんど同じ進み方をするだろう。アインシュタインの式にこの場合の数値を入れてみると、二人にとっての時間の違いはわずか一兆分の一程度であることがわかる。言い換えれば、人間が日常生活の中で「時間の伸び」を検出するのは不可能なのだ。

2　時間の伸びは現実に起こるのか？

答えはイエス。時間の伸びはきわめて現実的な現象である。最先端のハイテク装置には、時間の伸びを考慮に入れなければ正しく作動しないものがたくさんある。ＧＰＳ（全地球位置把握システム）は、カーナビなどの計器類で位置を特定するために衛星を利用するシステムだが、特殊相対性理論の効果を考慮に入れないと正しく作動しない。特殊相対性理論の効果が重要になるのは、ＧＰＳの衛星が非常に大きな速度で運動しているためと、衛星では高精度の計時装置が使われているためだ。

3　アインシュタインの特殊相対性理論は、光のパルスを利用した時計だけにあてはまるのか？

この理論はどんな時計にもあてはまるし、それどころかどんな現象にもあてはまる。なぜなら光は、原子レベルの相互作用に大きくかかわっているからだ。したがって列車内で起こる原子レベルの相互作用はすべて、ボブの目にはゆっくりと起こっているように見える。彼は原子レベルの相互作用を個々に見ることはできないが、相互作用が遅くなる効果を集積したものなら見ることができる。アリスの鏡時計がゆっくりと時を刻むのが見えるように、走り去っていくアリスが振る手もゆっくりと動くように見えるだろう。彼女の瞬きもスローモーションになり、思考プロセスも遅く見え、心臓の鼓動すらも遅くなるだろう。すべての現象は、運動速度によって決まる時間の伸びに等しく影響を受けるのである。

4　時計の進み方が遅くなったり、自分の動きがのろくなったりすることを利用すれば、アリスは自分自身が運動していることを証明できるのでは？

これまで述べてきた奇妙な効果はすべて、走る列車の外にいるボブによって観測されたものである。アリスにとってみれば、列車の中にあるものは何も変化しない。なぜなら、彼女の時計であれほかの何であれ、列車の中にあるものは彼女に対して動いていないからだ。相対運動がゼロなら、時間の伸びもゼロである。これは驚くべきことではない。というのも、列車が走っているせいで起こった周囲の変化にアリスが気づけば、ガリレオの相対性原理に反することになるからだ。一方、ボブのそばを高速で通過しながらアリスが彼を見たとすれば、彼女にとってボブは動いているから、ボブやその周囲の時間は伸びて見えるだろう。

特殊相対性理論は、時間以外のものに対しても驚くべき影響を及ぼした。アインシュタインが示したところによれば、アリスがボブの前を通り過ぎるとき、ボブの目にはアリスが進行方向に潰れて見えるのだ。アリスの身長が二メートルで、お腹から背中までの厚みが二十五センチだったとしよう。列車が通り過ぎるとき（アリスは進行方向を向いているものとする）、ボブが見るアリスは、身長はやはり二メートルだが、身体の厚みは十五センチしかなくなってしまう。彼女はほっそりとして見えるのだ。これは単なる錯覚ではなく、ボブの視点から見た距離と空間の現実のありようなのである。この結果を導くためには、ボブの目にはアリスの時計がゆっくり時を刻むように見えることを示したときと同様の論証を行えばよい。

こうして特殊相対性理論は、それまでの時間概念を攻撃するとともに、空間という岩のごとき堅固な概念までも見直すよう物理学者に迫った。時間と空間は、いつでもどこでも誰にとっても同じなのではなく、伸びたり縮んだりし、人によって異なるものだったのだ。アインシュタインはこの理論を作る過程で、自分の論理と結論が信じられないときもあったが、それも無理はないだろう。彼はこう述べた。「その論証は面白いものですし、魅力もありますが、神がこれを見て笑いながら、私の鼻先をつまんで引きずり回していないともかぎらないと思うのです」

しかしアインシュタインはこの疑念を乗り越えて、自分が導いた式の論理を追っていった。彼が研究の成果を発表したとき、専門の学者たちは、物理学史上もっとも重要な発見のひとつが一介の特許局員によってなされたことを認めざるをえなかった。「量子論の父」と称されるマックス・プランクはアインシュタインについて次のように述べた。「もしも（相対性理論の）正しさが証明されるならば——私はそうなると考えていますが——彼は二十世紀のコペルニクスとなるでしょう」

時間の伸びと長さの短縮というアインシュタインの予測は、やがて実験によって裏づけられた。特殊相対性理論ひとつだけでも、因習的で硬直した物理学を根本から見直したという点で、アインシュタインは二十世紀でもっとも輝かしい才能をもつ物理学者の一人とみなされただろう。しかしアインシュタインの才能はそこにとどまらず、さらなる高みに手を伸ばした。

一九〇五年の論文を発表してまもなく、アインシュタインはいっそう野心的な研究計画に着手した。彼は特殊相対性理論のことを、後年成し遂げた仕事の困難さにくらべれば、「子どもの遊びのようなもの」だと言ったことがある。しかしその苦労は十分に報われた。彼が特殊相対性理論の次に成し遂げた大発見は、壮大なスケールでの宇宙の振る舞いを明らかにし、宇宙論の研究者たちに、考えられるかぎりもっとも深い問題に立ち向かうための道具を与えることになるのである。

◇重力の闘い　ニュートンvsアインシュタイン

アインシュタインのアイディアは因習打破の性格が強すぎたため、主流の物理学者たちが一介の公務員にすぎなかった彼を快く学界に迎え入れるまでには時間がかかった。彼が特殊相対性理論の論文を発表したのは一九〇五年だが、ベルン大学にはじめて大学教員としてのポストを得たのはようやく一九〇八年のことだった。一九〇五年から一九〇八年までのあいだ、アインシュタインはベルンの特許局で働き続け、「二級技師」に昇格もして、相対性理論の威力を高め、その適用範囲を広げるために力を注ぐ時間を与えられることになったのである。

特殊相対性理論が「特殊」なのは、特殊な状況、すなわち物体が一定の速度で動いている場合にしか使えないからだ。つまりこの理論は、アリスの列車が一定の速度でまっすぐな線路上を走るようすを見ているボブに対しては使えるが、列車が加速したり減速したりすれば使えなくなるのである。そこでアインシュタインはこの理論を、加速や減速がある場合にも使えるように修正しようとした。そうしてできあがった理論は、特殊相対性理論の大幅な拡張であり、より一般的な状況で使えることから、まもなく「一般相対性理論」の名で知られるようになった。

一九〇七年、アインシュタインは一般相対性理論を作る道のりにおいて最初の大きな一歩を踏み出し、そのとき得たアイディアのことを「私の人生でもっともすばらしい考え」と呼んだ。だが、それに続く八年間は地獄の苦しみだった。彼はある友人に、一般相対性理論が頭から離れないせいで、人生のそれ以外の面はおざなりになってしまっていると語った。「非常に重要なことが心を占領してしまい、手紙を書く時間も見つけられないほどです。昼も夜も、脳みそを拷問にかけるように絞り上げ、過去二年のあいだに少しずつわかってきたこと、物理学の基本問題において空前の前進となることを、もっと深く見通そうとがんばっています」

「非常に重要なこと」とか、「物理学の基本問題」といった言葉でアインシュタインが言い表そうとしたのは、一般相対性理論が指し示す道のりを進んで行けば、まったく新しい重力理論にたどり着きそうだということだった。もしもアインシュタインの言うとおりなら、物理学者たちはアイザック・ニュートンの業績に疑問を投げかけざるをえなくなるだろう。アイザック・ニュートン——それは物理学において、聖像のごとき尊崇を受ける人物の一人なのだ。

ニュートンは一六四二年のクリスマス（グレゴリオ暦では一九四三年一月四日）に、父親が三カ月前に死んだばかりという痛ましい情況の中で生まれ落ちた。アイザックがまだ幼かったころ、母親は六十三歳になるバーナバス・スミスという教区牧師と再婚したが、スミスはアイザックを家に迎え入れることを拒んだ。幼いアイザックの養育という仕事は祖父母の肩に降ってかかり、アイザックは年を経るごとに、自分を捨てた母と義父に対する憎悪をつのらせていった。たとえば彼は大学時代に、子ども時代に犯した罪のリストを作ったことがあるが、その中で「父母であるスミス夫妻を家もろとも焼き殺すと脅したこと」を認めている。

そんなニュートンが、気むずかしく、周囲から孤立し、ときには残酷にもなる大人になったとしても驚くにはあたらないだろう。たとえば一六九六年に王立鋳貨局の監事に就任したときには、贋金作りをする者たちに対して非常に厳しい制度を作り、反逆者として罰することにした——受刑者は首を吊されたのち、内臓を引き出され、四つ割きにされるのだ。贋金作りはイギリスを経済崩壊の危機に追いやっていたから、そのぐらいの処罰は必要だと彼は判断したのだろう。ニュートンは国家の通貨を救うために、残酷さだけでなくその頭脳も活用した。鋳貨局で彼が行ったもっとも重要な技術革新の一つは、「削り屋」と呼ばれる連中に対抗するため（彼らは硬貨の縁を削り取り、その粉を使って新しく硬貨を作っていた）、硬貨の縁にギザギザをつけたことである。

ニュートンの功績は認められ、一九九七年にイギリスで発行された二ポンド硬貨には、ギザギザの縁のところに「巨人たちの肩の上に立って」という言葉が刻まれた。この言葉は、ニュートンが同僚の科学者ロバート・フックに宛てた手紙から採ったもので、ニュートンはそこで次のように書いている。「もしも私がほかの人たちよりも遠くを見たとすれば、それは巨人たちの肩の上に立ったおかげなのです」これはニュートンが、自分のアイディアはガリレオやピュタゴラスなど、名だたる先人たちのアイディアの上に築かれていることを認めた謙虚な言葉のようにも見える。しかし実際には、これは背骨が曲がってひどく屈んでいたフックの身体をそれとなく指し示す、悪意に満ちた表現だった。ニュートンは、フックは肉体的に巨人ではないことに思い至らせ、知性においてもまた巨人ではないことをほのめかしたのである。

しかし人間的にはどんな欠陥があろうとも、ニュートンは十七世紀の科学に対して並ぶ者なき貢献をした。彼はほんの一年半ばかり集中的に研究しただけで、新しい科学の時代の基礎を築いたのである。研究が最高潮に達した一六六六年は、今日ではニュートンの「奇跡の年」として知られている。もともとこの言葉は、同じ一六六六年に起こり、世間的にははるかに華々しかった出来事、すなわちロンドンの大火を乗り越えて英国艦隊がオランダに勝利した一件を題材とするジョン・ドライデンの詩のタイトルだった。しかし現代の科学者たちは、ニュートンの発見こそは一六六六年に起こった正真正銘の奇跡だと考えている。ニュートンの「奇跡の年」には、微積分、光学、そしてもっとも有名な重力理論に大きな進展があったのだ。

ニュートンの重力法則をひとことで言えば、「宇宙に存在するあらゆる物体は互いに引き合う」ということになる。もう少し厳密に言うと、ニュートンは任意の二つの物体間に働く引力を、

$$F = \frac{G \times m_1 \times m_2}{r^2}$$

と定義した。二つの物体間に働く力（F）は、物体の質量（m_1とm_2）に依存し、質量が大きければ大きいほど力は強くなる。またこの力は、物体間の距離の二乗（r^2）に反比例し、それゆえ物体が遠く離れれば離れるほど弱くなる。重力定数（G）はつねに$6.67 \times 10^{-11} \mathrm{Nm^2kg^{-2}}$に等しく、磁気などの力と比較して重力の強さがどれぐらいのものかを表している。

この式の威力は、コペルニクス、ケプラー、ガリレオが太陽系について説明しようとしたことのすべてを含んでいる点にある。たとえばリンゴが地面に向かって落ちるのは、リンゴが宇宙の中心に近づきたがっているからではなく、単に地球とリンゴの両方が質量をもち、重力を介して自然に引っ張り合うからなのだ。リンゴは加速しながら地球に近づき、地球も加速しながらリンゴに近づいていくが、地球はリンゴよりもはるかに質量が大きいため、地球への影響は感知できないのである。同様に、ニュートンの重力方程式によれば、地球が太陽のまわりを回る仕組みも説明できる。それは地球と太陽がともに質量をもち、両者のあいだに引力が働くからなのだ。この場合も、地球が太陽のまわりを回るのであって、その逆にはならないのは、地球は太陽よりもはるかに質量が小さいからである。ニュートンの重力方程式を使えば、衛星や惑星の軌道が楕円になることも予測で

きる――これはまさしくケプラーが、ティコ・ブラーエの観測データを解析したのちに明らかにした事実である。

ニュートンの死から何世紀ものあいだ、彼の重力法則は宇宙を支配していた。科学者たちは、重力の問題はすでに解決されたものと決め込み、矢の飛び方から彗星の軌道まで、あらゆることを説明するためにニュートンの式を使った。しかしニュートン自身は、宇宙に関する自分の理解がすべてではないことに薄々気づいていたようである。彼はかつてこう書いた。「世間の目に私がどう映っているのかは知りませんが、しかし私自身にとってみれば、私は浜辺で遊びながら、なめらかな小石やきれいな貝殻を見つけては喜んでいる子どもにすぎないように思えるのです。目の前には真理の大海が手つかずに広がっているというのに」

重力には、ニュートンの想像を超えた何かがあるのではないだろうか？　この疑問をはっきりと意識にのぼらせた最初の人物こそ、アルベルト・アインシュタインだった。アインシュタインは、彼にとっての「奇跡の年」である一九〇五年に何篇かの歴史的論文を発表したのち、特殊相対性理論を一般的な理論へと拡張する仕事に全力を注いだ。その作業は、惑星や衛星やリンゴが互いに引き合うメカニズムをまったく異なる視点から捉え、重力に対して根本的に異なる解釈をすることだった。

アインシュタインの新しいアプローチの核心は、距離と時間はともに伸び縮みするという彼自身の発見であり、それは特殊相対性理論から引き出される結果だった。思い出してほしいが、アリスと時計がボブの前を猛スピードで通り過ぎるとき、ボブから見てアリスの時計はゆっくりと進み、アリスの身体は薄っぺらになるのだった。つまり、時間も、空間の三つの次元（幅、高さ、奥行き）も、それぞれに伸び縮みをするのである。さらに、空間と時間の伸び縮みのしかたは相互に絡み合っているため、アインシュタインはそれらをひとまとめにして、「時空」という単一の実体を考えるようになった。その後明らかになったように、伸び縮みするこの時空こそが、重力の根元だったのである。この展開はそれ自体として非常にスリリングだが、しかし以下の段落では、重力に関するアインシュタインの考え方を視覚的に捉えるわかりやすい方法を見ていくことにしよう。

時空の次元は、空間の三次元と時間の一次元とを合わせて四次元になるため、神ならぬ身の人間にはイメージできないのが普通だ。そこで図23に示すように、二つの空間次元だけを考えることにしよう。ありがたいことに、こんな不完全な時空でも、本来の時空にそなわる重要な特徴の多くを表すことができるので、われわれにとって都合のよい簡略化なのである。図23(a)に示す空間は（正しくは「時空」だが）、伸縮性のある布地によく似ている——図中の格子は、空間に何も存在しなければ、この布地は乱れのない平らな状態にあることを示している。図23(b)には、布地の上に物体が置かれると、二次元空間に重大な変化が生じるようすを示した。この二番目の図は、質量の大きな太陽のために湾曲した空間と見ることができ、ボウリングのボールの重みで沈み込んだトランポリンとよく似ている。

このトランポリンのたとえはさらに拡張することができる。ボウリングのボールが太陽を表すとすれば、テニスボールは地球を表し、図23(c)に示すように、テニスボールはボウリングのボールのまわりで軌道に乗ることができる。実際にはテニスボールも小さなくぼみを作り、ボールとくぼみは一緒にトランポリン上を動いていく。さらに月をモデル化したければ、テニスボールの小さなくぼみにおはじきを転がしてやればいい。ボウリングのボールによってできた大きなくぼみのまわりをテニスボールが回り、そのテニスボールのまわりをおはじきが回るのだ。

しかし、実際にトランポリンの布地の上で複雑な系をモデル化しようとすると、すぐに行き詰まってしまう。布地には摩擦があるため、物体の自然な動きが妨げられてしまうからだ。それでもなお、このようなトランポリン効果が時空構造の中で現実に起こっている、というのがアインシュタインの主張だった。彼によれば、物理学者や天文学者が重力による引っ張り合いを目にするとき、彼らが実際に見ているのは、時空の曲がり方に呼応しながら天体が動いていくようすなのだ。リンゴを例に取ろう。ニュートンならば、リンゴが地球に向かって落下するのは、リンゴと地球が重力によって引っ張り合うからだと言っただろう。しかしアインシュタインは、自分はその引っ張り合いが生じる理由を、より深く理解しているという感触を得ていた。アインシュタインの考えによれば、リンゴが地球に向かって落下するのは、地球の質量によって時空にできた深いくぼみにリンゴが転がり落ちて行くからなのだ。

時空の中に物体が存在すると、ある種の相互的な関係が生じる。時空の形が物体の運動に影響を及ぼすとともに、影響を受けるまさにその物体が時空の形を決めるからだ。言い換えれば、太陽や惑星に動き方を教えている時空のくぼみは、ほかでもない太陽や惑星それ自体によって作られるのである。二十世紀の指導的な一般相対性理論研究者だったジョン・ホイーラーは、この理論をひとことで次のようにまとめた。「物質は空間に曲がり方を教え、空間は物質に動き方を教える」ホイーラーはわかりやすさと引き替えに正確さを犠牲にしたが（ここでの「空間」は「時空」とすべきだった）、この言葉は今もなおアインシュタインの理論の巧みな要約として立派に通用する。

時空が伸び縮みするというのは馬鹿げた考えに思えるかもしれないが、アインシュタインはそれが正しいことを確信していた。彼の美意識にもとづく評価基準によれば、伸び縮みをする時空と重力との関係性は、真理でなければならなかったのだ。アインシュタインは自分の評価基準について次のように語っている。「理論の良し悪しを判定するとき、私はこう自問します。もしも私が神だ

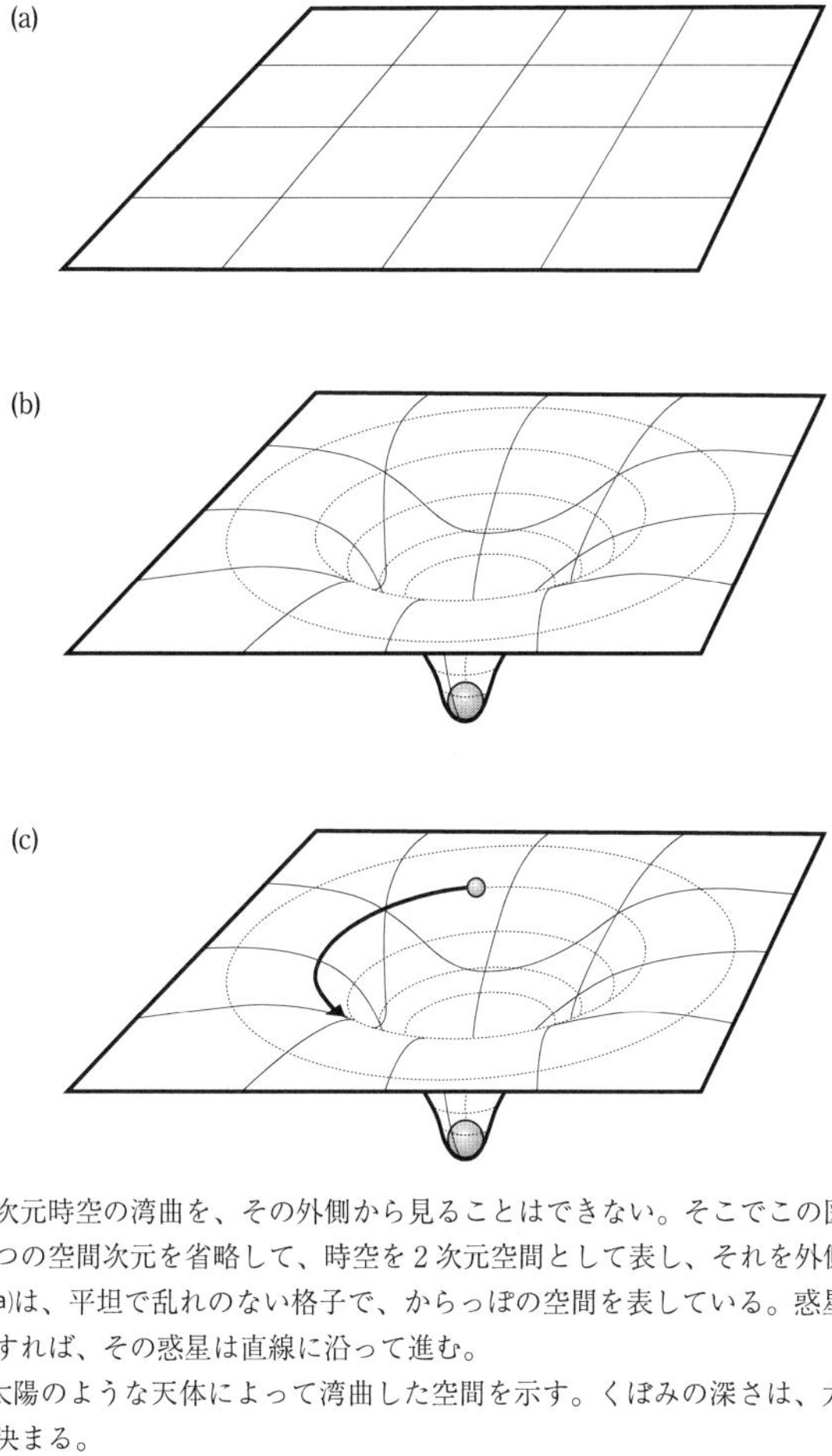

図23　４次元時空の湾曲を、その外側から見ることはできない。そこでこの図では時間次元と１つの空間次元を省略して、時空を２次元空間として表し、それを外側から見ている。図(a)は、平坦で乱れのない格子で、からっぽの空間を表している。惑星がこの空間を通過すれば、その惑星は直線に沿って進む。

図(b)は太陽のような天体によって湾曲した空間を示す。くぼみの深さは、太陽の質量によって決まる。

図(c)は、太陽によって生じたくぼみを軌道運動する惑星である。惑星は空間内にそれ自体の小さなくぼみを作るが、惑星は太陽にくらべて軽いため、くぼみは小さすぎてこの図には表せない。

ったなら、世界をこんなふうに作るだろうかと」しかし自分の正しさを世の中の人たちにも認めてもらうためには、アインシュタインはその理論をそっくり取り込んだ式を作り上げる必要があった。彼にとって最大の難関は、今説明したような時空や重力という漠然とした概念を、厳密な数学的構造の中に組み入れ、形式的に整った一般相対性理論に変容させることだった。

アインシュタインが緻密で筋の通った数学的論証によってその直観を裏づけるまでには、苦しい理論的研究を八年も続けなければならなかった。その過程で彼は何度も大きな敗北を喫し、計算がばらばらに崩れてしまう苦しい時期もあった。過酷な頭脳労働のせいで、アインシュタインは神経衰弱すれすれのところまで追い込まれた。そのころの彼の精神状態やいらだちは、友人たちに宛てた手紙からも読み取れる。彼はマルセル・グロスマンに次のように書いて協力を請うた。「きみが助けてくれなければ、ぼくは頭がおかしくなってしまうだろう！」またパウル・エーレンフェストに対しては、(相対性理論を研究するのは)「地獄の責め苦」に耐えるようなものだと書いた。さらに別の手紙では、「私は重力理論に関してまた何か失敗をやらかし、精神病院に閉じ込められる危機に自分を追い詰めているのではないか」と心配していた。

まだ地図もない知の領域に踏み出すのには、どれだけ大きな勇気が必要なことか。それは決して過小評価してはならない。一九一三年、マックス・プランクは、一般相対性理論の仕事をすることについてアインシュタインに警告さえした。「年長の友人としてきみに忠告しなければなりませんが、その研究をすることには反対です。だいいち、きみは成功しないでしょう。そしてたとえ成功したとしても、誰もきみの言うことを信用しないでしょう」

しかしアインシュタインはこの試練に耐え抜き、一九一五年、ついに一般相対性理論を完成させた。ニュートンと同じく、アインシュタインは考えられるかぎりの状況で重力現象を説明し、計算をするための式を作り上げたのである。だがアインシュタインの式はニュートンの式とは非常に異なっていたうえに、伸び縮みする時空という異質な前提の上に組み立てられていた。

それに先立つ二つの世紀のあいだ、物理学にとってはニュートンの重力理論で十分だったというのに、なぜ物理学者たちは突然それを捨て、アインシュタインの新奇な理論を採用しなければならなかったのだろうか？　ニュートンの理論を使えば、リンゴから惑星まで、あるいは大砲の弾から雨粒まで、あらゆるものの振る舞いをうまく予測できたというのに、いったいアインシュタインの理論にはどんなメリットがあるというのだろうか？

その答えを知るためには、科学の進展のしかたを見ればよい。科学者たちが理論を作るのは、自然現象をできるかぎり正確に説明したり予測したりするためである。一つの理論は数年、あるいは数十年、ときには何世紀ものあいだ満足のいく結果を出してくれるかもしれないが、いずれ科学者たちはより良い理論――すなわち、より正確で、より広い状況に適用でき、それまでは説明のつかなかった現象を説明できる理論――を作り上げ、それを採用することになる。このプロセスはまさに、宇宙における地球の位置をめぐって天文学者たちが経験したことだった。彼らははじめ、静止している地球のまわりを太陽が回っていると考え、その理論は――プトレマイオスの周転円や導円のおかげで――まずまずの成功を収めていた。実際、天文学者たちはこの理論を使って、惑星の運動をかなりの精度で予測していたのである。それでも最終的には、太陽中心の宇宙理論が地球中心の宇宙理論に取って代わった。ケプラーの楕円軌道を基礎とする新しい太陽中心の理論は、より正確だっただけでなく、金星の満ち欠けなど、望遠鏡を使って得られた新しい観測事実を説明することもできたからだ。古い理論から新しい理論への切り替えは、長く苦しいプロセスだったが、いったん太陽中心説の正しさが明らかになってからは、二度と元に戻ることはなかった。

アインシュタインは、自分もこれと同様のプロセスを経て、重力に関するより良い理論――すなわちより正確で、より現実世界に近い理論――を物理学に提供しているのだと信じていた。とくに彼は、ニュートンの重力理論はある状況下では成り立たなくなりそうだと思っていたが、彼の理論はあらゆる状況下で成り立ちそうだった。アインシュタインの考えでは、ニュートンの重力理論は、重力が極度に強い環境下では不正確な予測をするはずだった。したがってアインシュタインが自分の正しさを証明するためには、重力が極度に強い環境でのシナリオを探し出し、自分の重力理論とニュートンのそれとを検証しさえすればいい。現実世界をより正確に再現できたほうがこの勝負に勝ち、正しい重力理論であることが示されるだろう。

アインシュタインにとって問題だったのは、地球上ではどんなシナリオでも重力はそれほど強くならないことだった。そのため二つの重力理論は同じぐらいうまく現象を説明し、二つの結果が一致してしまうのである。そこで彼は、ニュートン理論の欠陥が露わになるほど強い重力環境を探すためには、地球から宇宙空間に目を移さなければならないことに気がついた。とくに太陽の重力場は途方もなく強いので、太陽に一番近い水星ならば強い引力を感じるだろう。太陽の引力が十分に強ければ、水星の振る舞いはニュートンの重力理論とは合わず、自分の理論とはぴったり合うのではないだろうか？　一九一五年十一月十八日、アインシュタインはついに探し求めていたテストケースを見出した。それは何十年も前から天文学者たちを悩ませていた惑星の振る舞いだった。

さかのぼって一八五九年のこと、フランスの天文学者ユルバン・ルヴェリエが水星軌道の異常な振る舞いを調べていた。水星の軌道は楕円を描くが、その楕円軌道が一定しておらず、全体として太陽のまわりに回転していくのである（図24）。楕円軌道が太陽のまわりを少しずつずれていき、ちょうどスピログラフという作図玩具で描いたようなパターンが生じる。軌道の向きの変化はごく

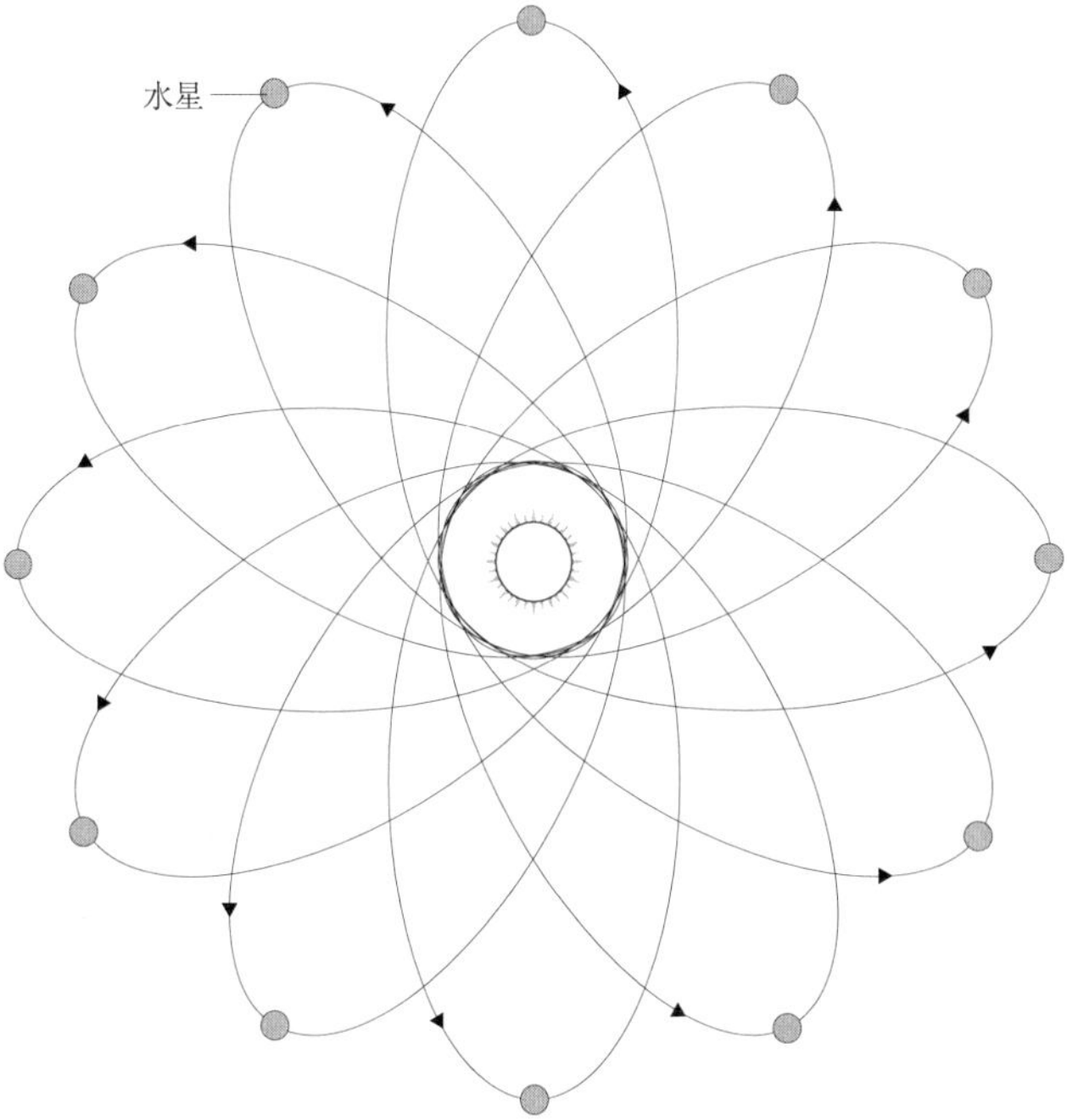

図24　19世紀の天文学者たちは水星軌道が向きを変えることに頭を痛めていた。この図は誇張されており、実際の水星軌道はこれほど潰れた楕円ではなく（もっと円形に近い）、太陽はもっと軌道の中心に近い。さらに重要なのは、軌道の向きの変化が大きく誇張されていることだ。実際には、軌道は１回の周回につき、前回の軌道に対してわずか0.00038度しかずれない。科学者たちがそのような小さな角度を扱うときには、角度の単位として「度」ではなく、「分」や「秒」を使うことが多い。

　１分＝1/60 度
　１秒＝1/60 分＝１/3,600 度

水星の軌道は、１回前の軌道よりもざっと0.00038度、あるいは0.023分、あるいは1.383秒だけ進む。水星が太陽のまわりを１周するのには88地球日かかるので、地球の１世紀が経過すると、水星は415回軌道をめぐり、角度は415×1.383＝574角度秒だけ進む。

わずかで、一世紀かかっても五百七十四角度秒（秒角ともいう）にしかならないため、水星の軌道が最初の向きに戻るまでには百万回もの公転を要し、これを時間に換算すれば二十万年以上になる。

天文学者たちは、水星が奇妙な振る舞いをするのは、太陽系のほかの惑星たちが重力で引っ張っているせいだろうと考えていたが、ルヴェリエがニュートンの重力方程式を使って計算してみたところ、一世紀間に水星の軌道がずれる五百七十四角度秒のうち、説明がついたのは五百三十一角度秒だけだった。つまり残る四十三角度秒のずれは説明できなかったのだ。この結果に対し、何か未知の天体が存在して、水星の軌道に見えない影響を及ぼし、四十三秒分のずれを引き起こしているのだろうと言う人たちがいた。たとえば、太陽系の内側のほうに小惑星帯が存在するのではないかとか、水星には未発見の衛星があるのではないかというのだ。さらには、水星軌道の内側に未発見の惑星が存在するのではないかという人たちもいた——見つかってもいないその惑星はヴァルカンと名づけられた。要するに天文学者たちは、ニュートンの重力の式は正しく、問題は必要な要素をすべて入力していない自分たちの側にあると思い込んでいたのである。新しい小惑星帯なり衛星なり惑星なりが発見され、計算をやり直しさえすれば、五百七十四秒という正しい答えが得られるだろう、と。

しかしアインシュタインは、未発見の小惑星帯や衛星や惑星などは存在せず、問題はニュートンの式にあると考えていた。ニュートンの重力理論は、地球のように微弱な重力環境で起こる現象ならばうまく説明できるが、太陽の近くの途方もなく強い重力環境で起こる現象は、ニュートンの守備範囲を超えているとアインシュタインは確信していたのだ。水星軌道の問題は、重力を扱う二つのライバル理論が対決するには申し分のない舞台だったし、アインシュタインは自分の理論が水星軌道のずれを正確に記述することに十分自信をもっていた。

そこで彼は腰を据えて必要な計算をやってみた。すると観測結果にぴったりと合う、五百七十四秒という結果が得られたのだ。「それからの数日間というもの、私は興奮のために我を忘れました」とアインシュタインは書いた。

　残念ながら、物理学界はアインシュタインの計算に完全に納得したわけではなかった。本書でもすでに見たように、科学界の体制派とは、元来保守的なものである。そうなるのには実際的な理由もあるが、心情的な理由もある。新しい理論が古い理論を打ち倒したとなれば、古い理論は捨てなければならず、科学のその他の部分までも新理論に合わせて作り直さなければならなくなる。それほどの大変革が容認されるのは、新しいアイディアが現象を正しく記述し、そのアイディアでたしかにうまくいくことを体制派が心の底から納得したときだけである。言い換えれば、立証責任はつねに、新しい理論を説く側にあるのだ。これは新しい考えを受け入れることに対する実際的な障壁だが、心情的な障壁もそれと同じくらい高い。それまでの人生をニュートンを信じて生きてきた年配の科学者たちにとって、自分が熟知し、信頼してもいる理論を捨て、生まれたばかりの理論を支持する気になれないのは無理もないだろう。マーク・トウェインは例によって鋭い指摘をした。「科学者というものは、自分が発案したわけでもない理論に好意を示したりはしない」

　驚くにはあたらないが、科学界の体制派は、ニュートンの式に間違いはなく、いずれ天文学者は水星軌道のずれをきれいに説明してくれる新天体を発見するだろうという立場にしがみついた。そして詳細な探査の結果、太陽系の内側のほうに小惑星帯や衛星、惑星はありそうにないことが明らかになると、天文学者たちはぐらつくニュートン理論を支えようと新たな解決策をもち出した。ニュートンの重力方程式に含まれる r^2 を $r^{2.00000016}$ に変更すれば、ともかくも古典的なアプローチを救い、水星の軌道を説明することができるというのだ。

$$F = \frac{G \times m_1 \times m_2}{r^{2.00000016}}$$

しかしこれは単なる数学上のトリックにすぎなかった。物理学上はこんな変更をする根拠はなく、ニュートンの重力理論をなんとか救おうという窮余の策でしかなかった。こんなその場しのぎの小細工をすること自体、周転円に支えられた地球中心の宇宙という欠陥モデルにさらに円をつけ加えていくプトレマイオスのやり方同様、視野の狭い思考の論理を匂わせるものだった。

アインシュタインがそういう保守主義を打ち破り、批判者たちに勝利してニュートンを退陣させるためには、自分の理論を支持する証拠をもっと集める必要があった。彼の理論なら説明できて、ニュートンの理論では説明できない現象で、重力、一般相対性理論、そして時空というアインシュタイン流の概念を、圧倒的な説得力をもって議論の余地なく証明してくれるような、きわめて特殊な現象を見つけなければならなかったのだ。

◇究極のパートナーシップ　理論と実験

新しい理論をまじめに受け止めてもらうためには、その理論は二つの重要なテストに合格しなければならない。一つは、すでに行われている観測のすべてと合う理論的結果を出すことだ。アインシュタインの重力理論は、このテストにはすでに合格していた。なぜなら彼の理論は、なかんずく水星軌道のずれを正確にはじき出したからである。第二のテストはいっそう厳しく、まだ行われていない観測の結果を予測しなければならない。科学者がその観測を実施できるようになり、観測結果と理論の予測とが一致すれば、理論の正しさを示す説得力のある証拠になる。ガリレオとケプラーが、地球は太陽のまわりを回っていると主張したとき、第一のテスト、すなわち「惑星運動についてすでに知られていた事実と一致する理論的結果を出す」というテストにはすぐに合格することができた。だが、第二のテストに合格したのは、コペルニクスが何十年も前に理論的に予測していた金星の満ち欠けが、ガリレオによって観測されたときのことだった（78ページの訳注参照）。

第一のテストだけでは懐疑派を納得させられないのは、正しい結果が出るように理論を操作している恐れがあるからだ。一方、まだ行われていない観測と一致するように理論を操作することはできない。たとえば、アリスとボブの二人が、それぞれ株で儲けるための完璧な理論をもっていると主張し、われわれは二人のうちのどちらかに投資することを考えているとしよう。ボブは自分の理論のほうが優れていることを説得しようと、前日の株式市場の数字を見せ、彼の理論ならその数字を完璧に予測できることを示した。一方のアリスは、翌日の取引きを予測してみせた。そして二十四時間後、アリスの正しさが証明された。さて、ボブとアリスのどちらに投資すべきだろうか？ボブは、前日の取引き終了後に理論を操作し、前日のデータに合わせることもできたのだから、彼の理論を全面的に信用するわけにはいかない。しかし株で儲けるアリスの理論はたしかにうまくいきそうだ。

これと同様に、アインシュタインが自分は正しく、ニュートンが間違っていることを示そうとするなら、自分の理論を使って、まだ観測されていない現象に対して確固とした予測をする必要があった。もちろんその現象は、重力が極度に強い環境下で起こるものでなければならない。さもなければニュートンとアインシュタインの予測は一致し、この勝負に勝者はいなくなるからだ。

結局、理論の命運を決めるテストは、光の振る舞いに関するものとなった。アインシュタインは一般相対性理論を水星軌道の問題にあてはめてみる前から――それどころか一般相対性理論を完成させる前から――光と重力との相互作用について深く調べはじめていた。時空概念を基礎とするアインシュタインの重力理論によれば、恒星や大きな惑星のそばを通る光線は、重力によって恒星や惑星のほうに引き寄せられるため、光はもともとの径路からわずかに逸れる。ニュートンの重力理論もまた、質量の大きな物体によって光の径路は曲げられると予測するが、しかしその曲がり方は小さい。したがって、質量の大きな天体によって光の径路がどのくらい曲がるかを測定することができれば、曲がりが小さいのか、もっと小さいのかによって、アインシュタインとニュートンのどちらが正しいかを判定することができるだろう。

アインシュタインは一九一二年という早い時期に、エルヴィン・フロイントリヒと協力して、この決定的な測定を行うにはどうすればいいかを検討しはじめた。理論物理学者であるアインシュタインに対してフロイントリヒは実績のある天文学者だったので、一般相対性理論が予測する光の曲がりを検出するにはどんな観測をすればいいかについて意見の言える立場にあった。当初二人は、太陽系でもっとも質量の大きな惑星である木星ならば、遠方の星の光を曲げられるかもしれないと考えた（図25）。しかしアインシュタインが自分の式を使って計算してみたところ、木星は地球より三百倍も質量が大きいにもかかわらず、木星によって引き起こされる光線の曲がりはあまりにも小さくて検出できないことが明らかになった。アインシュタインはフロイントリヒへの手紙にこう書いた。「自然が木星よりも大きな惑星を私たちに与えてくれていたらよかったのですが！」

そこで二人は次に、木星より千倍ほど大きな質量をもつ太陽に着目した。アインシュタインがこの場合について計算してみたところ、太陽の重力は遠方からやってくる星の光にかなりの影響を及ぼし、そのぐらいの曲がりならば検出できることがわかった。それを説明したのが図26である。太

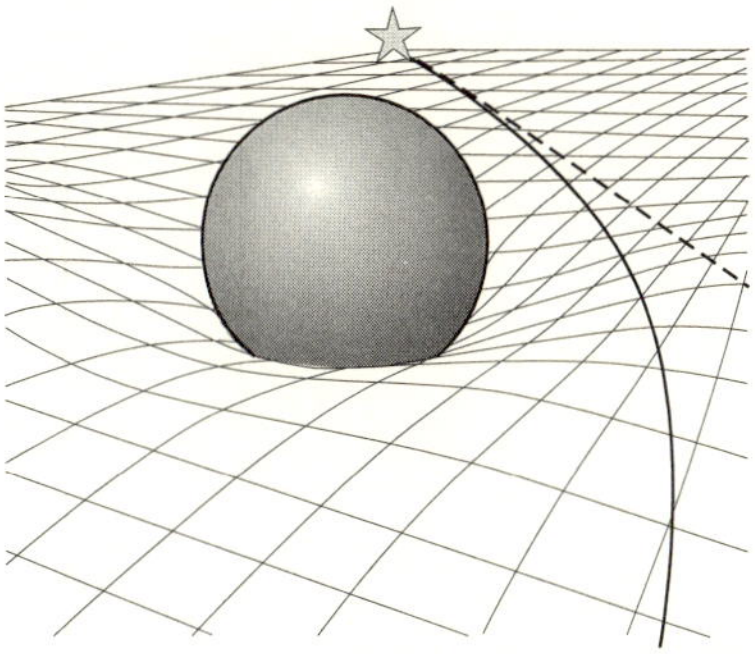

図25　アインシュタインは、木星によって星の光が曲がるのではないかという可能性に興味をもった。木星の質量は大きいため、時空構造に深いくぼみが生じる。この図には、遠くの星から出た光が、宇宙空間を渡ってくるようすを示した。破線で示したまっすぐな径路は、もしも木星が存在しなかったならば、平坦な空間で光がたどるはずの道筋である。実線で示した曲がった径路は、木星が存在するために湾曲した空間で光がたどる道筋である。アインシュタインにとっては残念なことに、木星による星の光の曲がり方は非常に小さく、検出できないことがわかった。

陽の陰に隠れている星は、われわれの視線が届かないため、地球からは見えないと考えるのが普通だ。ところが、太陽の重力は途方もなく強く、時空もそれに応じて大きく湾曲するため、地球に向かってくる星の光の径路が逸れて、星はぎりぎりで見えるようになるのである。星はあいかわらず太陽の陰に入っているのだが、あたかも太陽のすぐ外にあるかのように見えるはずだ。実際の星の位置から見かけの位置までの変位はごくわずかだろうが、しかしそれによって誰が正しいかが示されるだろう。なぜなら、アインシュタインの式が予測する変位は小さいが、ニュートンの式が予測する変位はそれよりさらに小さいからだ。

しかし問題がひとつあった。太陽のために星の光の径路が曲がり、星の見かけの位置がずれて太陽のすぐ外に来たとしても、太陽が圧倒的な強さで輝いているために、その星はやはり見えないことである。実際、太陽のまわりにもつねに星はちりばめられているのだが、星の光は太陽とは比較にならないぐらい弱いため、ひとつの星も見えないのだ。だが、太陽の向こうの星を見るチャンスがひとつだけあった。一九一三年、アインシュタインはフロイントリヒに手紙を書き、皆既日食が起こっているときに星の変位を探してみてはどうだろうかと提案した。

日食のときに月が太陽を覆い隠すと、昼はいっとき夜となり、星たちが姿を現す。月の円盤は太陽の円盤にぴったりと重なるから、太陽の縁からほんの少ししか離れていない星でも（より正確に言えば、光の径路が逸れたために、太陽の縁から数分の一度ほど離れているように見える星でも）、確認できるはずである。

アインシュタインは、フロイントリヒが過去の日食で撮影された写真を調べてくれれば、自分の重力方程式が正しいことを証明するために必要な、星の位置の変化が見出せるのではないかと期待していた。しかしまもなく、そんな使い回しのデータでは間に合わないことが明らかになった。星の位置のごくわずかな変化を検出するためには、露出時間やフレーミングを厳密に設定する必要があり、過去の日食写真はそのレベルには達していなかったのだ。

取るべき道はひとつしかなかった。来たる一九一四年八月二十一日にクリミア半島で見られるはずの日食で写真を撮影するために、フロイントリヒが観測隊を組織することだ。アインシュタインの名声はこの観測の成否にかかっていたから、彼は必要とあれば資金を提供する覚悟までした。アインシュタインはこの件で頭がいっぱいになった。彼はよくフロイントリヒの家に夕食に呼ばれたが、あっというまに食事を終えるとテーブルクロスに走り書きを始め、フロイントリヒとともに計算を念入りにチェックして、間違いの余地が残らないようにした。フロイントリヒの死後、彼の妻はそのテーブルクロスを洗ってしまったことを後悔した。アインシュタインの走り書きがそのまま

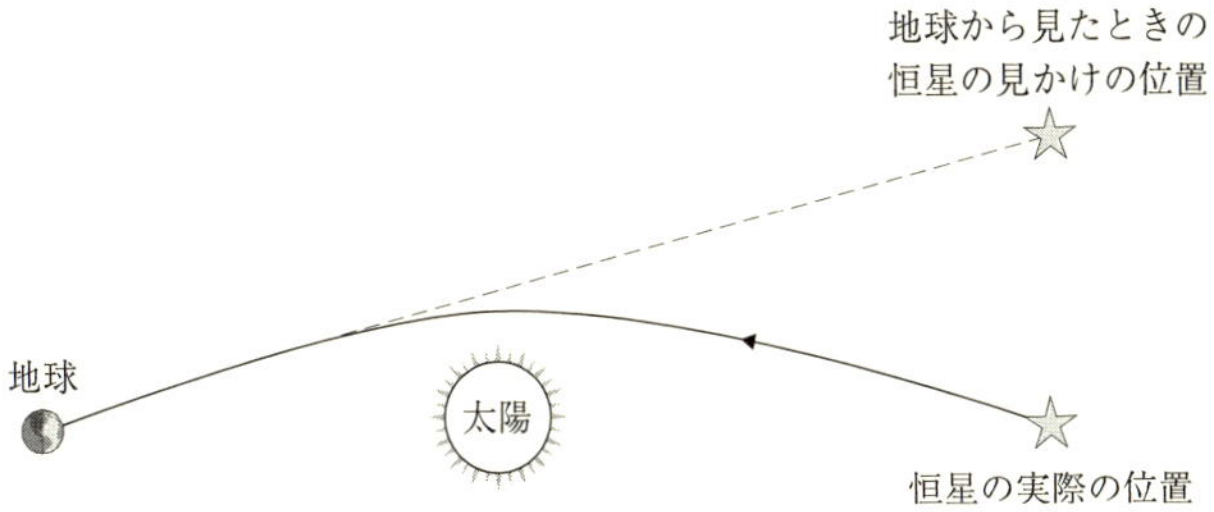

図26　アインシュタインは、太陽によって星の光が曲げられる現象を使えば、一般相対性理論を証明できるだろうと期待した。地球と遠方の星を結ぶ視線は、太陽によって遮られている。ところが、太陽の質量が時空を湾曲させるために、星の光は曲がった径路をたどって地球にたどり着く。直観的には、光はまっすぐに進むはずだから、われわれは星の光を逆にまっすぐたどって星の位置を推定する。その結果、星の見かけの位置がずれる。アインシュタインの重力理論はこのずれに対し、ニュートンの重力理論よりも大きな値を予測した。したがってこのずれを実際に測定すれば、どちらの重力理論が正しいかが示されるはずだった。

残っていれば一財産になっただろうからだ。

一九一四年七月十九日、フロイントリヒはベルリンを発ってクリミア半島へ向かった。今にして思えば、これは無謀な旅行だった。というのも、ちょうどその前月に、オーストリア皇太子フランツ・フェルディナントがサラエボで暗殺され、第一次世界大戦へとつながる一連の出来事がすでにかなり進行していたからである。フロイントリヒは、日食当日に望遠鏡の準備ができているよう、十分な時間を見込んでロシアに到着したが、その旅行中にドイツがロシアに宣戦布告したことには気づかなかったらしい。ドイツ国民が望遠鏡や写真の装置などを携えてロシア国内を歩きまわるのは、自ら災難を招く行為だった。驚くにはあたらないが、フロイントリヒら観測隊のメンバーはスパイ容疑で逮捕された。さらに悪いことに、彼らは日食前に抑留されてしまい、この観測計画は完全なる失敗に終わった。フロイントリヒにとっては幸いなことに、ちょうどそのころドイツでロシア人将校の一団が拘束されたため、捕虜交換の協定が結ばれ、フロイントリヒは九月二日には無事ベルリンに戻ることができた。

悪運に見舞われたこの観測計画は、それからの四年間、戦争のせいで物理学と天文学の発展がどれだけ阻害されたかを象徴する出来事だった。あらゆる研究は、ただ戦争に勝つことだけを目標とするようになり、ヨーロッパでもっとも優秀な若手研究者たちが国のために戦うことを志願したため、純粋科学はあたかも列車がブレーキをかけたかのように進展を止めることになった。たとえば、イギリスのオックスフォード大学ですでに原子物理学者として名を上げていたハリー・モーズリーは、キッチナー元帥が創設した新陸軍に志願した。モーズリーは一九一五年の夏に船でトルコのガリポリに向かい、トルコ領を攻撃していた連合軍に加わった。彼はガリポリでの日々について、母親への手紙に次のように書いた。「こちらの生活でなにより切実な問題は蝿です。蚊ではなく蝿。昼も蝿、夜も蝿、水にも蝿、食べ物にも蝿です」八月十日の夜明け、三万のトルコ軍の急襲を受けて、第一次世界大戦を通じてもっとも熾烈《しれつ》な戦闘のひとつに数えられる白兵戦が始まった。その戦闘が終わったとき、モーズリーの命は失われていた。ドイツの新聞までもが彼の死を嘆き、科学にとって「重大な損失である」と述べた。

ドイツのポツダム天文台長だったカール・シュヴァルツシルトも国のために戦うことを志願した。彼は塹壕《ざんごう》戦の膠着《こうちゃく》状態の中でも論文を書き続けた。そのうちの一篇はアインシュタインの一般相対性理論に関するもので、ブラックホールの理解へとつながる内容だった。一九一六年二月二十四日、アインシュタインはシュヴァルツシルトの論文をプロイセンのアカデミーに提出した。その四カ月後、東部戦線で不治の病にかかり、シュヴァルツシルトは世を去った。

シュヴァルツシルトが戦争に志願したころ、ケンブリッジ天文台にいたアーサー・エディントンは良心に従って兵役を拒否していた。敬虔《けいけん》なクエーカー教徒として育てられたエディントンは、自分の考えを次のように明らかにしている。「私が戦争に反対するのは、宗教に根ざす理由からです。……たとえ良心的兵役拒否者の戦争不参加が勝利と敗北とを分かつとしても、神の意志に反する行いによっては、国家に対して真の貢献をすることはできないのです」エディントンの同僚たちは、彼は科学者としてのほうが国家に貢献できると訴え、彼の兵役を免除してもらえるよう働きかけたが、英国内務省はこの嘆願に取り合わなかった。良心的兵役拒否者であったエディントンが留置場送りになるのは目に見えていた。

そこに助けに入ったのが、王室天文学者のフランク・ダイソンである。ダイソンは一九一九年の五月二十九日に皆既日食が起こることを知っていた。その日食は、ヒアデス星団と呼ばれるたくさんの星の集まりを背景として起こるはずで、重力によって星の光がわずかに曲げられるようすを観測するには願ってもない好条件だった。このたびの日食は、南アメリカから大西洋を経て中央アフリカにわたる一帯で見える予定だったので、観測するためには熱帯地方に大がかりな観測隊を派遣しなければならない。ダイソンは海軍省に対し、エディントンは日食観測隊を組織し、それを率いることによって祖国に奉仕することができ、日食の期日まではケンブリッジに留まってその準備をするべきであると申し入れた。ダイソンはその中に愛国主義的なセリフを挟み込み、ドイツのものである一般相対性理論に対し、ニュートンの重力理論を防衛することは英国人の義務であろうとほのめかした。ダイソンは心の底ではアインシュタインの理論を支持していたのだが、当局を説き伏せるにはこんな方便も役立つだろうと考えたのだ。彼のロビー活動は功を奏した。留置場送りの脅威は取り除かれ、エディントンは一九一九年の日食に向けて準備を進めながら天文台の仕事を続けられることになった。

たまたま都合の良いことに、エディントンはアインシュタインの理論を証明するにはうってつけの人物だった。彼は数学と天文学に一生涯魅了され続けたが、その傾向が最初に現れたのはわずか四歳のときだった――彼は全天の星を数え上げようとしたのである。エディントンはそのまま成長して優秀な生徒となり、奨学金を受けてケンブリッジ大学に進み、大学では学年トップの成績を収めた。卒業に際してはシニア・ラングラー（名誉ある数学の優等賞）を獲得し、同期の学生たちよりも一年早く大学を卒業して優等生の評判を保った。研究者になってからは、一般相対性理論を推進する立場で有名になり、のちに『相対性の数学理論』という本を著した。アインシュタインはエディントンのこの本を、「あらゆる言語で書かれた書籍の中で、このテーマに関する最高の一冊である」と絶賛した。エディントンは一般相対性理論に深く関わるようになったので、一般相対性理論の権威を自任していた物理学者のルートヴィヒ・シルバーシュタインが、あるときエディントンにこう言った。「きみは一般相対性理論がわかっている世界で三人のうちの一人だね」エディントンは黙って相手を見つめていた。しばらくしてシルバーシュタインが口を開いた。「そんなに謙遜しなくてもいいだろう」するとエディントンはこう答えたのだ。「いいえ、その逆です。三人目は誰だろうと考えていたのです」

　優れた頭脳をもち、観測隊を率いるために必要な確固とした信念もあったうえに、エディントンは熱帯地方への冒険旅行に耐えられるだけの体力にも恵まれていた。天文観測の遠征旅行は過酷で、科学者たちをぎりぎりまで追いつめることで知られていたから、体力があることは重要なポイントだったのだ。たとえば十八世紀後半には、ジャン・ドートロシュというフランスの科学者が、金星の太陽面通過を観測するための二度にわたる遠征を行った。一度目の一七六一年にシベリアに行ったときは、観測隊はコサック兵に護衛してもらわなければならなかった。なぜなら土地の人々は、その春に起こった大洪水は、太陽に狙いを定めたドートロシュらの装置のせいだと信じていたからである。その八年後には、やはり金星の太陽面通過を観測するためにメキシコのバハ・カリフォルニア半島に向かったが、ドートロシュは熱病のために死亡し、探検隊の他の二人のメンバーもまもなく命を落とし、残された一人の男が貴重な測定結果をパリに持ち帰った。

他の観測隊も、身体的な危険はそれほどではなかったものの、精神的にはいっそう過酷だった。ドートロシュの同僚だったギョーム・ル・ジャンティも、やはり一七六一年に金星の太陽面通過を観測する計画を立て、仏領インドのポンディシェリに向かった。ル・ジャンティが現地に着いたときには英仏が交戦状態にあり、ポンディシェリは英国軍に包囲されていたため、ル・ジャンティはインドの土を踏むことができなかった。彼はモーリシャスに留まって貿易で暮らしを立てながら、一七六九年に起こる予定の次の太陽面通過を待った。この二度目のときにはポンディシェリの土を踏むことはできたが、観測の準備をしていた数週間はみごとな晴天続きだったというのに、あろうことか決定的瞬間に雲が出て、視界をすっかり遮ってしまったのだ。そのときの経験について彼は次のように書いた。「私は二週間ほども尋常ならぬ落胆を味わった。日誌の続きを書くためにペンを取る気力もなく、私の計画を見舞った命運をフランスに報告しなければならなくなったときには、ペンが何度も手からすべり落ちたほどだった」挙げ句の果てに、十一年六カ月と十三日のあいだ留守にしていたフランスの自宅に帰ってみれば、家は強盗に荒らされていた。ル・ジャンティは回想録を執筆することで、どうにか人生を立て直した――その作品は大売れに売れたのだ。

一九一九年三月八日、エディントン率いる観測隊は輸送艦アンセルムに乗り込んでリヴァプールを出航し、大西洋のマデイラ島に向かった。この島で科学者たちは二手に分かれた。一方は引き続きアンセルムでブラジルに向かい、ジャングルの町ソブラルから日食を観察することになった。エディントン率いるもう一方のグループは貨物船ポルトガル号に乗り込み、西アフリカの赤道ギニア沿岸にあるプリンシペ島に向かった。仮にアマゾンで雲が出て日食が覆い隠されてもアフリカのチームは幸運に恵まれるか、あるいは逆に、プリンシペ島で雲が出てもアマゾンのチームは幸運に恵まれることを期待したのである。観測の成否は天候にかかっていたから、どちらのチームも目的地に到着するなり、望ましい観測地点を探しはじめた。エディントンは四輪駆動車の草分けのような乗り物でプリンシペ島を調べてまわり、最終的に、この島の北西にあるロカ・スンディという高台に装置を組み立てることにした。この場所は雲が出にくいように思われたからである。彼のチームは試し撮りや装置のチェックを続行し、大事な日にはすべてが完璧であるよう念には念を入れた。

日食観測の結果には三つの可能性があった。一つ目は、星の光はニュートンの重力理論が予測するように、ごくわずかに曲がるというもの。二つ目は、アインシュタインの期待通りに、一般相対性理論が予測する、より大きな曲がりが生じるというもの。そして三つ目は、観測結果はどちらの重力理論とも合致しないというものだ。この三番目の場合には、ニュートンとアインシュタインは二人とも間違っていたことになる。アインシュタインの予測によれば、太陽の縁のところに現れる星の位置は、もとの位置から角度にして一・七四秒（〇・〇〇〇五度）だけずれるはずだったが、これはエディントンの観測装置の精度ぎりぎりの角度であり、ニュートン理論が予測するずれの二倍だった。この角度の大きさは、一キロメートル離れたところにあるロウソクが、左右に一センチメートルだけ移動したときの角度の変化に相当する。

日食の期日が近づくにつれて、ソブラルとプリンシペのどちらにも不穏な雲が集まりはじめ、雷をともなうにわか雨が降った。エディントンの観測地点では、月の円盤が太陽の縁に触れるちょうど一時間前に嵐はおさまったものの、空はどんよりとして、理想的な観測条件と言うにはほど遠い状況だった。観測の成功は危うくなった。エディントンはこれに続く出来事を次のように記録している。「雨は正午ごろと午後一時半ごろに止んだ。後者のときには部分食がだいぶ進んでおり、われわれはほんの一瞬であれば太陽を直接見ることができた。あとは写真撮影のプログラムを信じて計画を遂行するだけだった。日食を眺めている暇もなかった。写真乾板を交換するのに忙しく、一度、日食が始まったことを確かめたのと、もう一度、途中で雲がどれぐらいあるかを見るために空を見上げただけだった」

観測チームは軍隊式の正確さで計画を遂行した。乾板が取り付けられ、露光され、ほんの一瞬ののちに取り外された。エディントンはそのときの状況を次のように描写した。「この世のものとも思われない薄暗がりの光景と、観測者たちの声によって中断される自然界の静けさ。その中で意識に上るのは、皆既食の継続時間である三百二秒を刻むメトロノームの音だけだった」

プリンシペ島のチームは十六枚の写真を撮影したが、その大半は雲の切れ端が星にかかったせいで使えなかった。実を言えば、科学上意味をもつ写真は、雲がかからなかった貴重な一瞬に撮影されたたった一枚だけだったのだ。エディントンは著書『空間、時間、重力』の中で、この貴重な写真のその後について次のように述べている。

この一枚は……日食から数日後にマイクロメーターの測定にかけられた。やるべきことは、日食時の星の見かけの位置が、太陽が別の場所にあるときに撮影された正常な位置と比較して、太陽の重力場によってどれだけ逸れたかを特定することである。比較のために用いられる正常な写真は、同じ望遠鏡を使って一月に英国で撮影されたものだった。日食の写真と比較のための写真とは、像をぴったり合わせてフィルムを重ね、測定器の中に置かれた。重力によって生じたわずかな位置のずれは、直交する二つの向きに沿って測定された。これにより星の位置の相対的な変化を確認することができる。……この乾板から得られた結果は、アインシュタインの理論と合い、ニュートンの予想とは合わない決定的な変位を与えた。

月に覆われた太陽のすぐそばの星は、太陽のコロナのために見えなかった。コロナとは、太陽の円盤を月が完全に覆った直後に生じる輝かしい光の環のことである。しかし太陽から少し離れたところにある星は見ることができ、その位置は普通の場合から約一秒ずれていた。エディントンはこの値をもとに、太陽のすぐそばにあって観測できない星の位置を計算し、最大で一・六一秒のずれが生じるという推定値を得た。さらに計器の調整不良などを考慮に入れると、誤差は最大で〇・三秒までに収まることが明らかになった。エディントンは最終的に、太陽の重力による位置のずれとして、一・六一プラスマイナス〇・三秒という結果を得た。アインシュタインの予測値は一・七四秒だった。これはつまり、アインシュタインの予測は観測結果と合うのに対し、〇・八七秒というニュートンの予測は小さすぎることを意味していた。エディントンはイギリス本国の仲間たちに、慎重ながらも楽観的な調子の電報を打った。「雲出るも、希望あり。エディントン」

エディントンが一路英国に向かっているとき、ブラジル・チームも帰国の船に乗った。ソブラルの嵐は日食の数時間前におさまり、嵐は大気中の埃を払って理想的な視界をもたらしてくれた。ブラジルの写真乾板は、アマゾン流域の高温多湿な条件では現像に耐えないタイプだったため、ヨーロッパに戻るまで調べることができなかった。ブラジル隊の結果は複数の星の位置によるもので、ずれは最大で一・九八秒であることが明らかになった。この値はアインシュタインの予測よりもさらに大きいが、誤差を考慮に入れると一致の範囲内に収まった。これによりプリンシペ島チームの結果は裏づけられた。

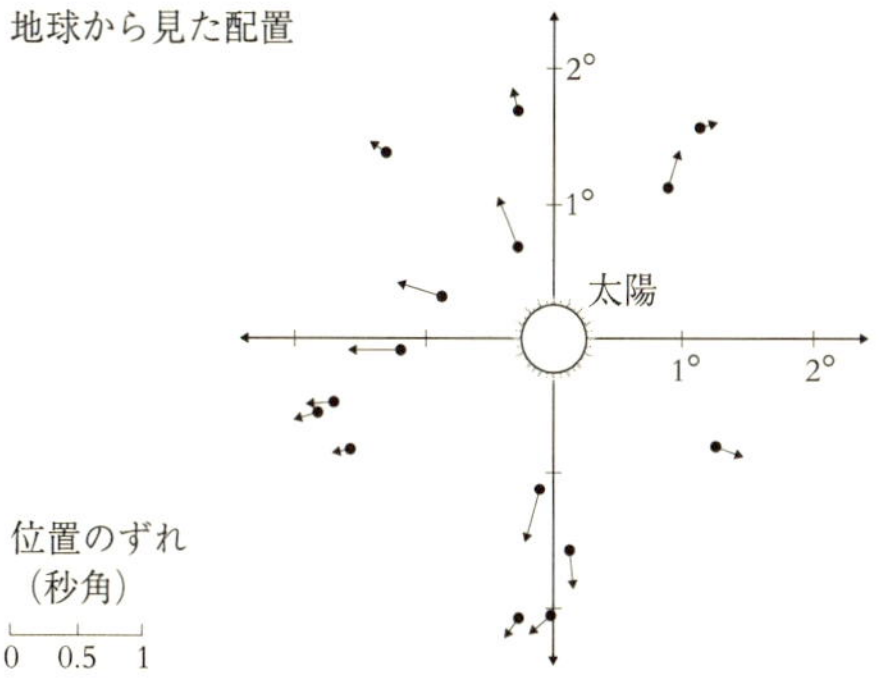

図27　1919年の日食観測でエディントンが得た結果は、1922年にオーストラリアで日食を観測した天文学者たちのチームによって裏づけられた。この図に示した黒い点は、太陽のまわりにある15個の星の実際の位置である。矢印は、実際の位置から、観測された位置に向かって伸びている。すべての星の位置が、太陽から遠ざかるようにずれているのがわかるだろう。図26で説明したように、星の光の進路が太陽のほうに逸れれば、星の位置は太陽から遠ざかったように見える。

専門的な細かい点だが、天文学者たちはこうして得られた観測結果を、ニュートンの理論による予測またはアインシュタインの理論による予測と比較するために、得られたデータから予測して、太陽の円盤のすぐそばにある仮想的な星の光がどれだけ逸れるかを計算することが多い。また、星の位置は、太陽に対する「度」で表されているが（図の座標軸の目盛りを見よ）、位置のずれは、「秒角」の単位で示されている。さもないと、この図のサイズでは、ずれが小さすぎて識別できないだろう。

エディントンの結果は公式に発表される前から噂のタネとなり、あっというまにヨーロッパ中に広まった。漏れ出した情報のひとつがオランダの物理学者ヘンドリック・ローレンツに届くと、彼はアインシュタインに、エディントンが一般相対性理論と重力方程式を支持する強力な証拠を得たと伝えた。その知らせを聞いたアインシュタインは、母親に短い文面のハガキを送った。「本日嬉しい知らせが入りました。H・A・ローレンツが電報をくれて、英国の探検隊が太陽による光の逸れを証明したと教えてくれたのです」

一九一九年十一月六日、王立天文学協会と王立協会は合同会議を開き、エディントンの結果を公式に発表した。その出来事に立ち会った数学者にして哲学者のアルフレッド・ノース・ホワイトヘッドは、そのときのようすを次のように書いた。「関心の張り詰めた空気は、まさしくギリシャ演劇のそれだった。至高なる出来事のうちに神意が露わになり、われわれコロスがそれに説明を加える。演出それ自体も劇的だった――伝統的かつ儀式的で、舞台背景にはニュートンの肖像画が掛けられ、科学におけるもっとも偉大な一般化が、今このとき、二世紀以上の時を経てはじめて修正を受けるのだということを私たちに告げていた」

エディントンは舞台に上がると、自分が行った観測について明快かつ情熱的に語り、この結果がもつ驚くべき意味を説明して全体をしめくくった。その講演は、プリンシペ島とブラジルで撮影された写真により、アインシュタインの宇宙観の正しさが議論の余地なく証明されたことを心の底から確信している一人の男によって演じられた華麗なるパフォーマンスだった。のちに天文学者として名を成すセシリア・ペインはこのときまだ十九歳の学生だったが、エディントンの講演を聴いたときのことを次のように書いている。「その結論は私の世界観をすっかり塗り替えた。世界を激しく揺さぶられたせいで、私はほとんど神経衰弱のようになった」

しかし反対の声も上がった。わけても強硬だったのが、電波研究の先駆者オリバー・ロッジである。一八五一年生まれのロッジは、ニュートンの教えを墨守するきわめて保守的な科学者だった。実際、彼はこのときになってもまだ熱烈にエーテル説を信奉しており、その後もエーテルの存在を支持する議論を続けていくのである。ロッジはこう述べた。「エーテルについて最初に理解すべきは、その絶対的な連続性である。深い海に棲む魚には、水の存在を感知するすべはないであろう。水はあまりにも均質に行き渡っているからである。それはまさしく、エーテルに関してわれわれが置かれている状況と同じなのである」ロッジや彼と同世代の科学者たちは、エーテルに満たされたニュートン的世界観を救うために戦ったが、このたびの日食観測で示された証拠の前には、そんな試みは何の役にも立たなかった。

王立協会の会長だったJ・J・トムソンは、この会議を次のようにまとめた。「もしもアインシュタインの論証が正しいとすれば——その理論はすでに、水星の近日点移動、ならびにこのたびの日食という二つの厳しい試練に耐えているのですが——人間の思考力によって成し遂げられた最高の業績のひとつであります」

翌日、ロンドンの『タイムズ』紙は、「科学革命——宇宙の新理論——ニュートン説が覆される」という見出しでこれを報道した。数日後には『ニューヨーク・タイムズ』紙が、「天の光は曲がっている——アインシュタイン理論、勝利す」と報じた。アルベルト・アインシュタインは突如として、科学者としては世界初のスーパースターになった。彼は、宇宙を支配する力について並ぶ者なき知識を示し、カリスマ性があってウィットに富み、哲学的でもあった。ジャーナリストにとって彼は理想の科学者だった。当初は注目されることを楽しんでいたアインシュタインだったが、まもなくメディアの狂乱状態にうんざりしはじめ、物理学者マックス・ボルンへの手紙で不満を打ち明けている。「あなたが『フランクフルター・ツァイトゥング』に寄せられた優れた記事をたいへん嬉しく読みました。しかしあなたは今後、私と同様に——あなたのほうがまだましだとは思いますが——新聞や野次馬たちに悩まされることでしょう。私は息もつけないありさまで、仕事どころではありません」

一九二一年、アインシュタインは、その後何度か旅することになるアメリカの土を初めて踏んだ。どの旅行のときも、アインシュタインは群衆に取り囲まれ、満員の聴衆に向かって講演を行った。アインシュタインほど世界的な名声を獲得し、褒めそやされた物理学者は後にも先にも誰一人いない。アインシュタインが一般大衆に与えた衝撃をよく表していると思われるのが、彼がニューヨークのアメリカ自然史博物館で行った講演の顚末《てんまつ》を述べた、少々興奮気味のジャーナリストによる次の記事だろう。

大きな隕石の置かれた大ホールに集まっていた群衆は、制服姿の係員たちがチケットをもたない人たちを閉め出そうとしたことに腹を立てた。閉め出されて講演が聞けなくなることを恐れた一群の若者たちが、北アメリカインディアンの展示室につながる扉を警備していた四、五人の係員にいきなり襲いかかった。係員たちが脇に押しやられると、隕石ホールにいた男も女も子どもまでもが怒濤のように講演会場に押し寄せた。動きの鈍い者は押し倒されて踏みつけにされ、女性は金切り声を上げた。乱暴を受けた係員は、抜け道を見つけるやいなや助けを求めて駆け出した。守衛は警察に通報し、数分後には制服の警官たちが、警察の歴史において空前の使命を帯びて偉大なる科学の殿堂に突入した——その使命とは、「科学暴動の鎮圧」である。

一般相対性理論はアインシュタインが単独で作り上げた理論だが、アインシュタイン自身は、この革命が受容されるにあたってはエディントンの観測が決定的に重要だったことをよく理解していた。アインシュタインは理論を作り、エディントンはそれを現実世界に照らして確かめた。つまるところ真理を裁定するのは観測と実験であり、一般相対性理論はそのテストに合格したのである。しかしそのアインシュタインも、一人の学生から、「もしも神の宇宙が一般相対性理論の予想と異なる振る舞いをしたらどうしましたか?」と尋ねられたときには、ちょっと不真面目な返答をした。アインシュタインはこの質問に対し、傲慢を気取った巧みなそぶりでこう答えたのである。

図28　一般相対性理論の理論的枠組みを作ったアルベルト・アインシュタインと、1919年の日食観測によりそれを証明したサー・アーサー・エディントン。1930年に、アインシュタインが名誉学位を受けるためケンブリッジを訪れたときのもの。

「そのときは神を気の毒に思ったろうね。とにかくこの理論は正しいのだから」

◇アインシュタインの宇宙

ニュートンの重力理論は今日もなお、テニスボールの飛び方から吊り橋にかかる力まで、あるいは振り子の揺れ方からミサイルの弾道まで、ありとあらゆる計算に使われている。ニュートンの重力方程式は、地球程度の弱い重力のもとで起こる現象に対しては、今も高い精度で正しい答えを与えてくれるのだ。しかし結局は、アインシュタインの重力理論のほうが優れている。なぜならこの理論は、地球のような弱い重力環境にも、星の周囲のような強い重力環境にも適用できるからだ。アインシュタインの理論はニュートンの理論を超えているが、しかし一般相対性理論を作り上げた当のアインシュタインは、自分がその肩の上に立っている十七世紀の巨人を事あるごとに褒め称えた。「あなたが見出した方法は、あなたの時代において最高の思想と創造の力をもつ人物にしか考えつかないようなものでした」

われわれをアインシュタインの重力理論まで連れてきてくれたこの旅は、いささか曲がりくねった道のりだった。この旅の中でわれわれは、光の速度の測定、エーテルの否定、ガリレオの相対性、特殊相対性理論、そして最後に一般相対性理論の物語を見てきた。だがしかし、紆余曲折の物語の中で覚えておかなくてはならない本当に重要なポイントはたったひとつだけである。すなわち、今日の天文学者は改良された新しい重力理論を手にしているということ、そしてその理論は正確で信頼できるということだ。

重力を理解することは、天文学と宇宙論の成否を決する問題である。なぜなら重力こそは、あらゆる天体の運動と相互作用とを導いている力だからだ。小惑星が地球に衝突するのか無事に飛び去るのかを決定し、連星系をなす二つの星の軌道を定め、大質量星が最終的には自分の重さのために崩壊してブラックホールになるのはなぜかを教えてくれるのは、重力なのである。

アインシュタインは、この新しい重力理論がわれわれの宇宙観にどんな影響を及ぼすのかを知りたかった。そこで彼は一九一七年二月に、「一般相対性理論の宇宙論的考察」という論文を書いた。このタイトルで鍵になるのは、「宇宙論的」という言葉である。アインシュタインはもはや、太陽系の一惑星にすぎない水星の軌道がずれていくことや、たまたま身近な恒星である太陽が星の光を引き寄せることなどには興味がなかった。その代わりに彼は、壮大な宇宙のスケールで重力が果たす役割に的を絞ったのである。

アインシュタインは、全体としての宇宙はどんな性質をもっているのか、そこではどんな相互作用が働いているのかを知りたかった。コペルニクス、ケプラー、ガリレオがそれぞれの宇宙像を作り上げたとき、彼らは実際上、太陽系だけに関心を向けていた。しかしアインシュタインは、まさしく宇宙全体に——すなわち望遠鏡で見える範囲と、その向こうに広がる世界に——焦点を合わせたのである。この論文を発表してまもなく、アインシュタインはこう述べた。「一人の人間がこのような仕事をすることを可能にする心理状態は……宗教を信じる者や、恋する者のそれに似ています。日々の努力は、考え抜いた意図や計画からではなく、心からそのまま出てくるのです」

水星軌道のずれを予測するために重力方程式を使うのであれば、少数の質量や距離の値を式に代入してやり、簡単な計算をするだけでよかった。しかしそれと同じことを宇宙全体に対してやろうとすれば、既知のものも未知のものも含めて、すべての星や惑星を考慮に入れなければならない。それは馬鹿げた夢のように思われる——そんな計算ができるわけはないではないか？　しかしアインシュタインは宇宙を簡単化するひとつの仮定を置くことにより、この仕事をどうにか扱えるレベルにまで引き下げたのである。

アインシュタインの仮定は、「宇宙原理」として知られているもので、「宇宙はどこでもほぼ同じである」とする。もう少し具体的に言うと、宇宙は「等方的」だと仮定する。等方的とは、宇宙はどちらの方角にも同じように見えるという意味だ。実際、天文学者が深宇宙を観察すれば、この原理はたしかに成り立っているように見える。宇宙原理はまた、宇宙は「均質」だとも仮定する。これは、「宇宙のどこにいてもすべては同じように見える」ことを意味し、「地球は宇宙の中で特別な位置を占めてはいない」ことの別の言い方である。

一般相対性理論と重力方程式を宇宙全体にあてはめてみたアインシュタインは、理論が予測した宇宙のありかたに少々驚き、そして落胆した。不吉なことに、宇宙は不安定らしかったのだ。アインシュタインの重力方程式によれば、宇宙に存在するすべての物体は、宇宙スケールで他のあらゆる物体から引っ張られ、それゆえすべての物体は他のあらゆる物体のほうに近づいていく。引力の作用はひっそりと始まるかもしれないが、やがて雪崩《なだれ》のようにふくれあがり、最終的には激烈な収縮《クランチ》を引き起こすだろう――つまり宇宙は、自分自身を破壊する運命にあるらしく思われたのだ。ここでふたたびトランポリンのたとえに戻り、伸縮性のある大きなシートの上にボウリングのボールがいくつか乗っているようすを想像してみよう。どのボールもくぼみを作っている。早晩、まずは二つの玉が相手のくぼみに向かって転がっていき、いっそう深いくぼみを作るだろう。その深いくぼみがまた別の玉を引き寄せ、ついにはすべての玉が衝突して非常に深い井戸ができるだろう。

これは常識に反する結果だった。第Ⅰ章で論じたように、二十世紀のはじめには、科学界の主流派は、宇宙は静的であり、永遠であると確信していた。宇宙が収縮する一時的な存在だとは思っていなかったのだ。驚くにはあたらないが、アインシュタインは収縮する宇宙という考えを嫌った。彼は、「そんな可能性を認めることは馬鹿げているように思われる」と述べた。

アイザック・ニュートンの重力理論はアインシュタインのものとは違っていたが、やはり収縮する宇宙を導いてしまうため、ニュートンもその意味には頭を悩ませた。彼はひとつの解決策として、無限の広がりをもつ対称的な宇宙を考えた。そんな宇宙の中では天体はあらゆる向きに同じ強さで引っ張られるため、宇宙全体としての運動は起こらず、それゆえ宇宙が収縮することもない。あいにくニュートンはすぐに気づいたように、デリケートな平衡の上に成り立つその宇宙は不安定だった。無限宇宙は、理論上は平衡状態として存在できるけれども、実際には、重力の平衡にほんのわずかな乱れが生じただけでバランスが崩れ、いずれは破局を迎えるのだ。たとえば彗星がひとつ太陽系を通過したとすると、通過する空間の各地点で一時的に質量密度が大きくなり、そこに物質が引き寄せられて、全宇宙的な大収縮の口火が切られる。本のページをめくっただけでも宇宙のバランスが変わって収縮が始まり、十分な時間が経過したのちには激烈な崩壊に到るだろう。ニュートンはこの問題を解決するために、神がときおり介入して、星などの天体が互いに距離を保つように采配しているのだろうと述べた。

アインシュタインは、宇宙の収縮を阻止するために神の役割を認める気にはなれなかったが、しかしその一方で、科学界のコンセンサスに合うよう、宇宙を永遠で静的なものにしておく方法をどうにかして見つけたかった。彼は一般相対性理論をじっくり調べ直したのち、宇宙を収縮させないでおくための数学的トリックを見出した。彼の重力方程式を修正して、「宇宙定数」という新しい項を含めればいいことに気づいたのである。宇宙定数は、からっぽの空間を圧力で満たし、収縮する宇宙を押し戻させる。換言すれば、宇宙定数は宇宙のいたるところに新たな斥力《せきりょく》を生み出し、その斥力が星の重力による引っ張りに対抗するのだ。これは一種の反重力であり、その反重力の強さは宇宙定数の値によって決まる（理論内部では、どんな値にでもすることができた）。アインシュタインは宇宙定数の値を注意深く選び、普通の重力による引っ張りとぴったり釣り合うようにすれば、宇宙の収縮を食い止められることに気づいたのである。

決定的に重要なのは、この反重力は宇宙スケールの大きな距離では効いてくるが、小さな距離では無視できることだった。したがって重力方程式にこの項を含めたとしても、地球や近隣の星など身近なスケールでは、一般相対性理論は重力をうまくモデル化するというすでに証明ずみの性質を傷つけることはない。ひとことで言うと、アインシュタインによる改訂版の一般相対性理論の式は、重力を記述するうえで三つの大成功を収めたのである。

1　静的で永遠な宇宙を説明することができる。

2　重力が弱い環境では（地球など）、ニュートンの成功をすべて再現できる。
3　重量が強い環境では（水星など）、ニュートンが失敗したところで成功した。

宇宙論研究者の多くはアインシュタインの宇宙定数を歓迎した。なぜならこの定数を認めれば、一般相対性理論と、静的で永遠な宇宙という概念を両立させるという芸当ができるからだ。だが、宇宙定数の正体について何か手がかりをもつ者は一人もいなかった。宇宙定数は、アインシュタインが正解を得るために弄した小細工だという意味において、プトレマイオスの周転円と同じようなものだった。アインシュタイン自身、決まり悪そうにこの事実を認め、「(宇宙定数は) 物質をうわべ上静的に分布させるためだけに必要なものである」と述べた。つまり宇宙定数は、安定した永遠の宇宙という望ましい結果を得るために、アインシュタインが作り上げた虚構だったのだ。

アインシュタインは、宇宙定数は醜いと思うと言ったこともある。宇宙定数が一般相対性理論の中で果たす役割について、彼はこう述べた。「(宇宙定数は) 一般相対性理論の形式的な美しさを大きく損なうものである」ここで「美しさ」が問題にされるのは、物理学者が理論を作るときには、美を求める気持ちに駆り立てられていることが多いからだ。物理法則は、エレガントで、シンプルで、調和しているべきだというコンセンサスがあり、この三つの性質が道標となって、物理学者を正しそうな法則へと導き、間違った法則には近づかせないようにしてくれるのである。どんな場合であれ、美を定義するのは難しいが、しかし美しいものを見れば、われわれはそれを美しいと思う。そしてアインシュタインは自分の宇宙定数を見て、あまり美しくないと認めざるをえなかったのだ。それでも彼は、重力方程式に関するかぎりは、美しさを多少犠牲にするのもやむをえないと考えていた。なぜなら美しさを犠牲にすることで、一般相対性理論と永遠の宇宙とを折り合わせることができたからだ。正統な科学であるためには、永遠で静的な宇宙に適合する必要があったのである。

ちょうどそのころ、これと対立する意見をもち、根本的に異なる宇宙観に立って、正統性よりも美しさを重んじた一人の物理学者がいた。その人物、アレクサンドル・フリードマンは、アインシュタインの宇宙論の論文を興味深く読んだのちに宇宙定数の役割に疑問を投げかけ、科学の体制派に反旗を翻すことになるのである。

一八八八年、サンクトペテルブルグに生まれたフリードマンは、政治的動乱のさなかに成長し、若いころから体制派を疑うことを学んだ。十代にして活動家だった彼は、抑圧的な帝政派政府への全国的抗議運動の一環である学校ストライキの先頭に立った。それに続く一九〇五年の革命により、ニコライ二世は権力の座に留まったものの、体制改革による比較的穏やかな時期がもたらされた。

一九〇六年に数学専攻の学生としてサンクトペテルブルグ大学に進んだフリードマンは、ヴラディーミル・ステクロフ教授の下で学ぶことになった。ステクロフ自身、政治的には反帝政派で、フリードマンに対しては、たいていの学生が避けて通るような難問に挑みなさいと励ました。ステクロフは詳細な日記をつけていたが、フリードマンにラプラス方程式に関する手強い問題を与えたときのことを次のように書いている。「私は学位論文でこの問題に触れたのだが、十分な取り組みはできなかった。私はフリードマン氏に、きみは同世代の仲間たちにくらべてずば抜けた研究能力をもっているのだから、この問題に取り組んでみるべきではないかと言った。この一

図29　ロシアの数学者アレクサンドル・フリードマン。彼の宇宙論モデルは、発展し膨張する宇宙を鮮やかに示していた。

月、フリードマン氏は百三十ページもの詳細な研究を私に提出し、その中でたいへん満足のいく答えを示した」

フリードマンが抽象性のきわめて高い学問である数学への情熱と才能をもっているのは明らかだったが、しかしその一方で彼は科学や科学技術も好み、第一次世界大戦中は軍事研究にかかわることを厭わなかった。それどころか爆撃機に乗ることさえ志願し、数学の力量を駆使して、高い精度で爆弾を落とすという現実的な問題に取り組んだ。彼はステクロフへの手紙に次のように書いている。「最近、プシェミシュル（ポーランド南東部の都市）上空を飛んでいるときに自説を証明する機会がありました。爆弾はほぼ理論の予測通りに落下することがわかったのです。この理論への決定的な証明を得るために、近日中にもう一度飛ぶつもりです」

フリードマンは第一次世界大戦のみならず、一九一七年の革命とそれに続く内戦にも耐え抜いた。そしてようやく研究者らしい生活に戻ったとき、遅ればせながら届いたアインシュタインの一般相対性理論と対面した。この理論は西ヨーロッパで数年をかけて成熟したのち、ようやくロシアの学界にも注目されるようになったのだ。実際、むしろロシアが西欧の科学研究から切り離されていたおかげで、フリードマンは宇宙論へのアインシュタインのアプローチを無視し、独自の宇宙モデルを考え出すことができたのかもしれない。

アインシュタインは、宇宙は永遠だという仮定から出発して、宇宙定数を付け加えることにより理論を予想に合わせようとしたが、フリードマンはそれとは逆の立場を取った。彼は、もっともシンプルで、もっとも美意識に訴える一般相対性理論、すなわち宇宙定数を含まない式から出発することにより、この理論からどんな宇宙が論理的に出てくるかを見る自由を手に入れたのである。これは典型的な数学的アプローチだが、それはフリードマンが心の底では数学者だったからだ。自分のより純粋なアプローチが宇宙を正しく記述してくれることを彼が望んでいたのは間違いないが、しかしフリードマンにとっては、現実世界よりも——あるいはむしろわれわれが現実世界に期待するものよりも——方程式の美しさや理論の尊厳のほうが大切だったのだ。

フリードマンの研究は、一九二二年に『ツァイトシュリフト・フュール・フィジーク』誌に一篇の論文を発表したとき、ひとつの頂点に達した。アインシュタインは、精密に調節された宇宙定数を付け加えることを主張し、デリケートなバランスの上に成り立つ宇宙を支持したのに対し、フリードマンはこの論文の中で、宇宙定数の値をいろいろ変えてみたときにどんな宇宙モデルが生じるかを示した。とくに重要だったのは、宇宙定数をゼロにしたときの宇宙モデルを概説したことである。そのモデルは、宇宙定数を含まないアインシュタインの最初の重力方程式を基礎としていた。重力に対抗する宇宙定数がないのだから、フリードマンのモデルには、情け容赦なくすべてを引き寄せる重力に抗するすべはない。ここから出てくるのが、動的で発展する宇宙モデルである。

アインシュタインと彼の同僚たちにとって、動的な宇宙とは、激烈な崩壊によって終末を迎える宇宙を意味していた。そのためほとんどの宇宙論研究者は、動的宇宙モデルは考慮に値しないと考えていた。しかしフリードマンにとって、動的な宇宙とは、膨張によって始まった宇宙であり、そんな宇宙には重力に対抗できるだけの勢いがある。これはまったく斬新な宇宙観だった。

フリードマンは、彼の宇宙モデルが重力に対抗する方法には三つの可能性があり、そのうちのどれになるかは、宇宙が膨張を始めたときの膨張速度と、宇宙にどれだけの物質が含まれているかによって決まると述べた。第一の可能性は、宇宙の平均密度が高く、与えられた体積中に含まれる星の数が多い場合である。星が多ければ重力による引っ張りも強くなり、いずれはすべての星が引き戻されて膨張が止まり、宇宙は収縮に転じて、しまいには完全に潰れてしまうだろう。フリードマン・モデルの第二のバリエーションでは、星の平均密度は低いものと仮定する。この場合、重力による引っ張りが宇宙の膨張を押さえ込むことはなく、したがって宇宙はどこまでも膨張を続ける。三つ目のバリエーションでは、宇宙の密度は高くも低くもないと仮定する。この場合、重力のために膨張速度は小さくなるが、膨張が完全に止まることはない。宇宙は収縮して一点になることもなければ、無限大に膨張することもない。

これを理解するには大砲のたとえを考えてみるといい。大砲の弾を、ある決まった速度で打ち出すものとしよう。それを、大きさの異なる三つの惑星上で行うものとする（図30）。惑星の質量が大きければ、大砲の弾は数百メートルばかり空を飛んだのち、強い重力に引っ張られて大地に戻ってくるだろう。このシナリオは、フリードマン・モデルの第一のバリエーション、すなわち平均密度が高く、最初は膨張するが、やがて収縮に転じる宇宙に似ている。一方、惑星が非常に小さければ重力も弱く、大砲の弾は宇宙空間に飛び去って二度と戻ってこないだろう。これはフリードマン・モデルの第二のバリエーション、すなわち永遠に膨張を続ける宇宙に似ている。しかし、惑星がその中間のサイズで、重力の強さもちょうど具合の良い値ならば、大砲の弾は軌道に乗り、飛び去るでも惑星に落下するでもなく惑星のまわりを回り続けるだろう。これはフリードマン・モデルの第三のバリエーションに似ている。

フリードマンの三つの世界モデルすべてに共通しているのは、宇宙は変化するという発想である。彼は、昨日とは違う宇宙、明日もまた今日とは違う宇宙というものがあっても少しもおかしくはないと考えていた。永遠に静止しているのではなく、壮大なスケールで進化する宇宙という思想——それはフリードマンが宇宙論になした革命的貢献だった。

以上、仮定にもとづく話が急に増えてきたので、少し全体を整理しておくことにしよう。アイン

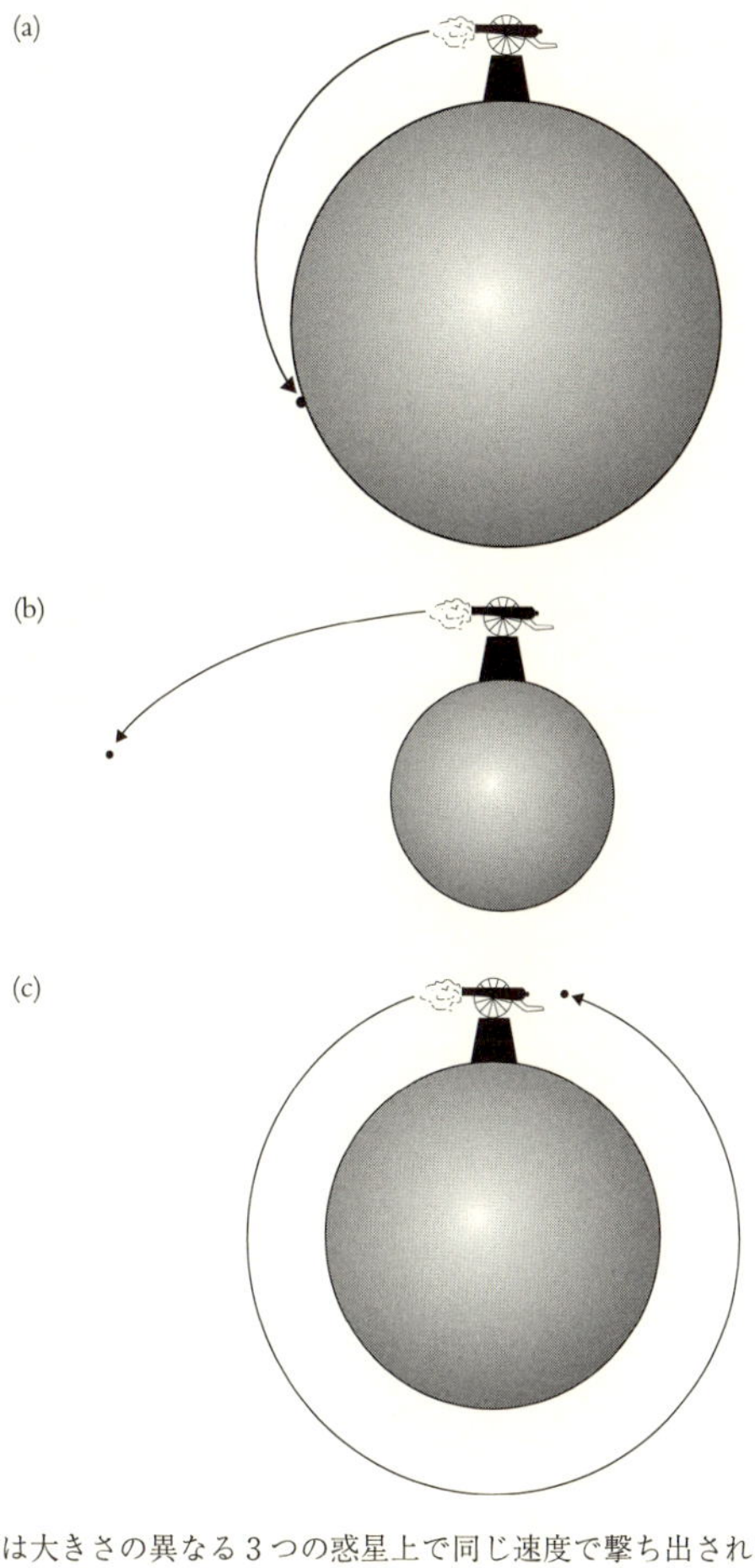

図30　大砲の弾は大きさの異なる３つの惑星上で同じ速度で撃ち出される。(a)惑星の質量が大きく、重力による引力が非常に強いので、大砲の弾は地上に引き戻される。(b)惑星の質量が小さく、重力による引力が弱いため、大砲の弾は宇宙空間に飛び去る。(c)惑星の質量がちょうど良い値で、大砲の弾は軌道に乗る。

シュタインは一般相対性理論の二つのバージョンを提案した。宇宙定数を含むバージョンと、含まないバージョンである。その後彼は、宇宙定数を含む理論にもとづき、静的な宇宙モデルを作り上げた。それに対してフリードマンは、宇宙定数を含まない理論にもとづき、ひとつのモデルを作った（そのモデルには三つのバリエーションがある）。もちろんモデルはほかにいくらでもありうるが、現実の世界はひとつだけだ。問題は、現実の世界に合うのはどのモデルかということだ。

アインシュタインにとってその答えは明らかだった。正しいのは自分であり、フリードマンは間違っているに決まっていたのだ。アインシュタインはこのロシア人の仕事は数学的に間違っているとさえ考え、フリードマンの論文を掲載した学術誌に苦情の手紙を書いたほどだった。「（フリードマンの）仕事に含まれている非定常的な世界に関する結果は、私には疑わしく思われます。実際、ここで与えられた解は（一般相対性理論の）式を満たさないことが判明しました」しかし実際には、正しいのはフリードマンの計算のほうだった。彼のモデルは――現実の世界に似ているかどうかはともかく――数学的には何の問題もなかったのである。おそらくアインシュタインはその論文をざっと読んだだけで、静的宇宙こそが正しいという自分の信念と合わなかったため、フリードマンは間違っているに違いないと思い込んでしまったのだろう。

フリードマンが撤回を求めて働きかけると、アインシュタインは謙虚にこう認めた。「私はフリードマン氏の結果は正しく、問題を明確にするものであると確信した。氏の結果は、（一般相対性理論の）式には静的な解に加え、空間的に対称な構造をもち、時間とともに変化する解もあることを示すものである」こうしてアインシュタインは、フリードマンの動的な解は数学的に正しいことは認めたものの、科学的には意味がないと考えていた。意味深いことに、アインシュタインは撤回文書のはじめの下書きに、フリードマンの解を貶《おとし》めるこんな一文を入れていたのである。「（この解に）物理的意味があると考えるのはきわめて困難である」しかし結局、アインシュタインはこの部分に線を引いて削除した――おそらく、この手紙は謝罪文のはずだったことを思い出したのだろう。

アインシュタインに反対されたにもかかわらず、フリードマンは自分のアイディアをさらに推し進めようとした。だが、科学界の体制派に本格的な攻撃を加える前に、彼は不運に見舞われる。一九二五年、フリードマンの妻ははじめての出産を控え、彼は生活のためにあらゆる努力をしていた。家から遠く離れて仕事をしながら、彼は妻にこんな手紙を書き送っている。「みんな帰ってしまった天文台で、私はたった一人、先任者たちの彫像や肖像画に囲まれています。一日忙しく働いた後に心はどんどん静まっていき、何千マイルのかなたで愛する者の心臓が脈動し、優しい魂が生活し、新しい生命が育ちつつあることを考えるのは楽しみです……その生命の未来は謎であり、過去はまだありません」しかしフリードマンが子どもの誕生を生きて迎えることはなかった。おそらくは腸チフスと思われる重い病気のために、朦朧《もうろう》とした意識のまま死んでしまったのだ。レニングラードで発行されているある新聞は、彼は死の床にあってもうわごとで学生たちのことを語ったり、その場にいもしない聴衆に向かって講義をしたりしながら、最後まで計算を続けていたと報じた。

新しい宇宙観を作り上げたフリードマンはほとんど無名のまま死んだ。彼のアイディアは発表されはしたものの、生前はほとんど誰にも読まれることなく完全に無視された。そうなった理由のひとつは、フリードマンがあまりにも過激だったことである。フリードマンはコペルニクスと多くの共通点をもっていたようにみえる。

さらに事態を悪化させたのは、世界最高の宇宙論研究者であるアインシュタインが彼を厳しく批判したことだ。アインシュタインはしぶしぶ謝罪文を出したが、それが広く読まれたわけではなく、フリードマンの評判は傷ついたままだった。また、フリードマンの専門は天文学ではなく数学であり、それゆえ彼は宇宙論の学界からは部外者と見られていたこともある。挙げ句の果てに、フリードマンは大きく時代に先駆けていた。その当時天文学者たちはまだ、膨張宇宙を描き出すモデルを裏づけられるほど精度の高い観測をすることができなかったのだ。フリードマンは、自分のモデルを裏づける証拠がないことをはっきりと認めていた。「これは現在のところ興味深い事実として受け止められるべきであり、天文学のデータが不十分であるため、信頼できる裏づけは得られていない」

さいわい、膨張し進化する宇宙というアイディアが完全に消滅することはなかった。このアイディアはフリードマンの死から数年後に再浮上したが、しかしまたしても、このロシア人の貢献はほとんど無視されてしまった。それというのも膨張宇宙モデルは、ベルギーの聖職者にして宇宙論研究者であったジョルジュ・ルメートルという人物によってまったく独自に再発見されたからである。そして彼もまた、第一次世界大戦のために大きく学業を中断させられた者の一人だった。

ルメートルは一八九四年にベルギーのシャルルロワに生まれ、ルヴェン大学で工学の学位を取得したが、ドイツ軍のベルギー侵攻のせいで学問はあきらめざるをえなかった。彼はその後の四年間を軍隊で過ごし、ドイツ軍の最初の毒ガス攻撃を目撃し、勇敢な戦いぶりによって戦功十字章を受けた。戦後はふたたびルヴェンで勉強を始めたが、今度は工学から理論物理学に専攻を変え、一九二〇年にはメヘレンのカトリック神学校に入学した。一九二三年には叙階され、その後は一生涯、物理学者と聖職者という二つの仕事を続けることになった。ルメートルはこう述べた。「真理に至る道は二つあります。私はその両方を歩むことにしたのです」

叙階後、ルメートルはケンブリッジ大学のアーサー・エディントンのもとで一年を過ごした。エディントンは彼のことを、「非常に優秀な学生で、すばらしく頭の回転が速く、確かな判断力があ

図31　ジョルジュ・ルメートル。ベルギーの聖職者で宇宙論研究者。彼は、そうとは知らないまま、フリードマンの進化し膨張する宇宙モデルを復活させた。宇宙は爆発する原初の原子として始まったとする彼の理論はビッグバン・モデルの先駆けとなった。

り、数学の能力も高い」と評した。翌年ルメートルはアメリカに渡り、ハーバード・カレッジ天文台で時間をかけて天文学の測定を行い、マサチューセッツ工科大学で博士号の研究に取りかかった。ルメートルは宇宙論研究者と天文学者のコミュニティーにしっかりと入り込んでいた。彼は理論を好む自らの傾向を補おうと、観測面に親しむよう努めたのである。

一九二五年、彼はルヴェン大学に職を得て、アインシュタインの一般相対性理論の式にもとづいて独自の宇宙論モデルを構築しはじめた。しかし宇宙定数のことはあまり重視していなかった。それから二年間で、彼は膨張宇宙を記述するモデルを再発見した――一九二〇年代初頭には、フリードマンが同じような思考の道筋を経てすでにそのモデルを見出していたとも知らずに。

しかしルメートルは、膨張する宇宙の意味を執拗に追究することにより、ロシアの先駆者よりも前に出た。フリードマンは数学者だったのに対し、ルメートルは宇宙論研究者であり、式の背後にある現実世界を理解することが彼の願いだったのだ。とくにルメートルが興味をもったのは、物理学的な宇宙の歴史だった。もしも宇宙が本当に膨張しているのなら、昨日は今日よりも小さかったはずだし、昨年はもっと小さかったはずだ。そして十分過去にまで時間をさかのぼれば、論理的には、空間全体が小さな領域に押し込められるはずである。換言すると、ルメートルは宇宙の始まりとおぼしき時点まで、時計を逆回しにしてやろうと考えたのだ。

ルメートルが得た偉大な洞察は、一般相対性理論によれば、宇宙はどこかの時点で始まったのでなければならないと気づいたことだった。科学的真理を追究する彼の態度は、神学的真理を求める気持ちに色づけされてはいなかったが、しかし天地創造の瞬間があるという認識は、若き聖職者の心の琴線に触れたことだろう。ルメートルは、宇宙は小さな領域から始まり、外向きに爆発して、長い時間をかけて今日われわれが見る宇宙に進化してきたのだと結論した。実際彼は、宇宙は未来永劫にわたって進化を続けるだろうと考えていたのである。

この宇宙モデルを作り上げたルメートルは、宇宙の創造と進化に関する自らの理論を立証してくれる、あるいはそんなプロセスを説明してくれる物理的現象を探しはじめた。そうしてたまたま出くわしたのが、天文学者たちのあいだで関心が高まっていた宇宙線物理学という分野だった。一九一二年、オーストリアの科学者ヴィクトル・ヘスは、気球に乗って六キロメートル近い上空にのぼり、大気圏外の宇宙空間から非常にエネルギーの高い粒子が飛んでくる証拠をつかんでいた。またルメートルは、「放射性崩壊」というプロセスのことも知っていた。このプロセスでは、ウランなどの大きな原子が壊れて小さな原子になり、そのとき粒子、放射線、エネルギーを放出する。ルメートルは、スケールは大幅に違うものの、これと同様のプロセスによって宇宙が誕生したのではないかと考えはじめた。彼は時間をさかのぼり、すべての星が非常に小さな空間に押し込まれているありさまを思い描いた。ルメートルはその状態を「原初の原子」と名づけた。そして彼は宇宙創造を、いっさいを含む一つの原子が突然崩壊し、宇宙に存在するいっさいの物質を生み出した瞬間だと考えたのだ。

ルメートルは、今日観測される放射線は最初の崩壊の残存物であり、放出された物質のほとんどは時とともに凝縮して恒星や惑星になったのだろうと考えた。後年、彼はこの理論の大枠について次のように述べた。「原初の原子という仮説は、今日見られるこの宇宙は、一個の原子の放射性崩壊によって生じたと考えるものである」さらに、あらゆる放射性崩壊の母である原初の原子が放出したエネルギーは、彼の宇宙モデルの中核である膨張の原動力になったことだろう。

つまりルメートルは、今日われわれが「ビッグバン・モデル」と呼んでいる宇宙モデルに対し、はじめて合理的、かつ説得力のある詳細な説明を与えた科学者だったのだ。実際ルメートルは、これは単にひとつの宇宙モデルではなく、正しいモデルだと主張した。彼はアインシュタインの一般相対性理論から出発して、宇宙の創造と膨張に関する理論的モデルを作り上げ、すでに観測されていた宇宙線や放射性崩壊の現象と統合したのである。

ルメートルのモデルの中核は、宇宙創造の瞬間が存在したという発想だった。しかし彼はその瞬間だけでなく、不定形の爆発状態が、今日見られるような恒星や惑星に姿を変えていくプロセスにも興味があった。彼が作ろうとしていたのは、宇宙の創造、進化、そして歴史に関する理論だった。彼の研究は合理的かつ論理的なものだったが、彼はそれを詩的な言葉で次のように描き出した。「宇宙の進化は、終わったばかりの花火になぞらえることができる。一筋の霧と灰と煙。われわれは冷えた燃えがらの上に立ち、衰えてゆく太陽を見、今は消えてしまった世界のはじまりの輝きを思い浮かべようとするのである」

ルメートルは、理論と観測を組み合わせ、物理学と観測天文学という枠組みの中にビッグバンを据えることにより、フリードマンの先行する仕事を大きく乗り越えていった。ところがこのベルギーの聖職者が一九二七年に宇宙創造の理論を発表したときには、フリードマンのモデルを迎えたのと同じ沈黙が待っていた。事態を悪化させた一因は、ルメートルがそのアイディアを発表する媒体として、ベルギーで刊行されていたほとんど無名に近い学術誌『アナル・ド・ラ・ソシエテ・シアンティフィク・ド・ブリュッセル』を選んだことである。

さらに事態を悪化させたのは、ルメートルが「原初の原子に関する仮説」と題するその論文を発表してまもなく、アインシュタインと会ったことだった。ルメートルは一九二七年にブリュッセルで開かれたソルヴェイ会議に出席した。世界最高の物理学者たちが集まるこの会議で、彼は聖職者が身につける独特のカラーで悪目立ちしてしまったのだ。彼はどうにかアインシュタインをつかまえて話しかけ、過去に創造され、今日も膨張する宇宙について説明した。アインシュタインは、そのアイディアはすでにフリードマンから聞いたと言い、すでに世を去ったロシア人の仕事を彼に教えてやった。アインシュタインはルメートルに冷たくこう言った。「あなたの計算は正しいですが、あなたの物理は忌まわしいものです」

アインシュタインは、膨張するビッグバンのシナリオを受け入れる、あるいは少なくとも考えてみる機会を二度与えられた。だが彼は、二度ともそのアイディアを却下した。そしてアインシュタインに却下されることは、体制派から却下されることを意味していた。確固とした証拠がない以上、アインシュタインに祝福されるか批判されるかは、芽生えようとしている理論にとっては成功か破滅かを決することだったのだ。かつては反体制派の典型だったアインシュタインは、いつのまにか絶対的権威になってしまっていたのである。彼はやがてこの皮肉な立場に気づき、こう嘆いた。

「権威を馬鹿にした報いで、運命はこの私を権威者にした」

ルメートルは、ソルヴェイ会議での出来事に打ちのめされ、これ以上自分のアイディアを広めようとするのはやめることにした。彼はまだ膨張する宇宙モデルを信じていたが、科学界の体制派には何の影響力もない自分が、誰もが馬鹿げていると考えるビッグバン・モデルを唱道することに意義が見出せなかったのだ。当時、世の中の関心はアインシュタインの静的な宇宙に向いていた。精巧に調節された宇宙定数はいくぶん不自然だったが、それは申し分なく正統的なモデルでもあった。いずれにせよ、静的な宇宙というアイディアは、永遠の宇宙という広く受け入れられた信念と矛盾しなかったから、科学上はどんな欠点があっても大目に見てもらえたのである。

今にして思えば、どちらのモデルにも同じような長所と弱点があり、ある意味ではいい勝負だったことがわかる。つまるところ、どちらのモデルも数学的には矛盾がなく、科学的な根拠という点でもまずまずだった――両者とも一般相対性理論の式に立脚し、物理法則と矛盾しなかったのだから。しかしどちらの理論も、それを裏づける観測や実験のデータがないという問題に苦しんでいた。証拠がないために、科学界の体制派は先入観に流され、フリードマンとルメートルの膨張する宇宙モデル、すなわちビッグバン・モデルよりも、アインシュタインの永遠不変のモデルを選んだのである。

実は宇宙論研究者はこのときまだ、神話と科学のあいだの宙ぶらりんな状態にあったのだ。彼らがそこから抜け出して前進するためには、なんらかの確固とした証拠を見つける必要があった。理論家は観測天文学者を頼みにし、天文学者ならば遠い宇宙空間を覗き込んで、競合する二つのモデルの一方を証明し、他方を反証してくれるのではないかと期待した。実際、天文学者たちは二十世紀の残りすべてを費やして、より大きく、より優れた、より強力な望遠鏡を作り、最終的にはわれわれの宇宙観を塗り替える観測を行うことになるのである。

第Ⅱ章　宇宙の理論のまとめ

①一六七〇年代、レーマーは木星の衛星のひとつを観測することにより、光の速度は有限であることを証明した。

結局、光の速度は秒速三十万キロメートルであることがわかった。

②保守的な人々は宇宙はエーテルで満たされていると信じていた。

エーテルは光を運ぶ媒質である。

測定される光の速度は、エーテルに対する速度だと考えられていた。

地球はエーテルを突っ切って宇宙空間を進むから、

エーテル風が生じるだろう。エーテル風に逆らって進む光の速度は、

エーテル風に沿って進む光の速度とは違うはずだ。

⇩

一八八〇年代、マイケルソンとモーリーはこれを検証したが、

速度に違いがあるという証拠は得られなかった。

それゆえ二人はエーテルの存在に対して、反証を挙げたことになる。

③エーテルは存在せず、光の速度はエーテルに対するものではない。
そこでアインシュタインは、光の速度は観測者に対して一定であると主張した。

これは他のすべての運動についてわれわれが経験することと矛盾する。


アインシュタインは正しかった。

⇩

この仮定（と、ガリレオの相対性原理）から、
アインシュタインは特殊相対性理論を作り上げた（一九〇五年）。
特殊相対性理論によれば、空間と時間はともに伸び縮みする。
時間と空間を統一したのが時空である。

⇩

一九一五年、アインシュタインは一般相対性理論を作り上げた。

この理論はニュートンのものよりも優れた重力理論となった。

一般相対性理論は重力が非常に強い状況下（たとえば恒星など）でも成り立つからである。

④アインシュタインとニュートンの重力理論は、
水星の軌道と、太陽のまわりで光がどのぐらい曲がるかに関して検証された（一九一九年）。

どちらの場合もアインシュタインが正しく、ニュートンは間違っていた。

⑤アインシュタインはこの新しい重力理論を使って宇宙全体を調べた。

問題：重力による引っ張りのため宇宙は収縮する。
解決策：アインシュタインは一般相対性理論に宇宙定数を付け加えた。
・これにより一種の反重力効果が生じる。
・これが宇宙の収縮を食い止める。
・静的で永遠な宇宙という一般的な宇宙観に合う。

⑥その間、フリードマンとルメートルは宇宙定数を捨て、
宇宙は動的かもしれないという案を出した。
二人は膨張する宇宙を描き出した。
ルメートルは非常に小さな原初の原子を考え、
その原子が爆発し、膨張して、今日の宇宙に進化したと述べた。

⇩

これを宇宙のビッグバン・モデルと呼ぼう。

ビッグバン宇宙か? あるいは 静的で永遠な宇宙か?

フリードマンとルメートルの膨張する宇宙は無視された。
それを支持する観測事実がないうちは、

ビッグバン・モデルは沈滞を余儀なくされた。

科学者の大半は、あいかわらず永遠で静的な宇宙を信じていた。

第Ⅲ章　大論争

既知のことがらは有限であり、未知のことがらは無限にある。知識に関して言えば、われわれは説明不能という大海原に浮かぶ小さな孤島にいるようなものだ。あらゆる世代においてわれわれがなすべきは、埋め立て地を少しでも広げることである。

――T・H・ハクスリー

宇宙について無知であればあるほど、宇宙を説明するのは簡単だ。

――レオン・ブランシュヴィク

不十分なデータを使ったために生じた誤りは、まったくデータを使わないために生じた誤りほど大きくはない。

――チャールズ・バベッジ

理論は脆くも崩れ去るが、優れた観測はけっして色褪せない。

――ハーロウ・シャプリー

まずは事実をつかむことだ。あとは都合に応じてそれを曲解すればいい。

――マーク・トウェイン

天は、永遠に褪せることなき美を示しつつ汝らの頭上をめぐるというのに、汝らは地面ばかりを見ている。

――ダンテ

科学は、相補い合う二本の糸、すなわち実験と理論とがより合わさってできている。理論家は世界のしくみを考え、現実世界のモデルを作るのに対し、そうして作られたモデルを現実世界に照らして検証するのが実験家である。宇宙論の分野では、アインシュタイン、フリードマン、ルメートルといった理論家たちが競合する宇宙モデルを作り上げたが、それらのモデルを検証するのは非常に難しい仕事となった。なにしろ宇宙全体を相手に実験をしなければならないのだから。

実験ということで言えば、天文学および宇宙論と、それ以外の科学とのあいだには大きな隔たりがある。生物学者は、研究対象の生物に触れたり、匂いを嗅いだり、つついたり突き刺したりできるし、ものによっては食べてみることさえできる。化学者は、化学物質を試験管に入れて沸騰させたり、燃焼させたり、他の化学物質と混ぜてみたりしてその性質を調べることができる。物理学者が振り子の運動を調べるには、錘を重くしたり、長さを変えたりしてみればいい。ところが天文学者にできることはといえば、じっと空を見つめることだけなのだ。なぜなら、ほとんどの天体はあまりにも遠くにあるため、その天体から地球にやってくる光線を検出する以外に調べるすべがないからだ。天文学者たちは、さまざまな実験をやりたいだけやることはできず、受け身で宇宙を見つめるしかない。あるいはこうも言えるだろう――天文学者たちは、見つめることはできても触れることはできないのだと。

これほど厳しい制約があるにもかかわらず、天文学者たちは宇宙と天体について驚くほど多くの発見をしてきた。たとえば一九六七年にはイギリスの天文学者ジョスリン・ベルが、今日では「パルサー（脈動星）」として知られている新種の星を発見した。記録用紙を調べていたときのこと、規則的に脈動するような光の信号に気づいたベルは、その部分に「LGM」と書き込んだ。「LGM」とは「小さな緑の人（Little Green Men）」の略で、「異星人」という意味である。彼女がこんな文字を書き込んだのは、規則的なパルスが知的生命体によって発信されたメッセージのように見えたからだ。今日、ベル＝バーネル教授（ジョスリンの現在の姓である）がパルサーについて講演をするときには、聴衆のあいだに小さく畳んだ紙切れをまわす。その紙切れには次のように書いてある。「あなたがこの紙切れをつまみ上げたとき、既知のすべてのパルサーからやってきて、世界中のすべての望遠鏡によって今日までに受信された全エネルギーよりも、何千倍も多くのエネルギーを使ったのです」換言すれば、パルサーも他のあらゆる星と同じくエネルギーを放出しているのだが、あまりにも遠くにあるため、数十年に及ぶ精力的な観測によっても、パルサーが宇宙空間に放射したエネルギーのごく一部をかき集めたにすぎないということだ。それでもなお、天文学者はきわめてかすかにしか検知できないこの天体について、いくつかの事実を引き出すことができた。たとえば、パルサーは一生の終わりに近づいた星であることや、中性子と呼ばれる原子内粒子でできていること、典型的には直径十キロメートルほどの大きさで、密度がきわめて高いため、ティースプーン一杯分で十億トンもの重さになることなどである。

理論家の提案したモデルを吟味し、その正否を検証するためには、天文学者はまず観測を行って可能なかぎりのデータを集めなければならない。そして、あらゆるモデルの中で最大のモデルというべきビッグバン・モデルと永遠宇宙モデルを検証するためには、天文学者たちは観測のテクノロジーをぎりぎりまで推し進める必要があった。彼らは大きな鏡を取り付けた巨大望遠鏡を建設し、それを倉庫のように広い天文台に設置し、人里離れた山の上に天文台を建設することになるのである。しかし、二十世紀に建設された巨大望遠鏡によってなし遂げられた発見を詳しく吟味していく前に、まずは一九〇〇年までの望遠鏡の発展を概観し、初期の天文装置がどのように宇宙観を塗り替えてきたかを見ておかなければならない。

◇宇宙を見つめる

望遠鏡を設計して使いこなすという点でガリレオに続く偉大な先駆者は、一七三八年にドイツのハノーファーに生まれたフリードリヒ・ヴィルヘルム・ヘルシェルである。ヘルシェルははじめ、父親の跡を継いでハノーファー近衛連隊の音楽隊に入ったが、一七五七年、七年戦争の山場となったハステンベックの戦いを機に転職を考えるようになった。激しい戦いを経験した彼は、近衛連隊を辞めて祖国を離れ、よその国で音楽家として静かに暮らす決心をしたのである。彼が落ち着き先として選んだのはイギリスだった。その理由は、さかのぼって一七一四年に、ハノーファー家のゲオルク・ルートヴィヒがイギリス国王ジョージ一世となって英国ハノーヴァー王朝を樹立していたので、イギリスならば彼を好意的に受け入れてくれるだろうと考えたからだった。彼は英国風にウィリアム・ハーシェルと名乗り、バースに家を買って、オーボエ奏者として、さらには作曲家、指揮者、音楽教師としてもすばらしい腕前を発揮して快適な生活を手に入れた。しかし年月が過ぎるうちに、ハーシェルは天文学に興味をもつようになった。はじめはちょっとした趣味だったが、やがて天文学のことが頭から離れなくなった。結局、彼はプロとしてもっぱら天文学に携わるようになり、同僚の天文学者たちから十八世紀最大の天文学者と認められるまでになるのである。

ハーシェルは一七八一年に、彼が成し遂げた中でもっとも有名な発見をした。そのとき彼は自宅の庭で、一から自作した望遠鏡を使って観測をしていたが、幾晩かのうちにゆっくりと位置を変えていく新しい天体を確認したのだ。はじめ彼はそれを未発見の彗星だろうと考えたが、やがてその天体には尾がないことがわかり、新しい惑星であることが明らかになった。太陽系に重要な仲間がつけ加わったのである。天文学者たちは何千年ものあいだ、惑星としては肉眼で見える五つ（水星、金星、火星、木星、土星）しか知らなかったが、ここにきてハーシェルが、まったく新しい惑星の存在を明らかにしたのだ。彼はその惑星に、イギリス国王であり、同じハノーファーの人間でもあるジョージ三世に敬意を表して「ゲオルギウム・シドゥス（ジョージの星）」と命名したが、フランスの天文学者たちはむしろ発見者にちなんで「ハーシェル」と呼ぶほうを好んだ。最終的にこの惑星は、ローマ神話のユピテル（木星の名前。英語ではジュピター）の祖父で、サトゥルヌス（土星の名前。英語ではサターン）の父である天空神ウラノスにちなみ、「天王星」と名づけられた。

ウィリアム・ハーシェルの観測場所は自宅の裏庭だったが、彼は大陸の豪奢な宮廷天文台にもできなかったことを成し遂げた。彼が成功するうえで大きな役割を果たしたのが、ウィリアムの妹で、助手を務めていたカロラインである。カロライン自身、一生のうちに八個の彗星を発見した優れた天文学者だったが、彼女は兄のウィリアムを献身的に支えた。ウィリアムが新しい望遠鏡を作るために根気のいる作業に取り組んでいる時には、カロラインも彼とともに作業をこなし、夜の寒空の下、長時間に及ぶ観測を行っている時には、観測の助手を務めた。彼女は次のように書いている。

「一息つくわずかな時間さえも、やりかけの作業を再開するために容赦なく奪い取られ、しかも服を着替えるひまさえなく作業に戻らなければならなかった。レースのひだ飾りは破れ、溶かしたピッチで汚れた。……生きていくために必要最低限の食べ物を、小さくちぎってウィリアムの口に押し込んでやることまでしなければならなかった」

カロライン・ハーシェルがここで触れている「ピッチ」は、鏡を研磨する道具を作るために兄が使っていたものである。ウィリアムは望遠鏡作りの腕前をとても誇りにしていた。彼はまったくの独学で望遠鏡を作るようになったが、彼が作る望遠鏡は当時としては世界最高の性能をもっていた。彼が自作した望遠鏡のひとつは二千十倍もの倍率を達成したが、王室天文学者が使っていた望遠鏡の中で最高のものでさえ、倍率はたった二百七十倍でしかなかったのだ。

望遠鏡にとって倍率は高いにこしたことはないが、いっそう重要なのは集光力である。集光力の高さはひとえに主鏡やレンズの直径、すなわち望遠鏡の「口径」にかかっている。肉眼で見えるほど明るい星はたかだか数千個ほどだが、口径の大きな望遠鏡を使えばまったく新しい空の眺望が開ける。ガリレオが使ったような小さな望遠鏡では、肉眼で見るよりも少し星が増えるだけで、アイピース（望遠鏡の接眼部）の倍率がどれほど高くとも、暗い星が見えるようになるわけではない。口径の大きな望遠鏡は、はるかに多くの光を捉え、焦点を合わせ、コントラストを高めてくれる。その結果として、より暗く、より遠くにある星までが見えるようになるのだ。

図32　18世紀でもっとも有名な天文学者ウィリアム・ハーシェル。夜間の観測のために厚着をしている。

一七八九年、ハーシェルは直径一・二メートルの鏡をもつ望遠鏡を作り、これは当時としては世界最大の口径だった。しかしその望遠鏡は長さが十二メートルもあったせいで非常に扱いにくく、望遠鏡を正しい方角に向けようと奮闘しているうちに貴重な観測時間が無駄に流れていった。もうひとつの問題点は、鏡の重みを支えるために銅で補強する必要があったことだ。そのせいで鏡がすぐに変色してしまい、せっかくの集光力が台無しになった。ハーシェルは一八一五年にこの怪物望遠鏡を見捨て、感度と実用性のバランスを取って、口径はそれほど大きくない〇・四七五メートル、長さは六メートルの望遠鏡でほとんどの観測を行うようになった。

ハーシェルの主要な研究プロジェクトのひとつに、自作の優れた望遠鏡を使って、数百個の星について地球からの距離を測定するというものがあった。そのために彼は、「星はどれもみな同量の光を出している」というおおざっぱだが使い勝手の良い仮定を置き、「明るさは距離の二乗に反比例して減少する」という事実を用いた。具体的な例を挙げると、実際の明るさが等しい二つの星があるとして、一方が他方の三倍だけ遠くにあれば、遠いほうの星の明るさは近いほうの星の明るさの$\frac{1}{3^2}$すなわち$\frac{1}{9}$になる。ハーシェルはこれを逆にして、見かけの明るさが$\frac{1}{9}$なら、暗い星は明るい星よりもざっと三倍だけ遠くにあると仮定したのである。彼は、夜空でもっとも明るい星シリウスを基準として、測定した星までの距離を、シリウスまでの距離の何倍かで表した。シリウスまでの距離のことを、彼は「シリオメートル」と呼んだ。したがって、見かけの明るさがシリウスの$\frac{1}{49}$すなわち$\frac{1}{7^2}$の星は、シリウスよりも七倍遠くにあるはずであり、その距離は七シリオメートルとなる。ハーシェルは、たぶんすべての星が同量の光を出しているわけではなく、したがってこの方法は正確ではないことは理解していたが、しかし自分が作りつつある天の三次元地図がおおよそ正しいことには自信をもっていた。

図33　天王星を発見したのち、ハーシェルはバースよりも天候の良いイングランド北東部の町スラウに引っ越した。彼はまたパトロンである国王ジョージ３世とも近しくなった。ジョージ３世はハーシェルに年間200ポンドの奨励金を与えたほか、直径1.2m、長さ12mという空前の大型望遠鏡を作る資金も与えた。

予想としては、星はどの方向、どの距離にもまんべんなく分布していそうなものだった。ところがハーシェルのデータは、星はパンケーキのような円盤の内部にまとまって存在していることを強く示唆していたのだ。この巨大なパンケーキの大きさは、直径千シリオメートル、厚みは百シリオメートルだった。ハーシェルの宇宙の星たちは、無限の空間を占拠するのではなく、固く団結したコミュニティーに属していたのである。この星の分布をイメージするには、レーズン入りのパンケーキを考えるといい。レーズンのひとつひとつが星を表している。

この宇宙像は、夜空で一番よく知られた特徴にうまく当てはまった。星をちりばめたパンケーキの中に自分が埋め込まれているものと想像してみよう。前後左右にはたくさんの星が見えるが、パンケーキは薄っぺらなので、上下にはあまり星は見えないだろう。したがって、宇宙の中のこの視点に立てば、周囲をぐるりと取り巻く光の帯が見えるはずだ——そして実際、夜空にはそんな光のアーチが見える（街の灯りが遠ければ）。夜空に見えるこの特徴は、古代の天文学者たちにもよく知られていた。光の帯はぼんやりと白く見えることから、ギリシャ語では乳《ガラ》に由来する「ガラクトス（γάλακτος）」、ラテン語で「ウィア・ラクテア（Via Lactea）」すなわち「乳《ミルキー》の道《ウェイ》」と呼ばれた。古代人にはわからなかったが、望遠鏡第一世代の天文学者たちは、ミルクのようなこの帯は、実はたくさんの星が集まってできているのを見ることができた。それらの星たちはあまりにも遠くにあるため、肉眼では見分けられなかったのだ。星たちはわれわれのまわりに、パンケーキ状に分布していたのである。ひとたびこのパンケーキ・モデルが受け入れられると、われわれの住む星の集団そのものが「乳の道」と呼ばれるまでにそれほど時間はかからなかった（日本語では「乳の道」を「天の川」と呼び、この星の集団のことを「銀河系」ないしは「天の川銀河」と呼ぶ。以下では「天の川銀河」という呼称を用いる）。

天の川銀河は、おそらく宇宙のすべての星を含んでいるのだろうと考えられていたから、事実上、天の川銀河の大きさが宇宙の大きさだった。ハーシェルは天の川銀河の大きさを、直径千シリオメートル、厚み百シリオメートルと推定したが、彼は一シリオメートルが何キロメートルなのかを知らないまま、一八二二年に世を去った。つまりハーシェルは、絶対距離で測った天の川銀河の大きさについては皆目見当がつかなかったのである。シリオメートルをキロメートルに換算するためには、誰かがシリウスまでの距離を測らなければならなかった。一八三八年、この目標に向かって大きな進展があった。ドイツの天文学者フリードリヒ・ヴィルヘルム・ベッセルが、初めて星までの距離を測定したのである。

星までの距離は、何世代もの天文学者たちを悩ませてきた謎だった。この謎が解けなかったことは、地球が太陽のまわりを回っているとするコペルニクスの説にとって、脇腹に突き刺さったトゲのようなものだった。第Ⅰ章で見たように、もしも地球が太陽のまわりを回っているなら、視差と呼ばれる現象のために、六カ月後に地球が太陽の反対側まで進んだときには星の位置がずれて見えるはずなのである。思い出してほしいが、腕を伸ばして指を立て、一方の目でそれを見てから、もう一方の目に切り替えて見れば、指の位置が背景に対してジャンプしたように見えるのだった。一般に、観測点が変われば、観測対象の位置はずれて見える。ところが星の位置は変化しないように見えたことから、地球中心の宇宙観を信奉する人たちは、これをもって地球の位置が変わらないことを示す証拠とした。それに対して太陽中心の宇宙観を支持する人たちは、星が遠ければ遠いほど視差はどんどん小さくなるから、星に視差が認められないのは、星が信じられないほど遠くにあることを意味しているにすぎないと主張していたのである。

　フリードリヒ・ベッセルは、「信じられないほど遠くにある」というあいまいな表現を具体的な数字に置き換えようと努力した。彼がこの仕事に取りかかったのは、一八一〇年のことだった。この年、プロイセン王フリードリヒ・ヴィルヘルム三世が、ケーニヒスベルクに新しい天文台を建設するためにベッセルを招いたのである。この天文台にはヨーロッパで最高の観測装置が設置されることになっていた。そんなことが可能になった理由のひとつは、イギリスの首相ウィリアム・ピットが過酷な窓税（窓、明かり採りの数が七つ以上の家屋に課せられた累進税）を課したせいで、イギリスのガラス産業は壊滅的な打撃を受け、ドイツはヨーロッパ最高の望遠鏡製作者をイギリスから引き継ぐことになったからだった。ドイツでは精巧なレンズが作られ、三枚組のレンズを用いた新しいアイピースのおかげで「色《いろ》収差」の問題が改善された。色収差とは、白色光にはさまざまな色の光が含まれるため、それぞれの色ごとにガラスを通過するときの屈折率が異なり、焦点を結びにくくなる現象である。

ケーニヒスベルクで二十八年のあいだ観測技術を磨き上げたのち、ベッセルはついに決定的な突破口を開いた。彼は考えられるかぎりの機械および観測の誤差を考慮に入れて、六カ月の間隔をあけて骨の折れる観測を行い、白鳥座61番星と呼ばれる星は、〇・六二七二角度秒（およそ〇・〇〇〇一七四二二度）だけ位置を変えることを示したのである。ベッセルが検出したこの視差は途方もなく小さい。腕を伸ばして人差し指を立て、左右の目を切り替えて観測したときに視差がこの値になったとすると、腕の長さは三十キロメートルあるはずだ。

図34に示すのは、ベッセルの測定の原理である。地球がAにあるときに白鳥座61番星を観測すると、視線はある方向に向かった。六カ月後、地球がBに来たときに同じ星を観測すると、視線の向きがわずかにずれた。地球から太陽までの距離はすでにわかっており、今回の観測により三角形のひとつの角度が得られたから、ベッセルは、太陽と白鳥座61番星と地球を頂点とする直角三角形を考え、三角法を使って星までの距離を求めることができたのだ。ベッセルの測定によれば、白鳥座61番星までの距離は 10^{14}km（百兆キロメートル）だった。今日では、この値が実際よりも一〇パーセントほど小さかったことがわかっている。現代の推定によれば、地球から白鳥座61番星までの距離は 1.08×10^{14}キロメートル、あるいは同じことだが、地球から太陽までの距離の七十二万倍である。**図34**のキャプションで説明したように、この距離は一一・四光年に相当する。

コペルニクスの支持者たちは正しかった。星の位置は実際にずれて見えたのだから。このときまで星の「ジャンプ」が観測されなかったのは、単に星たちが信じられないほど遠くにあったからなのだ。天文学者たちは、星は非常に遠くにあるにちがいないと思ってはいたが、白鳥座61番星の途方もない遠さはやはり衝撃的だった——しかもこの星は、地球からもっとも近い星のひとつにすぎないのだ。その距離がどれほど途方もないかを実感するために、宇宙を縮小して、太陽から冥王星

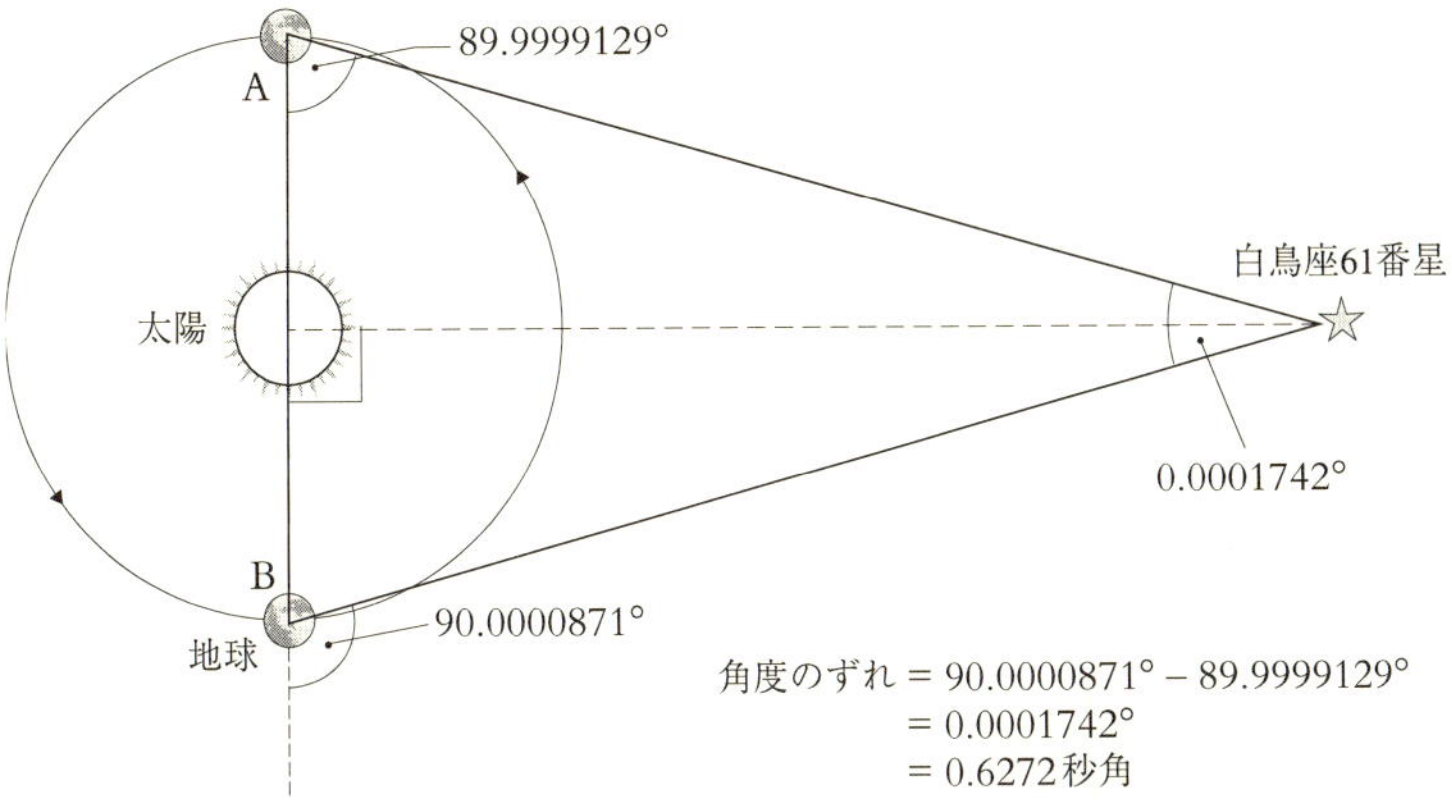

図34　この図では縮尺を変えてある。白鳥座61番星までの距離はＡＢ間の距離の360,000倍あり、実際の角度のずれは非常に小さい。

1838年、フリードリヒ・ベッセルが初めて星の視差を測定した。地球が太陽のまわりを回って点Ａから点Ｂに移動すると、近隣の星（白鳥座61番星）の位置がずれて見える。簡単な３角法を使えば、白鳥座61番星までの距離を測定することができる。図の直角３角形の一番尖った角は、0.0001742°÷２=0.0000871°であり、３角形のいちばん短い辺は太陽と地球の距離である。

こうしてベッセルは白鳥座61番星までの距離を、およそ100,000,000,000,000kmと推定した。今日この距離は108,000,000,000,000kmであることがわかっている。

キロメートルという単位は、星までの距離を表すには小さすぎるので、天文学者は「光年」という単位のほうを好む。１光年は、光が１年間かかって進む距離である。

１年は31,557,600秒で、光の速度は299,792km/sだから、

１光年=31,557,600s×299,792km/s=9,460,000,000,000km

となる。したがって白鳥座61番星は、地球から11.4光年の距離にある。光年という単位は、望遠鏡はタイムマシンだということを思い出させてくれる。というのも、光がある距離を進むには時間がかかるため、われわれが見る天体は、その天体の過去の姿だからである。太陽光が地球に届くまでには８分かかるから、われわれは８分前の太陽しか見ることができない。もしも太陽が突然爆発したとしても、われわれがそれを知るのは８分後である。白鳥座61番星は11.4光年離れているから、われわれはこの星の11.4年前の姿を見ていることになる。望遠鏡で遠い宇宙が見えるようになるにつれ、われわれは遠い過去を見るのである。

の軌道のあたりまでに含まれるものすべてを、一軒の家ほどに圧縮したと考えてみよう。それでもなお一番近い星は、何十キロメートルも離れているのだ。天の川銀河の星たちは、恐ろしくまばらに分布していたのである。

ベッセルの測定は同時代の人たちに激賞された。ドイツの医者で天文学者でもあったヴィルヘルム・オルバースは、「(この測定により) われわれの宇宙観にはじめて堅固な基礎が与えられた」と述べた。ウィリアム・ハーシェルの息子で、やはり高く評価される天文学者になったジョン・ハーシェルは、ベッセルの結果を、「観測天文学がかつて経験したなかで、もっとも偉大にしてもっとも栄光ある勝利」と評した。

天文学者は今や白鳥座61番星までの距離を知っただけでなく、天の川銀河の大きさも見積もれるようになった。白鳥座61番星の明るさをシリウスのそれと比較すれば、ウィリアム・ハーシェルのシリオメートルをおおざっぱに光年に変換することができるからだ。実際にやってみると、天の川銀河のサイズは、直径一万光年、厚みは一千光年と推定された。実はこの見積もりは一桁ほど小さかった。今日では、天の川銀河の直径は約十万光年、厚みは約一万光年であることがわかっている。

エラトステネスは太陽までの距離を測定してショックを受け、ベッセルは近隣の星までの距離を測定して愕然としたが、天の川銀河のサイズはまさしく圧倒的だった。また天文学者たちは、天の川銀河がいかに広大だとはいえ、無限であろう宇宙の広がりにくらべれば取るに足りないことにも気がついた。当然ながら科学者の中には、天の川銀河の向こうに広がる宇宙空間はどうなっているのだろうと考えはじめる人たちもいた。天の川銀河の向こうには何もないのだろうか? それともやはり天体が点在しているのだろうか?

こうして新たに注目を受けるようになったのが、夜空にぼんやりと見える「星雲」である。シミのように広がった星雲は、くっきりとした星とはまるで違っていた。天文学者の中には、謎めいた星雲は宇宙全体に散らばっているのではないかと言う人たちもいた。しかし大半の天文学者は、星雲は天の川銀河の内部にあり、とくに変わった天体ではないと考えていた。なにしろウィリアム・ハーシェルの測定によれば、いっさいはパンケーキ型をした天の川銀河の内部に含まれているらしかったからだ。

星雲研究の歴史は、古代の天文学者たちが肉眼でいくつかの星雲に気づいたときに始まった。その後望遠鏡が発明されると、星雲は驚くほどたくさんあることが明らかになった。はじめて星雲を詳しいカタログにまとめたのは、フランスの天文学者シャルル・メシエである。メシエが星雲のカタログ作りに乗り出したのは一七六四年のことだった。そのころメシエはすでに彗星の発見で成功を収め、ルイ十五世から「彗星探索者《フユレ・デ・コメート》」の渾名をもらうほどだった。しかし彗星と星雲は一見したところ区別がつきにくいため、星雲と彗星の取り違えがしょっちゅう起こることにメシエは頭を痛めた。彗星は空を移動していくからいずれはそれとわかるが、動かぬ天体が動き出すのを空しく待つという無駄を避けるために、メシエは星雲の一覧表を作りたいと考えたのだ。彼は一七八四年までに百三個の星雲を記載したカタログを発表した。このカタログに載った天体は、今日でも「メシエ番号」で呼ばれている。たとえば蟹星雲はＭ１、アンドロメダ星雲はＭ31である。メシエがスケッチしたアンドロメダ星雲を図35に示す。

メシエのカタログを一部受け取ったウィリアム・ハーシェルは、見つめる対象を星雲に移し、自作の巨大望遠鏡を使ってしらみつぶしに空を探りはじめた。ハーシェルはメシエを大きく上まわる二千五百個もの星雲を記録し、観測のかたわら星雲の正体にも推測をめぐらせた。彼は、星雲は雲のように見えることから（星雲《ネビユラ》はラテン語で雲や霧を意味する nebura に由来する）、実際にガス

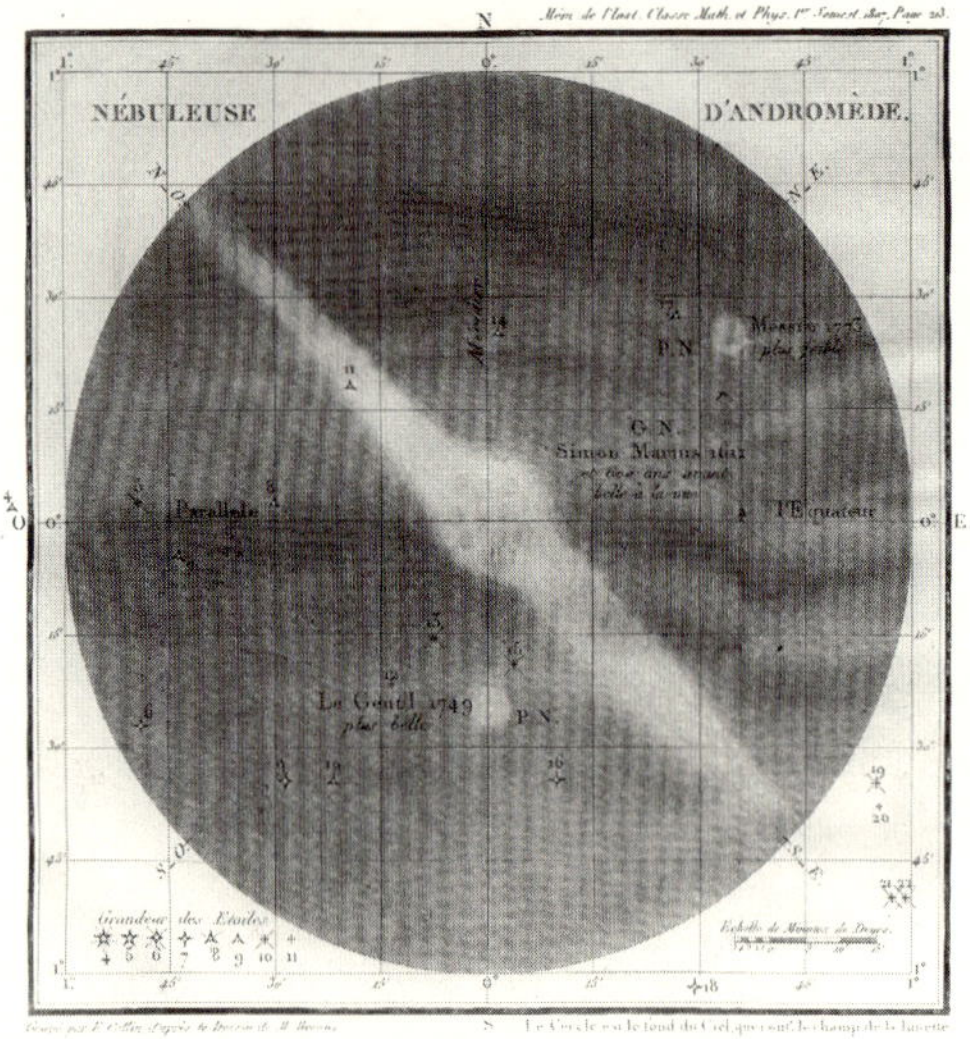

図35　20年間におよぶ観測の末、シャルル・メシエは1784年までに、103個の星雲を記載したカタログを発表した。ここに示すのはカタログの31番目に記載されたアンドロメダ星雲を、メシエ自身が詳細にスケッチしたものである。広がった構造をもつ星雲と、光の点である星との違いも示されている。

と塵からなる大きな雲なのだろうと考えた。もう少し具体的に言うと、ハーシェルはいくつかの星雲の中に一個の星を認めることができた。そこで彼は、星雲は一個の若い星と、それを取り巻く残り物の塵とからなり、塵はやがて惑星になるという説を打ち出したのだ。つまりハーシェルの見るところ、星雲は星の一生の初期段階にあたり、ほかの星たちと同じく天の川銀河の内部に存在するように思われたのである。

　ハーシェルは、天の川銀河は宇宙で唯一の星の集団だと考えていたが、十八世紀のドイツの哲学者イマニュエル・カントは、これとはまったく異なる考えをもっていた。カントは、少なくともいくつかの星雲は、大きさの点で天の川銀河に匹敵し、天の川銀河を越えたはるかかなたにある、まったく別個の星の集まりだと主張していたのである。カントによれば、星雲が雲のようにぼんやりと見えるのは、何百万個もの星を含み、なおかつ非常に遠くにあるため、星たちがひとつの光のもやに溶け込んでしまっているからだった。カントは自説を裏づけるために、星雲の多くは楕円形に見えることに着目した。楕円は、星雲が天の川銀河と同じパンケーキ型をしているときに予想される形なのである。実際、天の川銀河を真上から見れば丸い円盤になり、真横から見れば一直線になり、その中間の角度から見れば楕円形になるだろう。カントは、星雲のことを「島宇宙」と呼んだが、それは大海原に島が点在するように、宇宙には星でできた島が点在していると考えたためだった。天の川銀河もまた、星でできた島のひとつにすぎないことになる。今日、そのような孤立した星の集団はどれも「銀河《ギャラクシー》」と呼ばれている。

星雲は天の川銀河のむこうにある別個の銀河だという考えをカントが好んだのは、観測にもとづく理由があったからだが、彼がそう信じたのには神学的な根拠もあった。彼は、神は全能なのだから、宇宙は永遠でなければならず、そこに含まれるものも果てしなく豊かでなければならないと論じたのだ。カントの立場からすれば、神が有限な天の川銀河しか作らなかったというのは馬鹿げた考えだった。

神の無限な創造力の顕れである空間を、天の川銀河の半径で決まるひとつの球に押し込めてしまうのは、直径一インチの球に押し込めるのと五十歩百歩である。有限なもの、すなわち境界があるものや、一なる数と明確な関係をもつものは何であれ、無限から遠く隔たっているという点では何の違いもないからだ。……したがって、神の属性の顕れである宇宙空間は、神の属性と同じく無限でなければならない。空間の無限性を併せもつのでなければ、時間の無限性だけでは、神の顕れを取り囲むには不十分なのである。

こうしていくつかの戦線が引かれた。ハーシェルの支持者たちは、星雲は残りものの塵に取り巻かれた若い星であり、天の川銀河の内部にあると論じたのに対し、カントの追随者たちは、星雲は天の川銀河のはるかかなたにある別個の銀河だと論じた。この論争に決着をつけるには、より優れた観測により証拠をつかむ必要があった。そんな証拠が得られはじめたのは、十九世紀半ば、ロス三代伯爵ウィリアム・パーソンズという驚くべき人物のおかげだった。

莫大な財産の相続人である女性と結婚したロス卿は、アイルランドの広大な領地とそこに建つバー城を相続し、幸運にもアマチュア科学者として一生を送ることができた。彼は世界最大にして最高の望遠鏡を作ろうと固く心に決め、自ら汚れ仕事をすることも厭わなかった。次の記事は、『ブリストル・タイムズ』紙の記者によるものである。

自ら望遠鏡作りを手がける伯爵に会ったとき、彼は宝冠をかぶっていたわけでもアーミン毛皮のローブをまとっていたわけでもなく、シャツの袖をまくり上げ、筋骨たくましい腕を露わにしていた。彼はちょうど修理を終えたところで、鉄鋼のヤスリ屑にまみれていたため、鉄床《かなとこ》の上に置かれた粗末な洗面器で手と顔を洗った。その間も赤熱した鉄棒に鎚をふるう二人の鍛冶屋は主人に向かって火の粉を降らせたが、ロス卿は「炎の王」のごとくに意に介さなかった。

巨大望遠鏡に取りつける鏡を鋳《い》るだけでも、技術的にはきわめて高度な大事業だった。重さ三ト

図36　ロス卿の「パーソンズタウンのリヴァイアサン」。1.8m という巨大な口径をもち、建造された当時は世界最大の望遠鏡だった。パーソンズタウンは望遠鏡が設置された町の名前で、旧称をバーと言う。

ン、直径一・八メートルの鏡の材料を溶かすためには、燃料となる泥炭が八十立方メートルも必要だった。ロス卿の鋳造に立ち会ったアーマー天文台長トマス・ロムニー・ロビンソンは、そのときのようすを次のように証言している。

> その場に居合わせるという幸運に恵まれた者にとって、崇高なばかりの美しさは決して忘れることのできないものであった。天を見上げれば、星々に飾られ皓々《こうこう》たる月に照らし出された空があり、その眺めは彼らにとって幸先の良いものに思われた。地上に目を移せば、太い柱のごときほぼ単色の黄色い炎が炉から吹き出され、高温のるつぼが空中を動いていくありさまは赤い光の流れ出す泉のごとくであった。

一八四五年、建設に三年を費やし、現在

の貨幣価値にして百万ポンド相当の私費をつぎ込んだ巨大望遠鏡がついに完成し観測が始まった。図36に示すのは、長さ一六・五メートルのその望遠鏡である。あいにく、時代はちょうどアイルランドのジャガイモ飢饉と重なってしまった。ロス卿はこうした悲劇を避けるべく、ジャガイモの胴枯れ病による損害を減らせそうな栽培方法の普及に努めていたのだった。飢饉が現実に起こってしまうと、彼はすぐさま天体観測を中止して、地域社会を支援するために金と時間を振り向けた。彼はまた小作人たちから小作料を受け取ろうとせず、アイルランド史でもっとも暗いこの時期、農民のために奔走する熱意あふれる政治家として信望を得た。

数年後、ようやく天体観測に戻ったロス卿は、巨大望遠鏡の周囲に組み立てられた不安定な足場に立って観測を行った。五人の作業員がクランクや滑車を操作して望遠鏡を正しい高さにするあいだ、彼は足場の上でバランスを取っていなければならなかった。ロス卿と彼のチームは、夜ごと怪物のような望遠鏡と格闘し、そのためこの望遠鏡には「パーソンズタウンのリヴァイアサン（怪物）」という渾名がついた。

ロスの努力は壮麗な夜空の眺めによって報われた。ロスの助手を務めたジョンストン・ストーニーは、望遠鏡の性能を調べるために、きわめてかすかにしか見えない星に望遠鏡を向けてみた。「そんな星でさえも、この巨大な望遠鏡では明るく見える。ほとんどの星は光の玉のように見え、大気の乱れのせいで、小さな豆が煮立って動き回っているようだ。……テストは、理論上期待された最良のケースにきわめて近い結果となった」

唯一の問題は、リヴァイアサンがアイルランド中部に建設されたことだった。そのあたりは晴れ渡った空で知られる土地柄ではなかった。「沼沢から立ち上る霧」で有名なことは別にしても、この土地の天候には「雨が降る直前」と「雨降り」の二種類しかないと言われていたのだ。忍耐強い

図37　ロス卿が描いた「渦巻き星雲（M51）」（左）と、ラ・パルマ天文台で撮影された最近の写真。ロスの望遠鏡の威力と観測精度の高さがわかる。

この領主は、あるとき妻にこんな手紙を書いて状況を説明した。「こちらの天候は相変わらず悩ましいですが、しかし何もかも嫌になるというほどではありません」

ともかくもロス卿は雲間から空を覗いて、驚くほど詳細に星雲を観測し、星雲はぼやけたシミどころか、くっきりとした内部構造をもつことを明らかにした。リヴァイアサンの威力に屈した最初の星雲は、メシエ番号で言えばM51で、ロスはこの星雲をみごとな精度でスケッチした（**図37**）。M51が螺旋《らせん》状の構造をもつことはすぐに見て取れた。とくにロスは、螺旋の一本の腕の先に、もうひとつの小さい渦があることに注目した。このためM51は、「ロス卿のクエスチョンマーク星雲」と呼ばれることもある。ロスのスケッチはヨーロッパ中に知れわたり、螺旋状星雲と、おまけのようにくっついた渦を描いたかに見えるフィンセント・ファン・ゴッホの「星月夜」は、このスケッチに触発されたのではないかという説もあるほどだ。

M51は水の渦のようにも見えることから、「渦巻き星雲《ワールプール》」という渾名もついた。またロスはこの事実から、ほぼ間違いなさそうなひとつの結論を引き出した。「内部に動きがないとすれば、そのような系が存在するとはきわめて考えにくい」また彼は、渦を巻いている本体は単なるガス雲ではないとも考えていた。「光学機器の威力が高まるにつれて、構造の複雑さがしだいに見えてきた。……星雲それ自体には、星がたくさんちりばめられている」

こうして、少なくともいくつかの星雲は星の集まりであることが明らかになってきたが、星雲は別個の銀河であり、われわれの天の川銀河とは関係がないというカント説が証明されたわけではない。星雲は大きく、はっきりとした構造をもち、遠くにある天体でなければならないとしても、こと「渦巻き星雲」に関する限りは、天の川銀河の内部または縁の近くにある比較的小さな星の集団である可能性もあったからだ。決定的に重要なのは、「渦巻き星雲」までの距離はいくらかということだ。もしも誰かがなんらかの方法で星雲までの距離を測定することができれば、天の川銀河の内部にあるのか、天の川銀河のすぐそばにあるのか、あるいは天の川銀河のはるかかなたにあるのかは容易に判定できるだろう。だが、距離の決定にもっとも役立つ視差の方法は、星雲に対しては使えなかった。なにしろこの方法は、近隣の星の視差がどうにか測れるだけで、天の川銀河の縁にある――ひょっとするとそれよりもはるかに遠い――ぼやけた星雲の視差が測れるはずはなかったからだ。こうして星雲の立場は宙ぶらりんのままに留まった。

それから十年が過ぎるごとに、天文学者はますます多額の金をつぎ込み、より強力な望遠鏡を、(アイルランドとは違って)晴天に恵まれる標高の高い土地に建設していった。解決すべき問題はいろいろあったが、天文学者たちはとくに星雲の正体を暴くことに情熱を注いだ。たとえ距離は測れなくとも、重要な鍵を見つけることはできるかもしれないと考えたのだ。

次に登場する偉大な望遠鏡の作り手は、変わり者の大富豪ジョージ・エラリー・ヘールである。彼は最終的に、ロス卿以上に望遠鏡にのめり込むことになった。ヘールは一八六八年に、シカゴのノース・ラサール街二三六番地に生まれた。一家はまもなくシカゴ郊外のハイドパークに引っ越したが、その直後の一八七一年に、一家の元の家を含めて一万八千の建物を燃やし尽くしたシカゴの大火が起こった。建築家にとってシカゴはまっさらの土地となり、十階建てのホームインシュアランスビルは世界初の摩天楼として、シカゴはもとよりアメリカ諸都市の建築設計に新たな流行をもたらした。ヘールの父親ウィリアムは、そのときまでは生活苦と闘うセールスマンだったが、この機を逃さず資金を借り入れて、シカゴの摩天楼になくてはならないエレベーター製品を供給する会社を設立した。やがて彼はエッフェル塔のエレベーターを作るまでになる。

家庭が裕福になったおかげで、子ども時代のジョージは顕微鏡や望遠鏡への好奇心を好きなだけ追求することができた。当時は家族の誰も気づかなかったが、子ども時代の情熱が、大人の妄執へと発展することになるのである。成長したヘールは、世界最高の望遠鏡を次々と作っていった。彼が手がけた最初の大型プロジェクトは、望遠鏡作りを断念した米国西部の天文学者たちから、余分なレンズをもらい受けたのをきっかけに始まった。ヘールはそのレンズを使って、直径四十インチ（一メートル）の屈折望遠鏡を作ってやろうと考えた。また彼はこの望遠鏡を収容する天文台と、ひとそろいの関連施設も作りたかった。

ヘールはこの新しい望遠鏡と天文台を作るための資金を、今日も利用されているシカゴの高架鉄道公共旅客輸送システムで財を成した運輸業界の大物、チャールズ・タイソン・ヤーキスに出させようと考えた。ヤーキスには詐欺の前科があったので、ヘールは彼に、天文台に資金を出せばシカゴの上流階級にも入りやすくなるだろうと説いた。ヘールはまた、ヤーキスが相手よりも一枚上手を行くのが好きなのを利用して、裕福な不動産投資家ジェイムズ・リックがカリフォルニアのリック天文台に資金を出したことを教えてやった。ヘールは「打倒リック（Lick the Lick）」をスローガンにヤーキスに働きかけた。なにしろヘールが計画している新しい望遠鏡は、リック天文台よりあらゆる点で優れたものになるはずだったのだ。

ヘールのねばり強い働きかけに乗せられたヤーキスは、まもなく五十万ドルを提供し、シカゴ大学の施設としてヤーキス天文台が誕生した。落成式の終了後、ある新聞は元詐欺師が新たに獲得したステータスに注目する見出しを掲げた。「ヤーキス、上流階級に食い込む」ヤーキスには気の毒なことに、この見出しは楽観的にすぎた。これだけやってもなお、シカゴの名士たちは彼を受け入れてくれなかったのだ。ヤーキスはロンドンに引っ越し、ピカデリー線をはじめ地下鉄システムの建設に重要な役割を果たすことになった。

ヤーキス天文台は、シカゴの北百二十キロメートルにあるウィリアムズベイという町の近くに建設された。この町では、ロウソクや灯油に夜の灯りを頼っていたので、電灯の明るい光のせいで、天のかすかな光が邪魔されたりしないことを天文学者は知っていたのだ。電灯のある一番近い町は、ジェニーヴァ湖畔のリゾート地、レイク・ジェニーヴァだったが、そこまででさえも十キロメートルという十分な距離があった。一八九七年、長さ二十メートル、重さ六トンの望遠鏡が完成した。この望遠鏡は、鏡筒を正しい方角に向け、地球の自転に合わせて滑らかに向きを変えるよう特別に設計された装置で駆動されていた。重さ二十トンもあるこの装置のおかげで、調べている星や星雲はずっと望遠鏡の視野に留まることになった。ヤーキス天文台の望遠鏡は、同種の望遠鏡のなかでは今日なお世界最大である。

しかしヘールはこれで満足したわけではなかった。十年後、彼はカーネギー協会の資金を得て、技術の限界をさらに押し進め、カリフォルニアはパサデナ近郊のウィルソン山に六十インチ（一・五メートル）望遠鏡を建設した。この望遠鏡には、レンズではなく鏡が用いられた。なぜなら六十インチもの巨大レンズは、自重のために歪んでしまうからだ。ヘールは、より大きな口径、より長い鏡筒、より高い感度の望遠鏡を求めてやまない自らの気持ちを「アメリカ病」と呼んだ。それは最高を目指す飽くなき欲望だった。不幸なことに、強迫観念めいた完璧主義と、巨大プロジェクトを運営する責任がヘールを押しつぶした。あまりのストレスに彼は一時期精神を病み、数カ月ほどメイン州の療養所で過ごさざるをえなかった。

ヘールの精神状態は、ウィルソン山に百インチ（二・五メートル）望遠鏡を作るという三番目のプロジェクトに取り組んでからさらに悪化した。鏡を作るために彼は五トンのガラス円盤をフランスに注文し、新聞はこれを「大西洋を渡った単一の商品としてはもっとも高い買い物」と書いた。

図38　60インチ望遠鏡を格納するドームの外に立つアンドルー・カーネギーとジョージ・エラリー・ヘール。1910年、ウィルソン山にて。大富豪カーネギー（左）は背が高く見えるように坂を少し上ったところに立っている。他人と写真を撮るときには、彼はよくこの手を使った。

しかし到着してみると、ガラスの強度と光学的な品質に対する懸念がチームの中に生じ、結局、このガラスには小さな気泡が含まれていることが判明した。ヘールの妻エヴェリーナ・ヘールは、新しいプロジェクトに苦悩する夫を目の当たりにし、夫の心を痛めつける巨大なガラス円盤を憎むようになった。「あんなガラスは海の底に沈んでしまえばよかったのに」

この計画は失敗に終わることを運命づけられているかに見えた。極度の重圧がかかったこの時期、ヘールは幻覚を見はじめ、緑色の妖精が彼を訪れるようになった。まもなくこの妖精だけが、ヘールが心を開いて望遠鏡のことを打ち明けられる相手になった。妖精はたいてい彼に同情的だったが、ときには厳しい言葉を投げつけることもあった。ヘールはある友人にこう嘆いた。「たえまなく訪れるこの新しい苦しみから、どうやって逃れたらいいのか私にはわからない」

この百インチ望遠鏡は、ロサンゼルスの機械設備業界の大物ジョン・フッカーの資金を受けて、一九一七年についに完成した。十一月一日の夜、ヘールは最初にアイピースを覗き込むという栄誉に浴した。そして、木星に六つのゴーストが惑星のように重なっているのを見て衝撃を受けた。この光学的な問題はすぐにガラスの気泡のせいにされたが、冷静な人たちは別の可能性もあることに気がついた。その日、作業員たちは据え付けが完了するまで天文台の天井を開けておいたため、太陽光線が鏡を温め、鏡が歪んでしまったのではないか、と。そこで天文学者たちは午前三時まで観測を延期し、その頃までには冷却効果で問題が解決されることを期待した。夜の寒空の下、次に望遠鏡を覗いたヘールの目に映ったのは、天文学史上前例のないクリアな天の光景だった。フッカー望遠鏡は、既存のどの望遠鏡でも見えなかったかすかな星雲の姿を捉えることができた。この望遠鏡の感度はきわめて高く、一万五千キロ離れたロウソクの光さえも検出できるほどだった。

それでもヘールは満足しなかった。「もっと光を!」という大原則に駆り立てられて、彼は二百インチ(五メートル)望遠鏡を作る仕事に取りかかった。ヘールの思い詰めたようなありさまは芳しくない評判を呼び、のちに『Xファイル』に取り上げられて不滅の不名誉に浴した。その回のストーリーではモルダーがスカリーに、ヘールは妖精から資金集めのアドバイスを受けたのだと話した。「ある晩彼がビリヤードをしていると、窓に妖精が現れてこう言ったんだそうだ。ロックフェラーの財団の資金を得て望遠鏡を作れってね」それを聞いたスカリーが、「緑の妖精を見たのが自分だけじゃないとわかってホッとしたでしょう」と言うと、モルダーはこう答えた。「ぼくが見たのは妖精ではなく、緑色の宇宙人だ」

痛ましいことに、ヘールは二百インチ望遠鏡計画の完成を見ることなく亡くなった。しかし彼は、四十インチ、六十インチ、百インチ望遠鏡が天文学に与えた衝撃を目撃することができた。いずれの望遠鏡も、星雲は多数あること、そして形はさまざまだということを明らかにした。だが気がかりなことに星雲までの距離はわからないままだった。星雲は天の川銀河の一部なのだろうか？　それとも、はるかかなたにある別個の銀河なのだろうか？

この問題は、一九二〇年の四月にひとつの山場を迎えた。ワシントンの米国科学アカデミーが、のちに「大論争」と呼ばれることになる会議を主催したのである。科学アカデミーは、星雲の本性をめぐって対立する二つの陣営を一堂に集め、当代一流の科学者たちの前で議論を戦わせるのがよいと判断したのだ。星雲やその他宇宙のすべては天の川銀河に含まれているという見解を強力に支持していたのは、ウィルソン山天文台の天文学者たちだった。彼らは野心的な若手天文学者ハーロウ・シャプリーを自分たちの代表として会議に送り込むことにした。これに対し、星雲は別個の銀河だという見解を取っていたのはリック天文台の天文学者たちで、彼らはこの見解を擁護するためにヒーバー・カーティスを送り込んだ。

対立する二人の天文学者は、偶然にもカリフォルニアからワシントンまで同じ列車に乗り合わせ、その旅は非常に気まずいものとなった。正反対の見解をもつ二人が四千キロメートルもの旅をともにし、これから行わなければならない論争を早まって始めたりしないよう気をつけていたのだから。状況をさらに悪化させたのは、二人が対照的な性格のもち主だったことだ。

カーティスは大物らしいオーラに包まれ、優れた天文学者との名声もあり、権威と自信に満ちた話しぶりで知られていた。彼は来るべき討論を楽しみにしていた。対するシャプリーは神経質で、相手に気圧《けお》されてしまうようなところがあった。ミズーリの貧しい牧草農家の息子として生まれ育ったシャプリーは、自分の判断というよりはむしろ巡り合わせのおかげで天文学に出会った。大学ではジャーナリズムを学ぶつもりだったが、その講座は中止されてしまい、別の科目を探さなければならなくなった。「履修科目の一覧表を開いてみると、最初の科目はa-r-c-h-a-e-o-l-o-g-y（考古学）でしたが、私はその単語を読み上げることさえできませんでした。……そこでページをめくると、a-s-t-r-o-n-o-m-y（天文学）があり、これは読み上げることができました。こうして今日の私があるのです！」

シャプリーは、大論争の年までには有望な新世代の若手として評価を得ていたものの、カーティスの前では影が薄くなるのを感じていた。そんなわけで、二人が乗ったサザンパシフィック大陸横断鉄道の列車がアラバマで故障したときには、カーティスの威圧的な雰囲気から逃れる機会ができたのがありがたかった。シャプリーはアリを探して線路沿いを歩いた。彼は長年アリを研究し、採集していたのである。

ついに大論争の当夜となり、メイン・イベントに先立って功労者への授賞式が延々と続くうちに、シャプリーはだんだん弱気になっていった。受賞者を褒め称える業績紹介や受賞のスピーチがいつ果てるともなく続き、永遠に終わりは来ないのではないかと思えるほどだった。その年のはじめには禁酒法が施行されていたため、式を盛り上げるワインの一杯すら振る舞われなかった。聴衆の中

図39　大論争の主役２人。若きハーロウ・シャプリー（左）は、星雲は天の川銀河の内部にあると信じていた。年上のヒーバー・カーティスは、星雲は天の川銀河のはるかかなたにある別個の銀河であると主張した。

にいたアルベルト・アインシュタインは、隣にすわった人物にこうささやいた。「永遠に関する新理論を思いついたよ」

いよいよ舞台は大論争に移り、その晩のメイン・イベントが始まった。はじめにシャプリーが、星雲は天の川銀河の内部にあると論じた。彼の主張には二つの証拠があった。一つ目の証拠は、星雲の分布に関するものだった。星雲は、パンケーキのような形をした銀河面の上方および下方に見つかることが多く、銀河面に沿った方向にはめったに見つからなかった。星雲が見つからないこの帯状の領域は、のちに「星雲欠如領域」として知られることになる。シャプリーは、星雲がこのように分布しているのは、生まれたての星や惑星を育んでいるガスの雲だからだと説明した。そのような雲は、天の川銀河の上方および下方だけに存在し、星や惑星が成熟するにつれて銀河面のほうに移動してくると彼は考えた。そう考えれば、天の川銀河は唯一の銀河だとする立場から、星雲欠如領域が存在する理由を説明することができた。それからシャプリーは対立陣営に向かって、星雲欠如領域の存在は、彼らの宇宙モデルとは相容れないと主張した。星雲がどれもみな別個の銀河だとすれば、宇宙の全域に散らばっているだろうから、天の川銀河とは関係なく、すべての方角に見つかるはずだからだ。

シャプリーの第二の証拠は、一八八五年にアンドロメダ星雲に現れた新星だった。新星は、その名が示唆するような新しい星なのではなく、非常に暗い星が、伴星から盗み取った物質を燃料として突然明るく輝きだしたものである。一八八五年の新星は、アンドロメダ星雲全体の十分の一にも達する明るさだった。アンドロメダ星雲が天の川銀河の内部にある星の集団にすぎないのなら、とくに問題はない。しかし、もしもアンドロメダ星雲が対立陣営が主張するように別個の銀河なら、アンドロメダ星雲は何十億もの星でできているだろうから、問題の新星は（繰り返すがその明るさはアンドロメダ星雲の十分の一に達した）、普通の星の一億倍も明るく輝いたことになる。シャプリーは、そんな考えは馬鹿げており、アンドロメダ星雲は別個の銀河ではなく、われわれの天の川銀河の一部だと考えるのが唯一合理的な結論だと主張した。

聴衆の中には、これだけの証拠があれば十分だと考えた人たちもいた。天文学史の研究者であるアグネス・クラークは、このとき以前にシャプリーの見解を知り、次のように書いていた。「まともにものを考えられる人間なら、今日得られている証拠を前にして、星雲が天の川銀河と同格の星の集団だと主張することはもはやできないと言えよう」

しかしカーティスに言わせれば、それぐらいの証拠では問題解決にはほど遠かった。彼の見るところ、シャプリーの論拠は薄弱だった。彼はシャプリーが依拠する二つの根拠を攻撃した。両者はそれぞれ三十五分という発表時間を与えられたが、二人のスタイルはまるで違っていた。シャプリーはさまざまな分野の科学者に向けて、あまり専門的ではない話をしたのに対し、カーティスは細部にこだわって反論を展開した。

星雲欠如領域については、カーティスは観測上の問題だと考えていた。彼は、星雲は別個の銀河であり、天の川銀河のはるかかなたまでまんべんなくちりばめられていると論じた。そして、銀河面にはあまり星雲が見つからないのは、銀河面に存在する星や星間塵のために、星雲からの光が遮蔽されてしまうからだと主張した。

シャプリーの論証のもう一方の柱である一八八五年の新星については、カーティスはそれをひとつの異常として退けた。星雲の渦巻きの内部にはそれまでにもたくさんの新星が観測されており、それらはアンドロメダ星雲に出現した問題の新星よりもはるかに光が弱かった。実際、星雲内で観測される新星の大半はきわめてかすかな光しか出さないとカーティスは述べた。このことは、星雲は天の川銀河のはるかかなた、想像を絶するほど遠くにあることを示していると彼は主張した。要するにカーティスは、三十五年前に観測されたたった一つの明るい新星のために、自分が大事に思っているモデルを捨てるつもりはなかったのだ。カーティスはかつて、銀河はひとつだけではないという未証明のモデルについて次のように語ったことがある。

これより偉大な概念が、かつて思索する人間の心に宿ったことがあっただろうか。われわれの住む天の川銀河は、何百万もの太陽からできている。そのうちのひとつの太陽の周囲をめぐる惑星のひとつに小さな生き物が宿り、自分たちの棲む領域のはるかかなたに目を向けた。そして、天の川銀河と同様に何万光年もの直径をもち、十億以上もの星からなる別個の銀河を見ることにより、五十万光年から一億光年もの広がりをもつ広大な宇宙の姿を見極めようとしているのだ。

カーティスは大論争の講演で、このほかにもさまざまな主張をした。そのなかには自説を擁護するものもあれば、シャプリーの説を攻撃するものもあった。彼は、自分の講演に手応えを得て、すぐに家族に次のような手紙を送った。「ワシントンでの討論は首尾良く行き、相手を大きく凌駕できたと確信しています」実際には、勝者は明らかではなかったし、たとえカーティスの説に大勢の意見が少しばかり傾いたとしても、シャプリーはそれを議論の中身よりはスタイルのせいだと考えた。「あのときのことを思い出すと、私は論文を読み上げ、カーティスはむしろ論文を演じたのでした。彼は巧みな演出ができる人ですし、場に臆してもいませんでした」

大論争という場は、解決にはほど遠い問題に耳目を集めるという以上のことはしなかったといえる。確実なデータがほとんどない状況で、競合する理論同士が身構えた論争をするという最先端の科学研究の特徴が浮き彫りになった。一方が自説を裏づけるために用いる観測は、正確でもなければ詳しくもなく、定量性も欠いていたから、他方の陣営はどのデータに対しても、欠陥があるとか、不正確だとか、解釈の余地があるといったレッテルを貼るのは容易なことだった。誰かが確固とした観測をするまでは——とくに、星雲までの距離をはっきりと確立する観測をするまでは——競合する説はいずれも単なる推測でしかなかった。どの説に人気があるかは、証拠の有無よりも、その説を支持する人間の個性にかかっていたのである。

大論争は、宇宙における人類の位置にかかわるものであり、この問題を解決するには天文学それ自体が大きな躍進を遂げる必要があった。一般向けに天文学の本を書いていたロバート・ボールは、そんな大躍進はありえないと確信していた。ボールは『天の物語』という著書の中で、天文学者は知識の限界に達したのだという考えを示した。「人間の知性によっては、これ以上の光明はありえない限界に達したのであり、ここにおいて人間の想像力は、すでに得られた知識を十分に理解しようという努力においてさえも敗北したのである」

古代ギリシャにも、地球の大きさや太陽までの距離を測定するという可能性には取り合わず、これと同じことを言った人たちがいたことだろう。しかしエラトステネスやアナクサゴラスら第一世代の科学者たちは、地球や太陽系の大きさを測るためのテクニックを発明した。後年、ハーシェルは星の明るさを用いて天の川銀河の大きさを測り、ベッセルは視差を用いて星までの距離を測った。いよいよ宇宙全体の大きさを測るものさしを誰かが発明すべきときだった。それができれば星雲の正体は明らかになるだろう。

◇消えますよ、ホラ消えた。

ナサニエル・ピゴットは、有力な縁故をもつヨークシャーの裕福な家庭に生まれ、アマチュア天文学者としても第一級の腕前をもっていた。ウィリアム・ハーシェルの親友だったピゴットは、二度の日食と、一七六九年に起こった金星の太陽面通過を注意深く観測している。一七〇〇年代末のイギリスには私設天文台は三つしかなかったが、そのうちの一つを建設したのがこのピゴットである。そんなわけで彼の息子のエドワードは、望遠鏡をはじめ天文観測の装置類に囲まれて成長することになった。エドワードは夜空に魅了され、やがては天文学への情熱においても、また知識と技術においても、父を凌駕するまでになるのである。

エドワード・ピゴットの主な興味の対象は変光星だった。新星は、長いあいだ暗かった星が突然明るく燃え上がり、その後ゆっくりと暗い状態に戻ることから、変光星の一種と考えられていた。

新星以外の変光星は、明るさが規則的に変化する。たとえばペルセウス座のアルゴル（アラビア語で悪魔の意）などがそれで、この星には「ウインクする悪魔」という渾名がある。変光星が天文学にとって重要だったのは、星は変化しないという古代の考えに真っ向から対立したからだった。そのため天文学者たちは、変光星の明るさを変化させている原因を突き止めることに力を傾けた。

エドワード・ピゴットは二十代のときに、十代のジョン・グッドリックと親しくなった。科学に強い興味をもつグッドリックは聴覚と発声に障害があったが、教育者が歴史上はじめて聴覚障害児の教育に取り組むようになった時期に成長した。彼が通った学校は、一七六〇年にトマス・ブレードウッドがエディンバラに設立した、イギリスで最初の聴覚障害児のための学校だった。この学校は高く評価され、一七七三年には、文筆家で辞書編集者でもあるサミュエル・ジョンソンがこの学校を訪れている。ジョンソンはこの訪問のときに、当時九歳でこの学校にいたグッドリックに会ったかもしれない。ジョンソンが聴覚障害児の教育にとくに関心を寄せていたのは、彼自身、乳母から結核をうつされ、また赤ん坊のときにかかった猩紅熱《しょうこうねつ》の合併症のために、一方の耳が聞こえず、視力も弱かったためだった。ジョンソンはブレードウッドの学校に感銘を受け、『スコットランド西方諸島の旅』の中で次のように書いている。

学校を訪れてみると、幾人かの生徒らが先生を待ち受けており、聞くところによれば校長が入ってくると、新たな知識への期待に満ちたきらめく目と、にこやかな表情で彼を迎えるそうである。若い女性の一人は、身体の前に石板を置いていたので、私がその上に三桁掛ける二桁の問題を書くと、彼女はそれを見て、私には可愛いらしく思えるやりかたで指を揮《ふる》わせたが、しかしそれが技術なのか遊びなのかは私にはわからなかった。彼女は規則正しく二行に分けて掛け算をし、

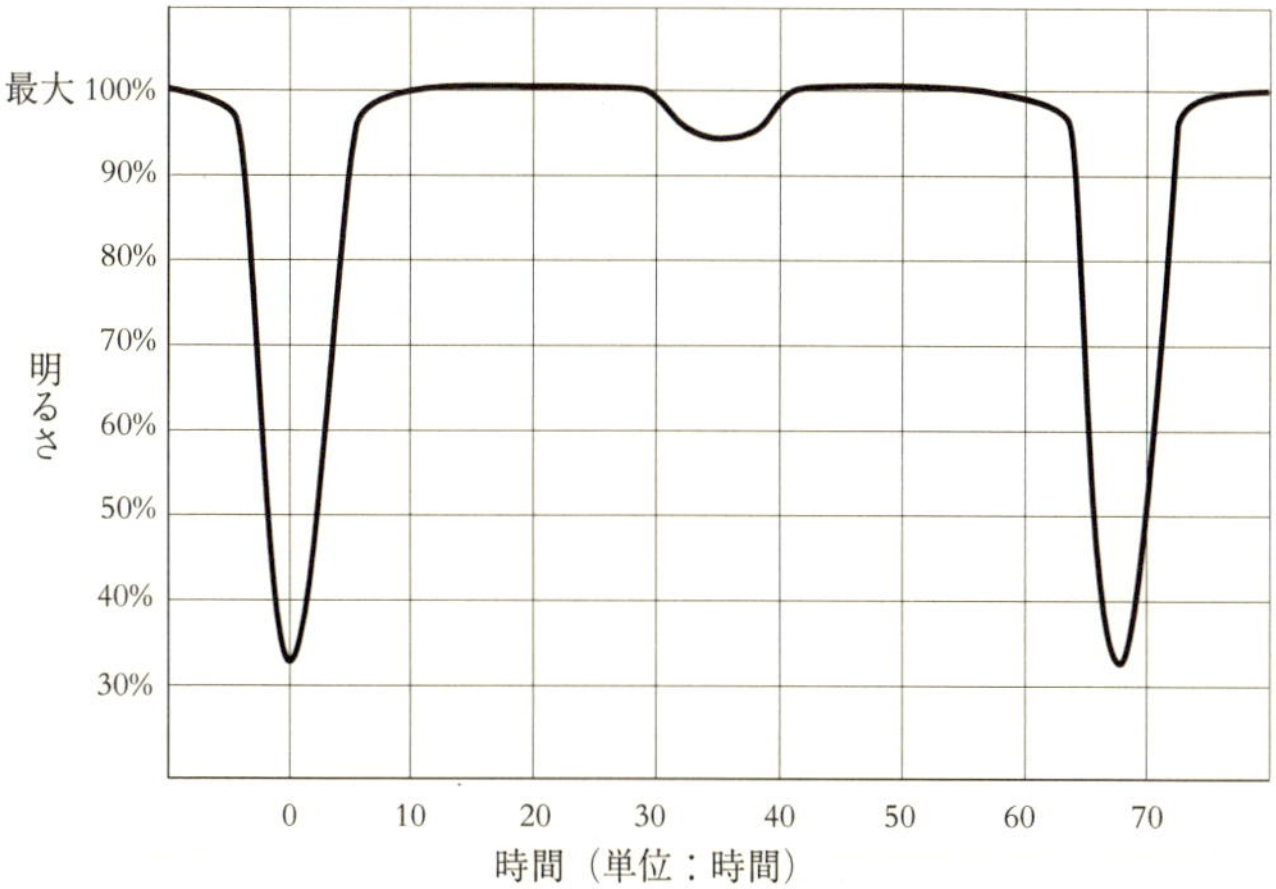

図40　アルゴルの明るさの変化は、対称的かつ周期的であり、68時間50分ごとに明るさが最小になる。

正しく小数の位を合わせた。

グッドリックは十四歳のときにブレードウッド学園からウォリントン学園に移り、耳の聞こえる生徒とともに学ぶようになった。教師たちは彼の成績を、「古典はまあまあ、数学はきわめて優秀」と評した。イングランド北東部の町ヨークの家に戻ってからはエドワード・ピゴットの指導の下で勉強を続け、ピゴットはグッドリックに天文学、とくに変光星の重要さを教えた。

グッドリックは傑出した天文学者になった。彼は、他に例をみない高い視力と鋭い感性を発揮して、変光星の明るさが夜ごとにどれぐらい変化するかを高い精度で評価することができた。これは驚くべき偉業だった。十分に高い精度を得るためには、大気の影響や月の明るさの変化までも考慮に入れる必要があることを考えれば、これがいかに困難な仕事かがわかるだろう。変光星の明るさを判定する助けとして、グッドリックは明るさの変化しない周囲の星と比較した。彼が初期に行った研究のひとつに、一七八二年十一月から一七八三年五月にかけて、アルゴルのかすかなウインクを観測するというものがあった。彼は、時間の経過とともに明るさがどう変化するかを注意深くグラフにし、六十八時間五十分ごとに明るさが最小になることを示した。図40に示すのは、アルゴルの明るさの変化である。

グッドリックの頭脳もまた、その視力に劣らず鋭かった。彼はアルゴルの明るさが変化するパターンを調べることにより、アルゴルはひとつの星ではなく、連星であるという結論を引き出したのだ。連星とは、二つの星が互いのまわりを回っている状態で、星のタイプとしてはめずらしくないことが今日ではわかっている。グッドリックは、アルゴルの二つの星は明るさが大きく異なり、全体として明るさが変化するのは、暗い星が明るい星の前を横切るときに光を遮蔽するためだという説を提唱した。つまりアルゴルの明るさが変化するのは、食のせいだというのである。

弱冠十八歳のグッドリックによるアルゴルの解析は正しかった。明るさは対称的なパターンで変化し、食はたしかに対称的に進行するプロセスである。アルゴル連星系は、ほとんどの時期は明るく、ひととき暗くなるだけだったが、これもまた食を起こす系に典型的に見られるパターンだ。実際、多くの変光星の変光パターンはこのメカニズムにより説明できるのである。グッドリックの仕事は王立協会に認められ、その年になされたもっとも重要な科学上の発見に贈られるコプリー・メダルを受賞した。それより三年前にはウィリアム・ハーシェルがこのメダルを受賞しており、のちには周期表を作り上げた業績に対してドミトリー・メンデレーエフが、さらに相対性理論の仕事に対してアインシュタイン、DNAの謎を解明したことに対してフランシス・クリックとジェイムズ・ワトソンがこのメダルを受賞することになる。

連星系の食という現象は天文学史上の大発見だったが、星雲をめぐるドラマの中では何の役割を

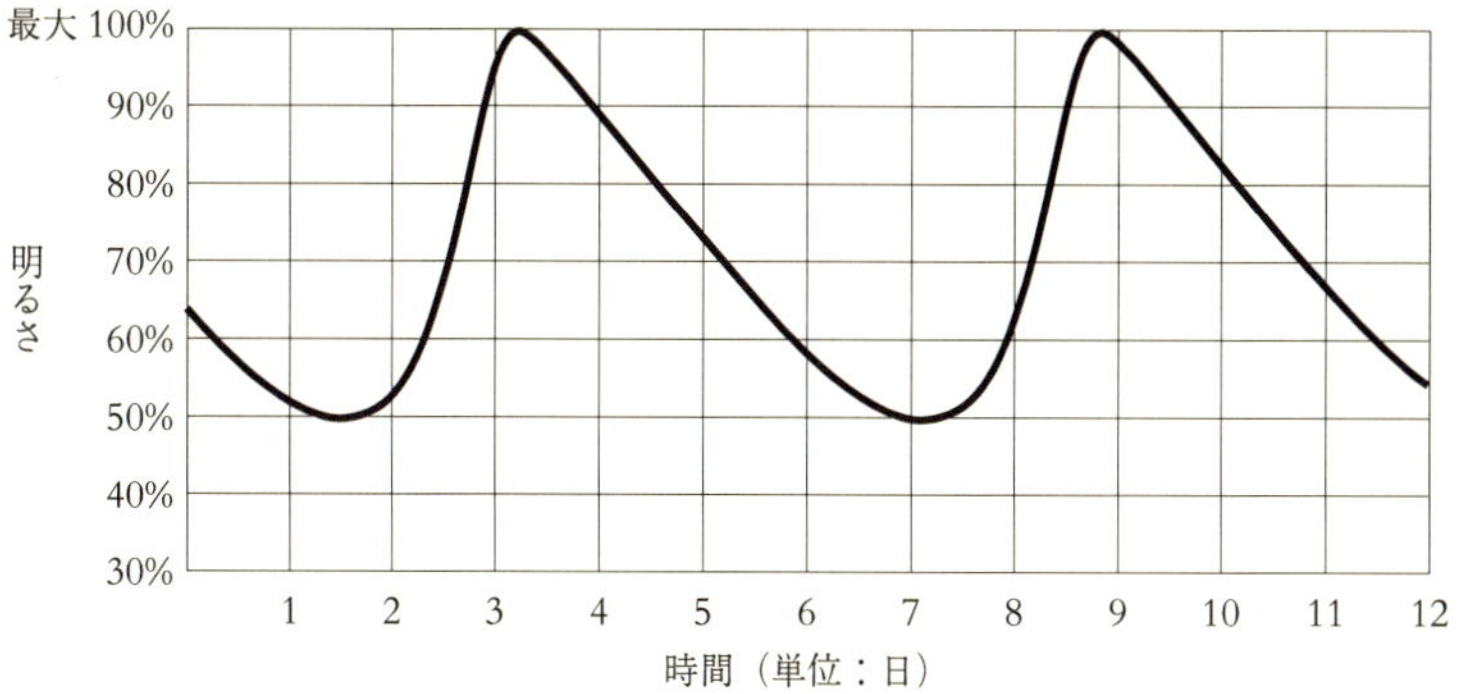

図41　ケフェウス座デルタ星の明るさの変化。変化は非対称的で、明るさはすみやかに増大し、ゆっくりと減少する。

演じるわけでもない。後年の大論争に決着をつけたのは、グッドリックとピゴットが一七八四年に行った一連の観測のほうだった。この年の九月十日夜、ピゴットは鷲座エータ星の明るさが変化するのを認めた。それから一カ月後の十月十日、今度はグッドリックが、ケフェウス座デルタ星の明るさも変化することに気づいた。これらの星の明るさが変化することにはそれまで誰も気づかなかったが、ピゴットとグッドリックには、微小な明るさの変化を検出する高い技術があったのだ。グッドリックが二つの星の変化のようすをグラフにしてみたところ、鷲座エータ星は七日ごとに、ケフェウス座デルタ星は五日ごとに同じパターンを繰り返すことがわかった。つまりどちらの星も、アルゴルにくらべて変光周期が長かったのである。鷲座エータ星とケフェウス座デルタ星をいっそう驚くべきものにしたのは、グラフの全体としての形だった。

図41は、ケフェウス座デルタ星の明るさの変化をグラフにしたものである。もっとも驚くべき特徴は、グラフの形が対称的になっていないことだ。アルゴルのグラフ（**図40**）では細い谷が対称的に現れるのに対し、ケフェ

ウス座デルタ星のグラフは、一日のうちに明るさが増大してピークに達し、その後四日をかけて元に戻っている。鷲座エータ星もこれとよく似たノコギリ歯ないしフカのヒレ形のパターンを示した。このパターンは、食のメカニズムによってはどうしても説明できないため、二人の若者は、これら二つの星で明るさが変化するのには、何か固有の原因があるに違いないと考えた。そして二人は、鷲座エータ星とケフェウス座デルタ星は、新しい部類の変光星に属すると判断したのである。今日このタイプの変光星は、「ケフェウス型変光星（Cepheid variables）」、または単に「セファイド」と呼ばれている。セファイドのなかには、地球からもっとも近いセファイドである北極星のように、ごくわずかしか明るさが変化しないものもある。ウィリアム・シェイクスピアは北極星の明るさが変化することを知らず、『ジュリアス・シーザー』の中でシーザーにこう言わせている。「おれは北極星のごとく不変だ」北極星は、つねに北を指しているという点ではたしかに不変だが、明るさは変化し、およそ四日の周期でわずかながら明暗を繰り返しているのである。

今日では、セファイドの内部で何が起こっているのか、また、非対称的な変化を引き起こしているものは何なのか、そして、セファイドは他の星とどこが違うのかがわかっている。たいていの星は安定した平衡状態にある。ここで「安定な平衡状態にある」というのは、おおよそ次のようなことだ。星は大きな質量をもつため、重力の作用で潰れようとするが、星が潰れれば内部の物質が圧縮されて温度が上がり、外向きの圧力が生じる。これら二つの作用が釣り合って、星は安定した状態にあるのだ。この状況は、ちょっと風船に似たところがある。風船の場合、ゴムは収縮しようとするが、内部の気圧は外向きにゴムを押し返そうとする。風船を一晩冷蔵庫に入れておけば、風船内部の空気が冷えて圧力が減少し、風船は収縮して新しい平衡状態に落ち着くだろう。

しかしセファイドは安定した平衡状態にはなく、状態が揺れ動く。セファイドの温度が比較的下がっているときには、星は重力に抗しきれずに収縮する。星が収縮すると内部の物質は圧縮されて、中心部でのエネルギー生産を促し、新たに生じたエネルギーのために温度が上がり、星は膨張する。膨張しているあいだはエネルギーが放出されるため、温度が下がって星は収縮に転じる。このプロセスがいつまでも続くのだ。ここで重要なのは、収縮すると星の外側の層が圧縮されて透明度が落ち、その結果としてセファイドの暗い時期が生じることである。

グッドリックは、セファイドの明るさが変化する理由は知らなかったが、しかし新しいタイプの変光星を発見したことは、それ自体として大きな功績だった。弱冠二十一歳のグッドリックは、この発見によりまたしても栄誉を受けた。彼は王立協会のフェローに選ばれたのである。ところがそのわずか四日後に、聡明なる若き天文学者は世を去った。冷え込みのきつい長い夜、星を見つめて過ごしたせいでかかった肺炎が、彼の命を奪ったのである。友人であり共同研究者でもあったピゴットは嘆いた。「尊敬すべきこの青年はもはやこの世にいない。彼の死は、多くの友人たちから惜しまれるだけでなく、相次いで行った発見が示しているように、天文学にとっても損失となるであろう」わずか数年間研究をしただけで、グッドリックは天文学に目覚ましい貢献をした。彼は知る由もなかったが、セファイドの発見は、後年の大論争と宇宙論の発展にとってきわめて重要な役割を果たすことになるのである。

次の百年間に、セファイド・ハンターたちはフカのヒレ型の変光パターンを示す星を三十三個発見した。それらのセファイドの変光周期は、一週間に満たないこともあれば、一カ月を超えることもあった。しかしセファイドの研究はひとつの問題に苦しんでいた。その問題とは、観測者の主観が入り込んでしまうことだ。実を言えば、これは天文学のあらゆる領域に共通する大きな問題だった。観測者が空に何かを見出すとき、その解釈に多少のバイアスがかかることは避けられない。その現象が一時的なもので、解釈を記憶に頼らざるをえないときはなおさらである。また、観測は言葉やスケッチで記録するしかなかったが、記憶もスケッチも完全には当てにならないからだ。

そんななかで、一八三九年にルイ・ダゲールが「ダゲレオタイプ（銀板写真）」の詳細を明らかにした。これは金属板上に、化学反応によって像を刻むという方法である。にわかにダゲレオ熱が世界を席巻し、人々は写真を撮ってもらおうと行列をなして並んだ。新しいテクノロジーが登場したときの例に漏れず、これを批判する人たちもいた。『ライプツィガー・フォルクスツァイトゥング』紙に掲載された次の記事には、そんな当時の雰囲気がよく現れている。「つかの間の映像を捉えたいという望みは、単に叶わないだけでなく……それを願い、そうしようと考えるだけでも神を冒瀆する行いである。神は、ご自分の姿に似せて人間を作られたのであり、人間の手になるいかなる機械も、神の姿を捉えることがあってはならない。永遠たるべき根本法則を神がお捨てになり、一介のフランス人をして世界中に悪魔の発明を提供せしめるなどということがあってよいものだろうか？」

ウィリアム・ハーシェルの息子のジョンは、この頃には王立天文学協会の会長になっていたが、さっそくこの新技術を使ってみた。ダゲールの発表からわずか数週間後、ジョン・ハーシェルはダゲレオタイプの反応過程を再現し、ガラス板の上に像を浮かび上がらせることに成功した——その画像は、父親が作ったなかで最大の望遠鏡が撤去される直前の姿だった（図42）。ジョン・ハーシェルはこの手法の改良に多大な貢献をし、「ポジ」や「ネガ」などの専門用語とともに、「写真《フォトグラフ》」や「スナップショット」といった言葉も生み出した。とはいえ、新しい写真技術の性能を最大限に引き出し、さらに開発を進めて、かすかな天体の像を捉えようとした天文学者はジョン・ハーシェルのほかにも大勢いたのである。

図42　サー・ジョン・ハーシェル。ウィリアム・ハーシェルの息子。有名な肖像写真家ジュリア・マーガレット・キャメロンの作品。右はジョン・ハーシェル自身が1839年に撮影した、ガラス上に写し取られた最初の映像。これは図33（199ページ）にエッチングで示したのと同じ、父ウィリアム・ハーシェルの望遠鏡である。

写真技術は、天文学者たちが求めていた客観性を与えてくれた。それまでハーシェルが星の明るさを記述しようとすれば、「海蛇座アルファ星は獅子座アルファ星よりもだいぶ暗く、馭者座ベータ星よりもやや暗い」などと書くしかなかった。そんなあいまいな文章の代わりに、より客観的で正確な写真が使えるようになったのだ。

写真には多くの長所があったにもかかわらず、従来のやり方にこだわる人たちのあいだには、それ相応の疑念が生まれた。彼らはこの新技術のもたらすものに不安を抱いていたのだ。スケッチによる記録に慣れていた天文学者たちは、化学反応によって人為的に作られた像を、夜空の本当の姿とみなしてよいものかと懸念した。たとえば、化学反応の残留物を星雲と取り違えたりはしないだろうか？そうなると、今後はいかなる観測報告にも、出所をはっきりさせるため「視覚による」ものか「写真による」ものかを明記しなければなるまい。

しかしいったん写真技術が成熟し、保守的な人たちからの一理も二理もあった疑念の声が静まると、写真は観測を記録する最上の方法だということがおおむね受け入れられた。一九〇〇年にはプリンストン天文台の天文学者が次のように主張した。「（写真は）永久的かつ確実で、空想や思い込みなど、視覚による観測の価値を大きく損なう人間的バイアスをまぬがれた記録となる」

写真というテクノロジーは、観測を正確かつ客観的に記録するうえで計り知れない価値をもつことが明らかになったが、それと同じぐらい重要なのは、それまでは見えなかった天体を検出する力があったことだ。星が非常に遠ければ、大きな口径をもつ望遠鏡を使ったとしても、光が弱すぎて人間の眼には見えないこともある。だが、人間の目の代わりに写真の感光板を使えば、何分間でも、それどころか何時間でも露光させることにより、たくさんの光を受けることができる。人間の目は一瞬のうちに光を吸収し、反応して処分したのち、そのプロセスを最初から繰り返すが、写真の感光板は光をため込むため、時間が経つにつれて画像はくっきりと強まっていくのだ。

ここまでの話をまとめておこう。人間の目の感度はそれほど高くないが、口径の大きな望遠鏡を使うことで感度を補強することができる。さらに写真の感光板を使えば、望遠鏡の感度はいっそう高まるということだ。たとえば、プレアデス星団（すばる、英語では「七人姉妹」と言う）には肉眼で見える星が七つ含まれているが、望遠鏡を使ったガリレオはそこに四十七個の星を見ることができた。一八八〇年代末にはフランスのポール・アンリとプロスペル・アンリの兄弟が長時間露光して写真に撮ったところ、その領域に写し出された星はなんと二千三百二十六個にのぼった。

天文学における写真革命の中心となったのは、アメリカのハーバード・カレッジ天文台だった。

そうなった理由のひとつは、初代天文台長ウィリアム・クランチ・ボンドの的確な舵取りのおかげだった。ボンドは一八五〇年という早い時期に、ダゲレオタイプではじめて夜空の星（こと座のベガ）を撮影した人物である。もうひとつの理由は、アマチュア天文学者のヘンリー・ドレーパーが（ヘンリーの父ジョン・ドレーパーは、月の写真をはじめて撮影した人物である）、観測できるかぎりの星を写真に撮影し、カタログを作成するようにとハーバード大学に寄付をしてくれたからだった。

そんななか、一八七七年にハーバード・カレッジ天文台の台長になったエドワード・ピッカリングは、天体写真を徹底的に整備するためのプロジェクトに乗り出した。この天文台はそれから十年間に、五十万枚もの感光板に空を写し取ることになるため、写真解析を大々的に進めるための体制作りはピッカリングの最優先課題のひとつだった。一枚の感光板には何百という星が写り込んでおり、そのすべてについて明るさを評価し、位置を特定しなければならない。ピッカリングは若い男性の一団を「コンピューター」として雇い入れた――もともとコンピューターという言葉は、データを操作したり計算を行ったりする人たちを指していたのである。

残念ながらこのチームは集中力に欠け、細部への注意力も足りなかったので、ピッカリングはしだいにいらいらしはじめた。ある日のこと、堪忍袋の緒が切れたピッカリングは、「うちのスコットランド人のメイドのほうがずっとましな仕事をする」と言い放ってしまった。彼はその言い分を証明するために、男ばかりのこのチームを解雇し、女性のコンピューターを雇い入れて、彼のメイドを主任に据えた。その女性ウィリアミナ・フレミングは、アメリカに来る前はスコットランドで教師をしていたが、アメリカで妊娠中に夫に捨てられ、家政婦として働かなければならなくなった。しかしいまや彼女は、「ピッカリングのハーレム」と渾名のついたチームを率い、世界最大の天体画像の集積を精査していくことになったのである。

ピッカリングはこのリベラルな雇用方針で広く尊敬されているが、しかし彼には実際的な動機もあった。女性のコンピューターたちは多くの場合、男性の前任者たちよりも正確だったうえに細かい点まで注意が行き届き、時給二十五セントから三十セントという低賃金にも文句を言わなかったのに対し、男性たちは時給五十セントを要求したからだ。また女性たちはコンピューターとして働くに留まり、観測をする機会は与えられなかった。もっともそれには理由もあった。望遠鏡が据え付けられていた天文台は寒いうえに暗く、そんな場所は女性にはふさわしくないとされていたのに加え、ロマンティックな夜空の星を見上げながら男女が一緒に仕事をするなどということは、当時の人々の神経を逆撫でする考えだったからだ。ともあれ、女性たちは夜間の観測で得られた写真を調べるという形で、それまで女性にはほぼ完全に門戸を閉ざしていた天文学という分野に貢献できるようになったのである。

ウィリアミナ・フレミングの女性コンピューター・チームは、男性天文学者が研究を進められるように、写真からデータを取るという苦労の多い仕事に専念するはずだった。しかしまもなく彼女たちは、独自の成果を上げはじめた。延々と感光板を見つめて過ごす日々のおかげで、彼女たちは対象となる天体を熟知するようになったのだ。

たとえばアニー・ジャンプ・キャノンは一九一一年から一九一五年にかけて一カ月ごとにおよそ五千の星をカタログにし、それぞれの星の位置と明るさと色を計算した。彼女はこの直接的な経験から、星を七つのタイプ（O、B、A、F、G、K、M）に分ける分類体系の構築に大きく貢献することになった。今日でも天文学を専攻する学部学生は、この分類体系を学び、たいていは次のように記憶する。「Oh, Be A Fine Guy – Kiss Me!（おお、いい男ね――私にキスして！）」一九二五年、

図43　仕事中の「コンピューター」。女性たちは写真感光板の吟味に余念がなく、エドワード・ピッカリングとウィリアミナ・フレミングが監督にあたっている。背後の壁には、星の明るさの変動を示す２つのグラフが掛かっている。

キャノンは骨身を惜しまず成し遂げた洞察力ある仕事を認められて、女性としては初めてオックスフォード大学から名誉博士号を授与された。一九三一年には、アメリカでもっとも偉大な十二人の女性の一人に選ばれ、同年、米国科学アカデミーから栄誉あるドレーパー・ゴールド・メダルを授与された。

キャノンは子ども時代にかかった猩紅熱のせいで、セファイドの先駆者ジョン・グッドリックと同様ほとんど耳が聞こえなかった。この二人はともに、聴覚を埋め合わせるように鋭い視覚をもち、ほかの人たちならば見落としたであろう細部に気づくことができたようだ。ピッカリングのチームでもっとも名を知られることになるヘンリエッタ・リーヴィットもまた重い難聴だった。大論争にきっぱりと決着をつけることになる感光板の特徴に気づいたのが、このリーヴィットである。そのおかげで天文学者たちは星雲までの距離を測れるようになり、彼女の発見はそれから数十年にわたって宇宙論に影響を及ぼし続けることになった。
リーヴィットは一八六八年に、会衆派の牧師の娘としてマサチューセッツ州ランカスターに生まれた。ハーバード・カレッジ天文台時代の彼女をよく知るソロン・ベイリー教授は、当時を振り返り、彼女の人柄が宗教的な家庭環境の中でかたちづくられた事情を次のように書いている。

彼女は強い絆に結ばれた家族を大切にし、友人には無私な思いやりがあり、自らの主義はどこまでも貫き、深く良心に従い、宗教と教会への愛着には二心がなかった。他人の良さや愛すべき部分に気づくという幸せな能力に恵まれ、その人柄は陽光のように明るかった。彼女にとって人生のすべては美しく、意味に満ちていた。

一八九二年、リーヴィットは、当時「女子大学教育協会」と呼ばれていたハーバード大学ラドクリフ・カレッジを卒業した。しかしそれに続く二年のあいだ、彼女は家から出ることができなかった。おそらくは髄膜炎と思われる病気にかかり、回復に努めていたのである。この病気のせいで、リーヴィットの聴覚は失われてしまった。やがて体力を取り戻した彼女は、ハーバード・カレッジ天文台でボランティアとして働くようになり、感光板を次から次へと精査しては変光星を探し出し、カタログに記載していくという仕事を始めた。写真は変光星の研究を一変させた。別の晩に撮影された二つのガラス板を重ね、直接比較することができたので、明るさの変化を見つけるのが大幅に楽になったからだ。リーヴィットは急速に発展しつつあったこのテクノロジーを駆使して、最終的に二千四百以上もの変光星を発見した。これは当時知られていた変光星の約半数である。プリンストン大学のチャールズ・ヤング教授はこの偉業に感銘を受け、彼女を「変光星の魔人」と呼んだ。

図44　ヘンリエッタ・リーヴィット。ハーバード・カレッジ天文台で無給のボランティアから出発し、20世紀の天文学でもっとも重要な進展のひとつを成し遂げた。

さまざまなタイプの変光星の中で、リーヴィットがとくに情熱を傾けたのがセファイドだった。セファイドを測定してカタログにする作業を何カ月か続けるうちに、彼女は変動のリズムを決めているのは何かを知りたくてたまらなくなった。この謎を解くために、彼女はどのセファイドについても得られるたった二つの確実な情報に注意を向けた。その二つとは、周期と明るさである。理想を言えば、周期と明るさのあいだに何か関係があるのかを知りたかった――たとえば、明るい星は暗い星よりも変光の周期が長いとか、その逆といったことだ。しかし残念ながら、明るさのデータからは何も引き出せそうになかった。というのも、たとえあるセファイドが見かけは明るくとも、実際には近くにあるだけの暗い星かもしれないし、逆に、見かけは暗くとも、実際には遠くにある明るいセファイドかもしれないからだ。

天文学者たちはずっと以前から、われわれ

に知りうるのは星の実際の明るさではなく、見かけの明るさだけだということに気づいていた。この状況はどうやっても打開できそうになく、ほとんどの天文学者たちは諦めていた。しかしリーヴィットは忍耐力と熱意と集中力のおかげで、すばらしく巧妙なアイディアを思いついた。彼女が大きな一歩を踏み出したのは、小マゼラン星雲の名前で知られる星の集まりに注目したときのことだった。この名前は、地球一周の旅で南洋を航海した際にこの星雲を記録した十六世紀の探検家、フェルディナンド・マゼラン（フェルナン・デ・マガリャンイス）にちなんで名づけられたものである。小マゼラン星雲は南半球からしか見えないため、リーヴィットは、ペルーのアレキパにあるハーバードの南半球観測所で撮影された写真に頼るしかなかった。彼女は苦労のすえに、小マゼラン星雲内に二十五個のセファイドを見出した。地球から小マゼラン星雲までの距離はわからなかったが、リーヴィットは、この星雲は比較的遠くにあり、星雲内のセファイドは互いに接近しているだろうと考えた。つまり、二十五個のセファイドは地球からほぼ等距離にあると考えたのだ。突然、リーヴィットは求めていたものを手に入れた。もしも小マゼラン星雲内にあるセファイドがほぼ等距離になるなら、そしてそれらの明るさに違いがあるなら、それは本来持っている固有の明るさが違うのであって、見かけの明暗の問題ではない。

小マゼラン星雲内の星はどれも地球からほぼ等距離にあるという仮定は一種の賭けだったが、しかしきわめて妥当な仮定だとも言えた。リーヴィットの思考の道筋は、二十五羽の鳥が群れになって空を飛んでいるのを見たとき、鳥同士の距離は、群れと観測者との距離よりも小さいと考えるのに似ている。そのとき一羽の鳥が他の鳥より小さく見えるなら、その鳥はおそらく本当に小さいのだろう。それに対して、もしも二十五羽の鳥が空のあちこちに散らばっていたなら、小さく見える鳥が本当に小さいのか、それとも単に遠くにいるせいで小さく見えるのか、たしかなことはわからない。

リーヴィットはいよいよ、セファイドの明るさと、明るさが変化する周期との関係を調べられるようになった。彼女はまず、「小マゼラン星雲に含まれる各セファイドの見かけの明るさは、星雲内の他のセファイドとの関係において、実際の明るさを知るための正しい目安になる」と仮定した。そして二十五のセファイドについて、横軸に周期、縦軸に見かけの明るさをとってグラフを作ってみた。結果は驚くべきものだった。図45(a)が示すように、データ点が全体としてなめらかな曲線上に乗りそうだったのだ。図45(b)は、同じデータ点を、周期の目盛りを変えてプロットしたもので、明るさと周期との関係がさらにはっきりしている。一九一二年、リーヴィットはこの結論を発表した。「明るさの最大値に対応する点の組をつなぎ、また最小値に対応する点の組をつなげば、それぞれ直線が得られる。このことは、変光星の明るさと周期とのあいだに簡単な関係があることを示している」

リーヴィットは、セファイドの実際の光度と、見かけの明るさの変動周期とのあいだに厳格な数学的関係があることを見出したのである。セファイドの光度が大きければ大きいほど、変動周期は長くなるのだ。リーヴィットはこの規則が宇宙のどのセファイドに対してもあてはまり、彼女のグラフは周期がきわめて長いセファイドまで拡張できると確信していた。これはまったく途方もない結果であり、宇宙全体に波及する重大な内容をはらんでいたが、発表された論文には「小マゼラン星雲内の二十五個の変光星の周期」という地味なタイトルがつけられた。

リーヴィットの発見の威力は、任意の二つのセファイドを比較して、地球からの相対距離を求めることができるという点だった。たとえば空の離れた場所に、変光周期がほぼ等しい二つのセファイドが見つかったとすると、それら二つのセファイドはおおよそ同じ明るさで輝いていることがわかる。なぜなら図45のグラフから、セファイドの周期が等しければ、固有の明るさも等しいと予測できるからだ。したがって、周期が等しい二つのセファイドがあり、一方の明るさが他方の九分の一だったなら、暗いほうのセファイドは明るいほうのセファイドよりもずっと遠くにあるはずである。実は、明るさが九分の一なら、距離はちょうど三倍になる。明るさは距離の二乗に反比例して弱まり、$3^2=9$だからだ。同様に、あるセファイドが、ほぼ周期の等しい別のセファイドの百四十四分の一の明るさだったなら、$12^2=144$だから、暗いほうのセファイドは十二倍遠くにあると考えられる。

天文学者たちはリーヴィットのグラフからセファイドの等級を知り、それらの相対距離を求めることはできた。しかし絶対距離はひとつとしてわからないままだった。あるセファイドが他のセファイドより、たとえば十二倍遠くにあることは示せたが、できたのはそこまでだった。どれかひとつでもセファイドまでの絶対距離がわかりさえすれば、リーヴィットの目盛りに具体的な値を与え、すべてのセファイドまでの距離を測ることができるのだが——。

この壁がついに突破され、セファイドまでの距離の目盛りに具体的な数字が与えられたのは、ハーロウ・シャプリーとデンマークのエイナー・ヘルツスプルングら天文学者チームの一致協力した努力の賜物だった。彼らは視差などのテクニックを組み合わせて、あるひとつのセファイドまでの距離を測定し、リーヴィットの研究を宇宙への究極の里程標にしたのである。こうしてセファイドは宇宙のものさしになった。

以上の話をまとめておこう。天文学者は三つの簡単なステップを踏むことにより、セファイドまでの距離を測れるようになった。第一のステップは、セファイドの変光周期を知ることだ。これにより、そのセファイドの実際の光度がわかる。第二のステップは、見かけの明るさを知ることだ。

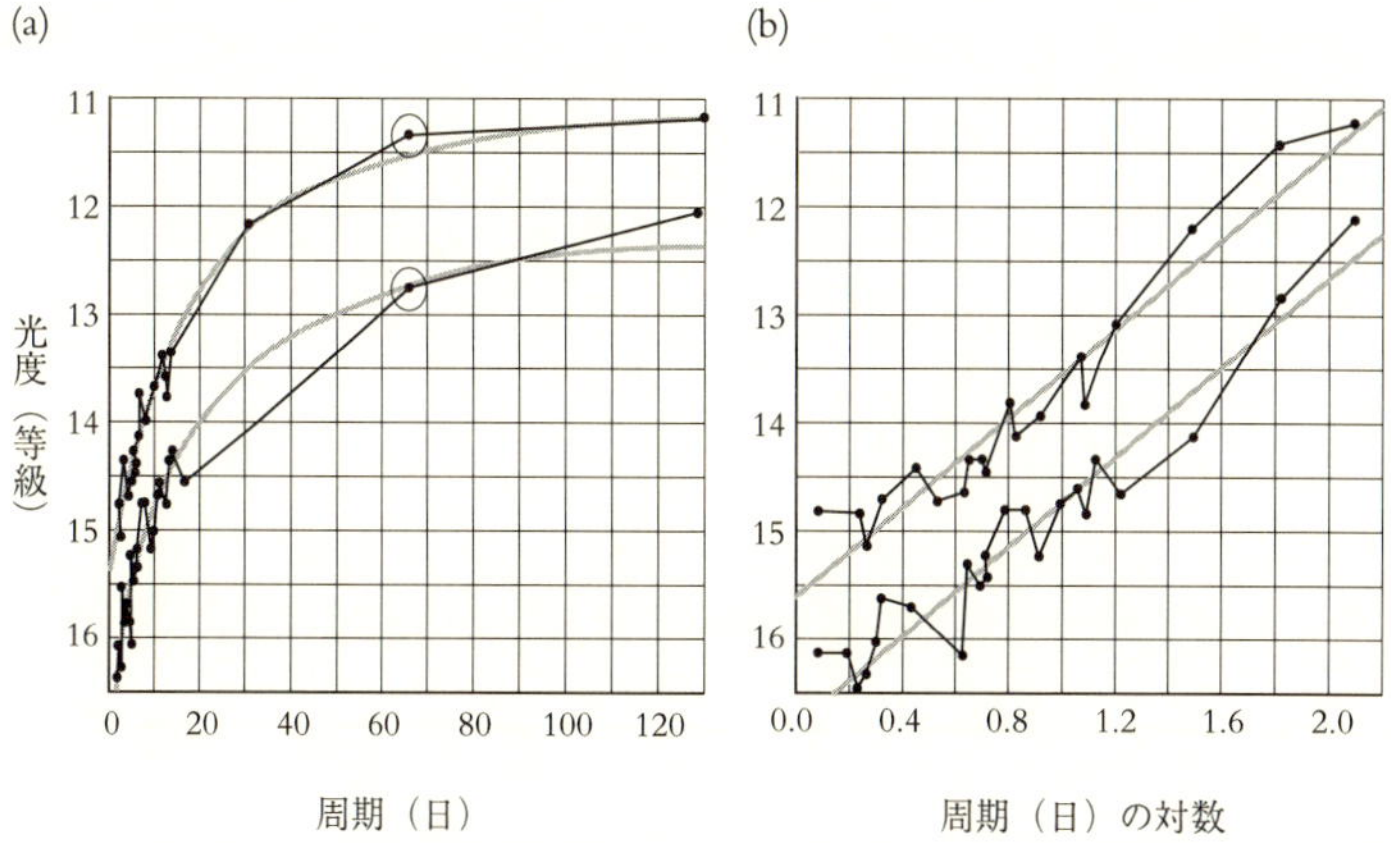

図45　ここに挙げる２つのグラフは、小マゼラン星雲内のケフェウス型変光星（セファイド）に関するヘンリエッタ・リーヴィットの観察である。図(a)は、周期に対して光度（等級）をプロットしたもので、周期の単位は日（横軸）、グラフの黒点はそれぞれ１個のセファイドの明るさの最大値または最小値を表している。グラフには２本の線が引かれており、一方は個々の変光星の明るさの最大値を、他方は明るさの最小値をつないだものである。

このグラフを理解しやすくするため、約65日の周期をもつセファイドに○をつけた。このセファイドの明るさは、11.4から12.8のあいだで変化する。データ点をつなぐように２組のなめらかな曲線を引くことができる。すべての点がこの曲線上に乗るわけではないが、しかし誤差を見込めば、この曲線はまずまずデータに合っている。

星の明るさは等級で表されるが、等級という測定単位にはちょっと変わった性質がある。星の明るさが大きくなるにつれて、等級は小さくなるのだ。縦軸が16から11へと小さくなっていくのはそのためである。また、等級は「対数目盛」で測定される。本書の目的のためには「対数目盛」の定義を述べる必要はない。われわれが知っておくべきは、明るさと変化の周期の関係は、図(b)のように周期も対数目盛にすれば、いっそう明らかになるということだけである。こうするとすべての点は２本の直線上にほぼ乗り、セファイドの変光周期と明るさのあいだには簡単な数学的関係があることがわかる。

算で求めればよい。

そして第三ステップでは、どれだけの距離があれば、実際の明るさが見かけの明るさになるかを計算で求めればよい。

粗いたとえを用いれば、明るさが変化するセファイドは、点滅する灯台のようなものだ。その灯台が点滅するペースは、明るさによって決まるものとする（これがセファイドと共通する点だ）。たとえば、出力三キロワットの灯台は一分間に三回点滅し、出力五キロワットの灯台は一分間に五回点滅するといった具合である。暗い夜の海で点滅する灯台を見た船員は、さっきと同じ三つのステップを踏むことにより、灯台までの距離を推定できる。第一のステップは、点滅のペースを数えることだ。その結果からすぐに灯台の実際の明るさがわかる。第二のステップは、灯台がどれぐらい明るく見えるかを判定することだ。そして第三のステップでは、どれだけの距離があれば、実際の明るさが見かけの明るさになるかを計算で求めればよい。

またその船の乗組員は、灯台のむこうにある海辺の町までの距離を推定することもできる。なぜなら町までの距離は、すでに得た灯台までの距離にほぼ等しいと推定できるからだ。実際には、町は海岸よりもかなり内陸にあって、灯台からは離れているかもしれないし、灯台が海上に突き出した岩の上にあり、町から少し離れているかもしれない。しかし一般には、灯台は町に近いところに建てられることが多いから、この推定はそれほど悪くないはずだ。同様に、セファイドまでの距離を求めた天文学者は、その近くにある星までのおおよその距離もわかることになる。この方法は絶対確実とは言えないが、たいていの場合に有効である。

スウェーデン科学アカデミーのイエスタ・ミタークﾞ＝レフラーは、リーヴィットという人物と、その彼女が見出したセファイドのものさしに感銘を受け、一九二四年、彼女をノーベル賞にノミネートすべく書類作りに取りかかった。しかしリーヴィットが現在どんな研究をしているかを調べはじめたミターク＝レフラーは、彼女が三年前の一九二一年十二月十二日、五十三歳にしてガンのために死んでいたことを知ってショックを受けた。リーヴィットは世界各地を訪れてセミナーを行うような著名な天文学者ではなく、写真の感光板を黙々と調べていく地味な研究者だったため、ヨーロッパでは彼女が亡くなったことをほとんど誰も知らなかったのだ。彼女は受けるべき評価を受けないまま死んだばかりか、自分の研究が、星雲の本性をめぐる大論争に決定的な影響を与えるのを見ることもなかった。

◇天文学の巨人

リーヴィットによる発見の潜在的可能性を十二分に利用したのが、エドウィン・パウエル・ハッブルである――彼はまず間違いなく、同世代の中でもっとも有名な天文学者だった。エドウィン・ハッブルは一八八九年に、ジョン・ハッブルとその妻ジェニーの息子としてミズーリ州に生まれた。ジョンとジェニーが知り合ったのは、ジョンが農作業中の事故で大けがをし、地元の医者の娘ジェニーの看護で健康を取り戻したときのことだった。ジョンは血まみれの無惨なありさまだったので、ジェニーは「ジョン・ハッブルの姿は二度と見たくない」と言った。しかしジョンが回復するにつれてジェニーは彼が好きになり、一八八四年、二人は結婚した。

エドウィンはおおむね幸せな子ども時代を送ったが、ひとつだけ、七歳のときに深く心を傷つける事件が起きた。彼と弟のビルは、みんなの関心を引きたがる一歳二カ月の妹ヴァージニアに腹を立て、思い知らせてやろうと彼女の指を踏んづけて泣かせた。その数日後、ヴァージニアは診断のつかない重い病気になり、そのまま死んでしまったのだ。エドウィンはすっかり取り乱し、過日の出来事とヴァージニアの病気とはまったく関係がなかったにもかかわらず自分を責めた。きょうだいの一人は当時を振り返ってこう語っている。「エドウィンは心を病み、もしも理解のある賢明な両親がいなかったなら、彼の妄想は我が家にもうひとつの悲劇をもたらしていたかもしれません」エドウィンはとくに母親によくなつき、彼が少年時代のこの悲痛な出来事をどうにか乗り越えることができたのは、母親の支えがあったおかげだった。

エドウィンは祖父マーティン・ハッブルとも強い絆を結んだ。この祖父が、エドウィン八歳の誕生日に望遠鏡を作ってやり、彼に天文学の手ほどきをしてくれたのである。マーティンは、エドウィンがミズーリの暗い夜空にきらめく無数の星たちを見られるよう、夜更かしするのを許してやれと両親に頼んでくれるのだった。恒星や惑星にすっかり心を奪われたエドウィンは、火星に関する小論文を書き、その論文は彼がまだ高校生のときに地元の新聞に掲載された。高校で彼を教えていたハリエット・グロート先生は、エドウィンが天文学にどんどん夢中になっていくのを認めてくれていた。「エドウィン・ハッブルは同世代の中でもっとも優れた人物のひとりになるでしょう」どの先生もお気に入りの生徒について同じようなことを言うのだろうが、エドウィンはまさしくグロート先生の予言を成就することになるのである。

ハッブルはシカゴ郊外のホイートン大学に進み、有名大学で学ぶための奨学金を受けたいと考えていた。奨学金の獲得者が発表される卒業式で、学長はこう述べてハッブルを慌てさせた。「エドウィン・ハッブル、私はこの四年間じっくりときみを見てきたが、きみが十分間でも勉強しているのをただの一度も見たことがない」そして、最高の俳優もかくやという劇的な小休止のあと、学長はこう続けたのだ。「きみにシカゴ大学への奨学金を与える」

ハッブルはシカゴ大学で天文学を学ぶつもりだったが、高圧的な父親ががんとして聞き入れず、安定した収入を保証してくれる法学の学位を取るよう息子を説き伏せた。若き日のジョン・ハッブルは、人並みの暮らしができるだけの収入を得ようと懸命に働いたが、経済的安定が得られたのはようやく人生の後半、保険の外交という仕事に就いてからのことだった。りっぱな中流の暮らしを一家にもたらしてくれたこの仕事を、ジョンはとても誇りに思っていた。彼はこう語ったことがある。「文明に対する最高の定義は、文明人は万人にとっての最善をなす、というものだ。それに対して野蛮人は、己ひとりにとっての最善をなす。文明とは、人間の身勝手さに対抗するための、巨大な相互保険会社のようなものである」

　エドウィンは、自分が本当にやりたいことと、父親の実用主義的な考えとの軋轢《あつれき》を解消するために、表向きは法律を勉強して父親をなだめ、裏では天文学者になるという夢を捨てないために物理学の講義にも出ることにした。当時シカゴ大学の物理学科を率いていたのは、エーテルをゴミ箱行きにし、一九〇七年にアメリカに初めてのノーベル物理学賞をもたらしたアルバート・マイケルソンだった。またそのころのシカゴ大学には、二つ目のノーベル物理学賞をアメリカにもたらすことになるロバート・ミリカンもいた。ミリカンは、学部学生だったハッブルをパートタイムの実験助手に雇ってくれた。短かったこの師弟関係が、ハッブルにとっては転回点となった。というのもミリカンは、ローズ奨学金を受けてオックスフォード大学に学ぶという、ハッブルの次なる目標の達成に力を貸してくれたからである。

　一九〇三年に創設されたローズ奨学金は、その前年に死んだヴィクトリア朝の帝国主義者セシル・ローズの資産を財源とし、精神力と知力に秀でたアメリカ（および英連邦諸国とドイツ）の学生に与えられることになっていた。制度の実現に貢献したジョージ・パーカーは、この奨学金が与えられる三十二人のアメリカ人枠について次のように述べている。「この奨学金が与えられるのは、未来の合衆国大統領、最高裁判所長官、駐英米国大使となる可能性をもつ学生である」ミリカンはハッブルに最高の推薦状を書いてくれた。「ハッブル氏は、堂々たる体格と賞賛すべき学識、立派で愛すべき性格の持ち主であると言うことができます。……ローズ奨学金の創設者たちが求めた条件に対し、ハッブル氏よりも適格な人物には出会ったことがないと言っても過言ではありません」アメリカでもっとも有名な科学者の一人に太鼓判をもらって、ハッブルはめでたくローズ奨学金を獲得し、一九一〇年九月にイギリスに向けて旅立った。ハッブルにとって唯一の心残りは、父親が圧力をかけてきたせいで、オックスフォードでもやはり専攻は法律になってしまったことだった。

オックスフォードでの二年間でハッブルは極端な親英派になり、服装から貴族的な話し方にいたるまで、ことごとくイギリス風を身につけた。同じくローズ奨学生で、のちに著名な歴史学者になるウォレン・オールトは、英国滞在の終わり近くにハッブルに出会い、不快な驚きを感じた。「彼はプラスフォアーズ（スポーツ用のゆるいニッカーズ）をはき、皮ボタンのついたノーフォークジャケット（もとは貴族の狩猟着だったベルトつきの上着）を着て、大きな縁なし帽をかぶっていた。また、これ見よがしにステッキを持ち、私にはほとんど理解できないほどのイギリスなまりで話した。……どうやら彼はこの二年間で、なまりと同じぐらい胡《う》散《さん》臭いエセ英国人に変身したようだ」アイオワ州出身のジェイコブ・ラーセンは、オックスフォード大学クイーンズ・カレッジでハッブルと一緒だったが、やはり同じような印象を受けた。「われわれがアメリカ式の発音を保持しようとしているときに、彼ひとりが極端なイギリス式発音を身につけようと躍起になっているのが可笑しかった。イギリス式では通せないさ、というのがわれわれの意見だった。彼は〝バスタブで風呂に入る（take a bāth in a bāth tub）〟のだろう、などと言い合ったものだ」

ハッブルの英国滞在は突然の終わりを迎えた。父親が重い病気に倒れ、一九一三年一月十九日に世を去ったのだ。彼は家に帰らざるをえなくなったが、帰国後もオックスフォードのガウンを着て、偽のイギリスなまりで話しながら、母親と四人のきょうだいたちの面倒を見た。家族の苦しみは、投資に失敗したことで倍加されていた。ハッブルは高校の教師になり、それから一年半はパートタイムの法律の仕事に就くこともできたので、家族に安定した暮らしをさせてやれるだけの収入は得られた。こうして一家を支える義務も果たし、横暴で見当違いだった父親からも解放された今、ハッブルは突然、天文学者になりたいという子どもの頃からの夢を追えるようになった。彼はかつてこう語ったことがある。「天文学は聖職に似ている。人は召命なくして天文学の道に進むべきではない。そして私はまぎれもない召命を受けたのだ。たとえ二流、三流にしかなれないとしても、天文学をやることこそが重要だと私にはわかっていたのだ」今は亡き父親に向けたと思われる言葉の中で、彼はこの点を繰り返している。「私は、一流の法律家であるよりは、二流の天文学者でありたい」

図46　トレードマークのブライアー・パイプをふかすエドウィン・パウエル・ハッブル。同世代の中でもっとも偉大な観測天文学者だった。

ハッブルは、法律の講義に出て無駄に費やした時間を取り戻そうとしはじめ、プロの天文学者への長い道のりに踏み出した。シカゴ大学時代に科学者とのつながりを作っておいたおかげで、ハッブルは近くのヤーキス天文台に大学院生として受け入れてもらえることになった。この天文台は、ヘールが初めて大型望遠鏡を作った場所である。ハッブルはこのヤーキス天文台で、博士号を取るために星雲に関する研究を完成させた（彼はしばしば星雲のことを、ドイツ語で「ネーベルフレッケン」と言った）。ハッブルは自分の博士論文が、きちんとした仕事ではあっても、それほどすぐれた発想の研究ではないことをよく理解していた。「この仕事は人類の知識の総体に大きく寄与するものではない。いつの日か、ネーベルフレッケンの研究で大きな成功を収めたいものだ」

この目標を達成するには、とにかく最高の望遠鏡をもつ天文台に研究者としてポストを得る必要があった。彼はこう語ったことがある。「人は五感によってまわりの世界を探索し、その冒険を科学と呼ぶ」五感のうち、天文学者にとってとりわけ重要なのが視覚であり、最高の望遠鏡を使える立場にある者が、誰よりも遠くを、誰よりもはっきりと見ることになるのだ。それゆえハッブルが目指すべきは、カリフォルニアのウィルソン山だった。ウィルソン山天文台にはすでに六十インチ望遠鏡が装備され、まもなく百インチ望遠鏡も完成する予定だった。たまたまウィルソン山天文台のほうでも、ハッブルの可能性に目をつけ、彼を引き抜きたいと考えていた。一九一六年十一月、ウィルソン山天文台から誘いがかかると、ハッブルは喜んでそれを受けた。だが、そのころアメリカは第一次世界大戦に参戦し、ハッブルは最愛の国イギリスを守らなければならないと考えていたため、就任は先送りになった。ハッブルがヨーロッパに向かったのは戦闘に加わるには遅すぎる時期だったが、それでも彼は戦後の四カ月間、占領軍の一員としてドイツに留まった。彼はさらに帰国を延期して愛するイギリスを旅行してまわったため、ようやくウィルソン山天文台に到着したときには一九一九年の秋になっていた。

まだ若く、天文学者としての経験も浅かったにもかかわらず、ハッブルはまもなくウィルソン山天文台でひときわ目立つ存在になった。ある助手による次の一文には、六十インチ望遠鏡で写真を撮ろうとするハッブルの姿が生き生きと描き出されている。

図47　ウィルソン山天文台の100インチ・フッカー望遠鏡とエドウィン・ハッブル（左）。図48はこの望遠鏡の全体像。

長身で精悍、口にはパイプをくわえたその姿が、暗い夜空を背景にくっきりと浮かび上がった。身を切るような冷たい風が、彼の体を包む軍人用のトレンチコートに叩きつけるように吹き、パイプからはときおり火の粉が舞い上がってドームの暗闇に消えていった。ウィルソン山の標準では、観測条件がきわめて悪いとされるこんな夜に、現像を終えて暗室から戻って来たハッブルは嬉々としてこう言った。「これで観測条件が良くないと言うなら、ウィルソン山天文台の装置を使えば、私はいつだって使いものになる写真を撮ってやるぞ」この夜に見せた自信と情熱はいかにも彼らしいもので、彼はどんな問題に取り組むときにもこの調子だった。彼には自信があった——自分は何をやりたいのかについても、それをやり遂げる方法についても。

大論争について言えば、ハッブルは星雲は別個の銀河だとする説を支持していた。これは少々困ったことだった。というのも、ウィルソン山天文台ではほとんどの天文学者が、天の川銀河は唯一の銀河であり、星雲は天の川銀河の内部にあると考えていたからだ。とくに、ワシントンでの会議で単一銀河説を擁護したハーロウ・シャプリーは、この新入りの若者の考え方や態度に非常に不愉快な思いをしていた。謙虚なものごしのシャプリーと、イギリスの貴族趣味に凝り固まり、オックスフォードのツイード・ジャケットをこれ見よがしに着て、日に何度も「いやはやまったく！(By Jove!)」だの「なんたること！(What ho!)」だのとイギリス風のセリフを吐く男とは水と油だった。ハッブルは注目を浴びるのが大好きで、ブライアー・パイプに火を点けるときには、擦ったマッチを空中でくるりと一回転させてキャッチするのを楽しんでいた。ハッブルは演出の名人だったのに対し、正反対の性格の持ち主であるシャプリーは、そんな自己顕示を軽蔑していた。アメリカの参戦に猛反対していたシャプリーにとって最悪だったのは、ハッブルが天文台でまで陸軍のトレンチコートを着ていたことだ。

一九二一年、シャプリーはハーバード・カレッジ天文台の台長に就任してウィルソン山を去り、たえまない個性の衝突はここに終わった。この人事はシャプリーにとってまぎれもない栄転だったし、未解決の大論争に果たしてきた彼の役割が認められたことを意味してもいた。だが結果的には、東部に移ったことは彼にとって壊滅的な打撃となった。ハッブルの顔を見ずにすむようになり、名門天文台を率いることになったとはいえ、シャプリーが後にしたのはそれから四十年間も天文学を引っ張っていくことになる天文台だった。世界最強の望遠鏡を擁するウィルソン山天文台は、天文学において次なる躍進を遂げるべく運命づけられた天文台だったのだ。

天文台内でのハッブルの地位は上がり、それとともに望遠鏡を使える時間も増えていった。ハッブルはできるかぎり質の高い星雲の写真を撮ることに没頭した。観測予定表に名前が書き込まれているときはいつも、ハッブルは標高千七百四十メートルのウィルソン山の頂を目指して曲がりくねった急な坂道を上り、「修道院」という、世間との接触を断ち、宇宙を見つめることに自らを捧げた男ばかりの住処《すみか》にふさわしい名をもつ宿泊施設で過ごした。

こう言うと、天文学者というのは沈思黙考して夜を過ごす瞑想型の人たちのように思われるかもしれないが、実際の観測はたいへんな重労働だった。観測をするためには強度の集中力を長時間持続させなければならず、夜が更けるにつれて眠気との戦いは苦痛の度を高めていった。さらに悪いことに、ウィルソン山ではひどく冷え込む夜が多く、望遠鏡の向きを調節するというデリケートな作業を、痛いほどかじかんだ指で行わなければならず、涙が凍るせいで睫毛《まつげ》がアイピースにくっつくこともあった。天文台の観測日誌には、次のような短い注意が書かれていた。「疲れたり、凍えていたり、眠かったりするときには、望遠鏡やドームを操作する前に、必ず一呼吸置いてよく考えること」観測者として成功できたのは、とことん勤勉で、強靭な意志をもつ者だけだった。写真装置に震動を与えないよう身震いをこらえながら、はかり知れない価値をもつ宇宙の像を捉えることができたのは、頑健きわまる天文学者だけであり、またその行為は心身の鍛錬ぶりを示すものでもあった。

ウィルソン山天文台に来てから四年後の一九二三年十月四日の夜、ハッブルは百インチ望遠鏡を使って観測をしていた。観測条件は、もうこうなったらドームを閉めるしかないという最低ランクの「1」だったが、彼はどうにか四十分間露光して、M31、すなわちアンドロメダ星雲の写真を撮ることができた。この写真を現像して昼の光の下で調べてみたところ、新しいシミのようなものが見つかった。きっと写真の不具合か、さもなければ新星だろう、とハッブルは考えた。翌晩、観測を終えようというときに、空が前夜よりずっときれいに晴れていたこともあり、ハッブルは例のシミが新星であることを確認できるかもしれないと考えて、五分間露光時間を延ばしたうえで、もう一度その領域の写真を撮った。例のシミはやはり前夜と同じところにあり、さらに二つの新星らしきものが見つかった。彼は感光板上の新星とおぼしきシミのそばに、新星（Nova）の頭文字「N」を書き込んだ。観測が終わると、ハッブルは研究室と感光板資料室のあるパサデナのサンタバーバラ通りに戻った。

ハッブルは、このたびの観測で撮影した写真と、同じ星雲の以前の写真とを比較してみたかった。そうすれば、新星らしきシミが本当に新星なのかどうかがわかると思ったからだ。ウィルソン山天文台の感光板はすべて、耐震性のある倉庫に保管され、画像はひとつずつ注意深くカタログに整理されていたので、必要な感光板を見つけ出して新星かどうかを確認するのには何の苦労もなかった。嬉しいことに、シミのうちの二つは確かに新星だった。そしていっそう嬉しいことに、三つ目のシミは新星ではなく、セファイドだったのだ。古い感光板には、三つ目の星が写っているものもあれば写っていないものもあり、この星が変光星であることを示していた。ハッブルは、それまでの研究者人生で最大の発見をしたのである。彼はすぐさま「N」の文字を×で消すと、勝ち誇ったように変光星（variable star）を略して「VAR！」と書き込んだ（図49）。

星雲内に見つかったセファイドは（天の川銀河のすぐ近くにある大小のマゼラン星雲を別にすれば）これが初めてだった。この発見がそれほど重要なのは、セファイドを使えば距離を測定できるからである。ハッブルはアンドロメダ星雲までの距離を測り、大論争に決着をつけられるようになったのだ。星雲は、天の川銀河の内部にあるのだろうか？　それとも天の川銀河のはるかかなたにある別個の銀河なのだろうか？　新しく見つかったセファイドは、三一・四一五日の周期で明るさを変化させていた。リーヴィットの研究から絶対光度を求めると、このセファイドは太陽よりも七千倍明るいことがわかった。絶対光度と見かけの明るさとを比較して、ハッブルはこのセファイドまでの距離を引き出した。

結果は驚くべきものだった。このセファイドは――したがって、このセファイドを含むアンドロメダ星雲は――地球からざっと九十万光年のかなたにあるらしいのだ。

天の川銀河の直径はおよそ十万光年だから、アンドロメダ星雲が天の川銀河の内部にないことは明らかだった。そして、それほど遠くにあるにもかかわらず肉眼でも見えるのだから、信じられないほど明るいはずだ。それほど明るいからには、何億個もの星を含んでいるだろう。アンドロメダ星雲は別個の銀河だと考えるしかなかった。大論争に決着がついたのである。

図48　ウィルソン山天文台の100インチ・フッカー望遠鏡。ハッブルが歴史的観測を行った1923年には世界最強の望遠鏡だった。

こうしてアンドロメダ星雲はアンドロメダ銀河になった。アンドロメダやその他多くの星雲は、天の川銀河のはるかかなたにあり、天の川銀河と同じぐらい壮大にして華麗な銀河だったのだ。ハッブルは、カーティスが正しく、シャプリーは間違っていたことを証明したのである。

アンドロメダまでの距離がこれほど大きいことに衝撃を受けたハッブルは、さらなる証拠が得られるまで発表を差し控えることにした。ウィルソン山天文台では、ハッブルの周囲の天文学者たちはみんな単一銀河説を信じていたので、物笑いの種になることを警戒したのである。彼は恐るべき克己心と忍耐力を発揮して、アンドロメダの写真を撮り続け、第二の、もっと暗いセファイドを発見した。このセファイドも、ハッブルの最初の結論を確証するものだった。

一九二四年二月、彼はついに沈黙を破り、単一銀河説のスポークスマンだったシャプリーへの手紙の中で観測結果を明らかにした。シャプリーはかつてリーヴィットがセファイドの距離スケールを定めるのに力を貸したことがあったが、それが大論争での自分の立場を崩壊させることになったわけだ。シャプリーはハッブルの手紙を読んでこう言った。「この手紙によって、私の宇宙は打ち砕かれた」

シャプリーは、変光周期が二十日より長いセファイドはまだほとんど調べられていないため、信頼できる指標にはならないとしてハッブルのデータを攻撃しようとした。また彼は、ハッブルがアンドロメダ星雲内に見出したものは変光星だとされているが、露光や現像の過程で生じた汚れかもしれないとも言った。ハッブルは、自分の観測が完璧でないことはよく承知していたが、しかしアンドロメダを天の川銀河の構成要素に引き戻すほど大きな間違いがあるとも思ってはいなかった。ハッブルは、アンドロメダは地球から約九十万光年の距離にあることに自信をもっていた。実際、それから数年のうちには、ほかの多くの銀河はそれよりもいっそう遠くにあることが明らかになるのである。例外は、ヘンリエッタ・リーヴィットが研究した小マゼラン星雲など、少数の矮小銀河である。今日これらは、重力によって天の川銀河の近くに繋ぎ止められた小さな衛星銀河であることがわかっている。

「星雲」は、もともと雲のように見える天体を指す言葉だったが、ほとんどの星雲は銀河という名

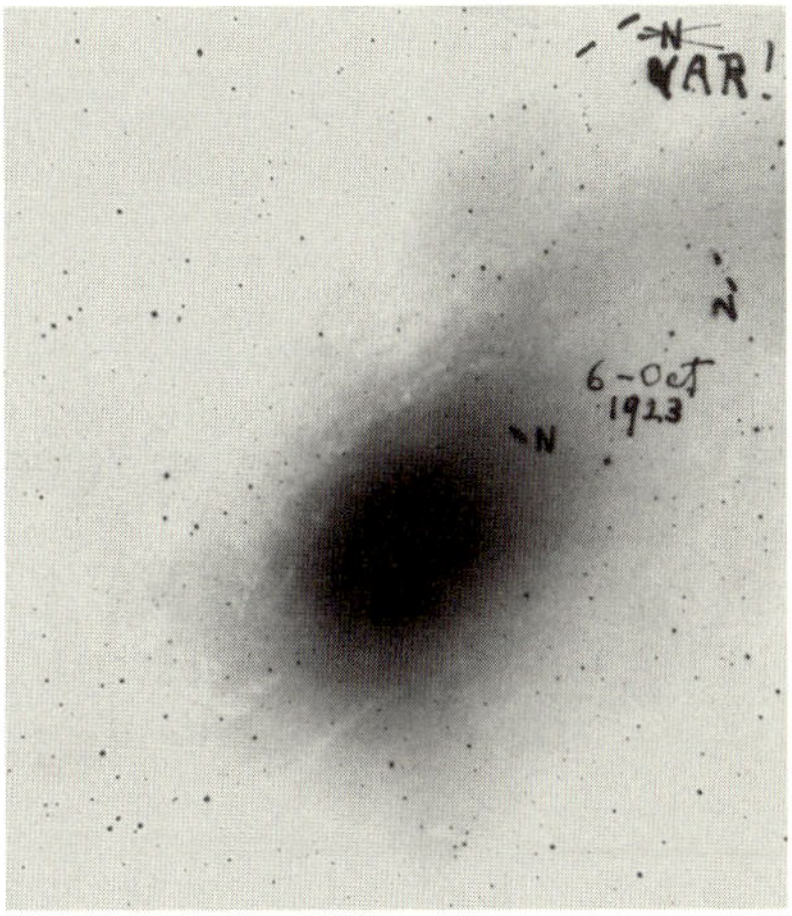

図49　1923年10月、ハッブルはアンドロメダ星雲に新星と思われる天体を3つ見つけた。図中に「N」と書き込まれているのがそれである。そのうちのひとつは、周期的に明るさが変化するケフェウス型変光星であることが判明した。「N」は×で消され、この星は「VAR!」と書き直された。セファイドを使えば距離が測定できるから、これによりハッブルはアンドロメダ星雲までの距離を測定し、大論争に決着をつけられるようになった。

称に変わった。しかしその後、星雲のなかには少数ながら、天の川銀河の内部にあるガスと塵の雲にすぎないものもあることがわかり、「星雲」という名前は自然とそれらの雲に対してだけ用いられるようになった。もちろん、天の川銀河の内部に小さな星雲があったからといって、アンドロメダをはじめ、当初星雲と呼ばれていた天体の多くはれっきとした銀河であり、天の川銀河の外、はるかかなたにあるという事実が変わるわけではない。大論争の核心だった問題は、宇宙に銀河はたくさんあるのかという問いであり、ハッブルはそれに「イエス」と答えたのである。

では、一八八五年にアンドロメダ銀河に出現した新星は何だったのだろうか？　シャプリーは、その新星が非常に明るかったことから、アンドロメダは遠方にある別個の銀河ではありえないと論じたのだった。そう考えないかぎり、その新星は信じられないほど明るかったことになってしまうからだ。今日では、一八八五年に出現した星は、新星ではなく「超新星」であり、まさしく「信じられないほど」

明るかったことがわかっている。超新星は、普通の新星とはまったくスケールの異なる大激変で、一生の終わりに大爆発を起こした星が、ほんのひととき十億の星にも匹敵するほどの輝きを発し、その後消えていく現象である。超新星はめったに現れないため、カーティスとシャプリーが一九二〇年に議論を戦わせた時点では、それほど明るい天体だとは誰にもわからなかったのだ。

読者は、シャプリーの主張を支えていたもう一方の柱を覚えているだろうか？　もしも宇宙が銀河に満ちているのなら、どの方角にも同じようにたくさんの銀河が見えるはずだ。ところが、天の川銀河の銀河面の上方と下方にはたくさんの銀河が見えるのに対し、銀河面に沿った方向には銀河はほとんど見えず、「星雲欠如領域」と呼ばれていたのだった。カーティスは、パンケーキ型をした天の川銀河の銀河面には星間塵もたくさんあり、塵が光を遮るせいで、遠くの銀河が見えにくくなっているのだと主張した。後年、カーティスの説は正しかったことが明らかになった。今日の望遠鏡テクノロジーを使えば塵の向こうを見通すことができ、かつては星雲が「欠如」していた領域にも、他の領域と同じようにたくさんの銀河があることが判明したのである。

ハッブルの発見のニュースが広まると、天文学者たちは長年の懸案を解決した彼に喝采を送りはじめた。プリンストン天文台の台長だったヘンリー・ノリス・ラッセルはハッブルにこんな手紙を送った。「このすばらしい仕事には絶大な賞賛が寄せられるでしょうし、あなたはまさしく賞賛に値する仕事をなさいました。詳細はいつ発表されるおつもりですか？」

ハッブルがこの結果を正式に発表したのは、ワシントンで開催された一九二四年の米国科学振興協会の会議でだった。彼はこの会議で、もっとも優れた論文に贈られる一千ドルの賞金を、シロアリの腸内原生生物を研究した生物学者レミュエル・クリーヴランドと分け合った。アメリカ天文学会の委員会が起草した文書には、ハッブルの仕事の意義が力強く述べられていた。「（ハッブルの仕

図50　銀河はもはや星雲には分類されず、アンドロメダ星雲は今日アンドロメダ銀河として知られている。これは2000年にラ・パルマ天文台で撮影された写真である。アンドロメダは数千億個もの星でできており、それ自体としてひとつの銀河である。

事は）これまで研究の手の及ばなかった深宇宙への扉を開き、近い将来にさらに大きな躍進が起こることを約束するものである。またこの研究は、物理的世界についてそれまで知られていた容積を百倍にも拡大し、銀河のひとつひとつは天の川銀河に匹敵する広がりをもつ、膨大な数の星の集まりであることを示すことによって、長年未解決であった（渦巻き）銀河の本性をめぐる問題に決着をつけたことは明らかである」

一枚の感光板に写し取られた一度の観測により、ハッブルはわれわれの宇宙観を塗り替え、宇宙における人間の位置の見直しを強いた。この小さな地球は、かつて誰も考えなかったほどちっぽけな存在であるらしかった。なにしろ、天の川銀河はたくさんある銀河のひとつにすぎず、太陽はその天の川銀河に含まれる無数の星たちのひとつにすぎず、地球はその太陽のまわりを回るいくつもの惑星のひとつにすぎないというのだから。実際、その後明らかになったように、宇宙には何十億もの銀河があり、それぞれの銀河には何十億もの星が含まれているのである。また宇宙のスケールは、従来考えられていたよりはるかに大きいことも判明した。シャプリーは、宇宙のすべての物質は、直径十万光年ほどのパンケーキ型をした天の川銀河に含まれていると主張したが、ハッブルは、天の川銀河から九十万光年も離れたところに別の銀河があることを示した。今日では、数十億光年のかなたにも銀河が存在することが明らかになっている。

天文学者たちはそれまでにも、惑星と太陽のあいだには大きな距離が横たわっていることを知っていたし、星と星のあいだにはさらに広大な空間が広がっていることも理解していた。しかし今度は、銀河と銀河のあいだに広がる茫漠たる空間を考えなければならなくなった。ハッブルは自分の観測結果を使って、恒星や惑星に含まれる物質を宇宙全体に均一に広げたとすれば、宇宙の平均密度はどれぐらいになるかを計算してみた。結果は、地球千個分の体積にわずか一グラムというものだった。この値は今日得られている平均密度とそれほど違わず、宇宙の大部分はからっぽの空間だということを意味している。またこの結果は、宇宙の中でわれわれが住んでいるあたりには、きわめて例外的に多くの物質が集中していることを示してもいる。天文学者カール・セーガンはこう書いた。「惑星も恒星も銀河も、典型的な存在ではありえない。なぜなら宇宙は、ほとんど何もない空間だからだ。典型的だと言える場所があるとすれば、それは果てしなく広がる冷たい真空の中の、永遠に終わらない夜の闇に沈む星間空間だけである。それはとりつく島のない荒涼たる世界だ。それにくらべれば、惑星や恒星や銀河は、胸が締めつけられるほど稀有で愛すべき存在に思えるのである」

ハッブルの測定にはまさしくセンセーショナルな意味があり、まもなくハッブル当人も世間の論議や新聞記事のネタになった。ある新聞は彼のことを「天文学の巨人」と呼んだ。彼はアメリカの内外から数々の賞を受け、同僚の天文学者たちも彼を褒め称えた。オックスフォード大学サヴィル教授職にあったハーバート・ターナーは次のように述べた。「エドウィンが自分の仕事の大きさを理解できるようになるまでには長い年月がかかるだろう。そんな経験はできたとしても生涯に一度きりだし、経験できた者は幸運である」

しかしハッブルは、これよりさらに革命的な観測を行うことにより、天文学をいま一度揺さぶることを運命づけられていたのである。その観測のために宇宙論研究者たちは、宇宙は永遠で静的だという仮説を見直さざるをえなくなる。ハッブルが次なる大躍進を遂げるためには、望遠鏡の威力と写真の感度とを結びつける新たなテクノロジーが必要だった。「分光器」の名で知られるその装置のおかげで、天文学者は巨大望遠鏡に届いたかすかな光の情報をとことん搾り取れるようになったのである。分光器――それは十九世紀科学の夢と希望から生まれた装置だった。

◇運動する宇宙

一八四二年、フランスの哲学者オーギュスト・コントは、科学的な努力によっては永遠に理解できないであろう知の領域を明らかにしようとした。たとえば彼は、星の性質のなかには決して解明できないものがあると考えた。「星の形状、星までの距離、星の体積やその運動を知るためにはどうすればよいかはわかるが、星の化学的ないし鉱物的な構造については、われわれは永遠に何も知りえないのである」

しかしコントの死から二年と経たないうちに、科学者たちは一番近い恒星である太陽に含まれる元素を明らかにしはじめ、コントは間違っていたことが証明されたのである。科学者たちはいったいどうやって星の構成要素を解明したのだろうか？　それを理解するためには、光の性質についてごく初歩的なことを知っておかなければならない。とくに重要なのは次の三つである。

第一に、科学者たちは光のことを電場と磁場の振動だと考えている。光やその仲間の放射のことを「電磁放射」と言うのはそのためだ。第二に、こちらのほうが第一の点よりも簡単なのだが、電磁放射は（したがって光も）波とみなせるということ。第三に、光波の「波長」（波頭から波頭までの距離）は、光波について知るべきことのほとんどすべてを教えてくれるということだ。図51には、二つの場合について波長を示した。

光はエネルギーの一種であり、光波によって運ばれるエネルギーの量は波長に反比例する。言い換えると、波長が長ければ長いほど、光波のエネルギーは小さくなる。われわれ人間のスケールでは、光のエネルギーが意識されることはまずなく、むしろさまざまな光を区別するために利用される基本的な特徴は、色である。青、藍、紫の光は波長が短く、高いエネルギーをもつのに対し、橙や赤い色の光は波長が長く、低いエネルギーをもつ。緑と黄色の光は、波長もエネルギーもその中間である。

具体的には、紫の光の波長はおよそ〇・〇〇〇四ミリメートル、赤い光の波長はおよそ〇・〇〇〇七ミリメートルである。これよりも波長の長い光もあれば、波長の短い光もあるが、そういう光はわれわれの目には感知できない。ほとんどの人は「光」という言葉を、目に見える光波を指すために使うが、物理学者はもっとおおざっぱに、人間の目に見えるかどうかによらず、電磁放射なら何であれ光と呼ぶことがある。紫外線やX線は、可視光線よりも波長が短く、エネルギーの高い光

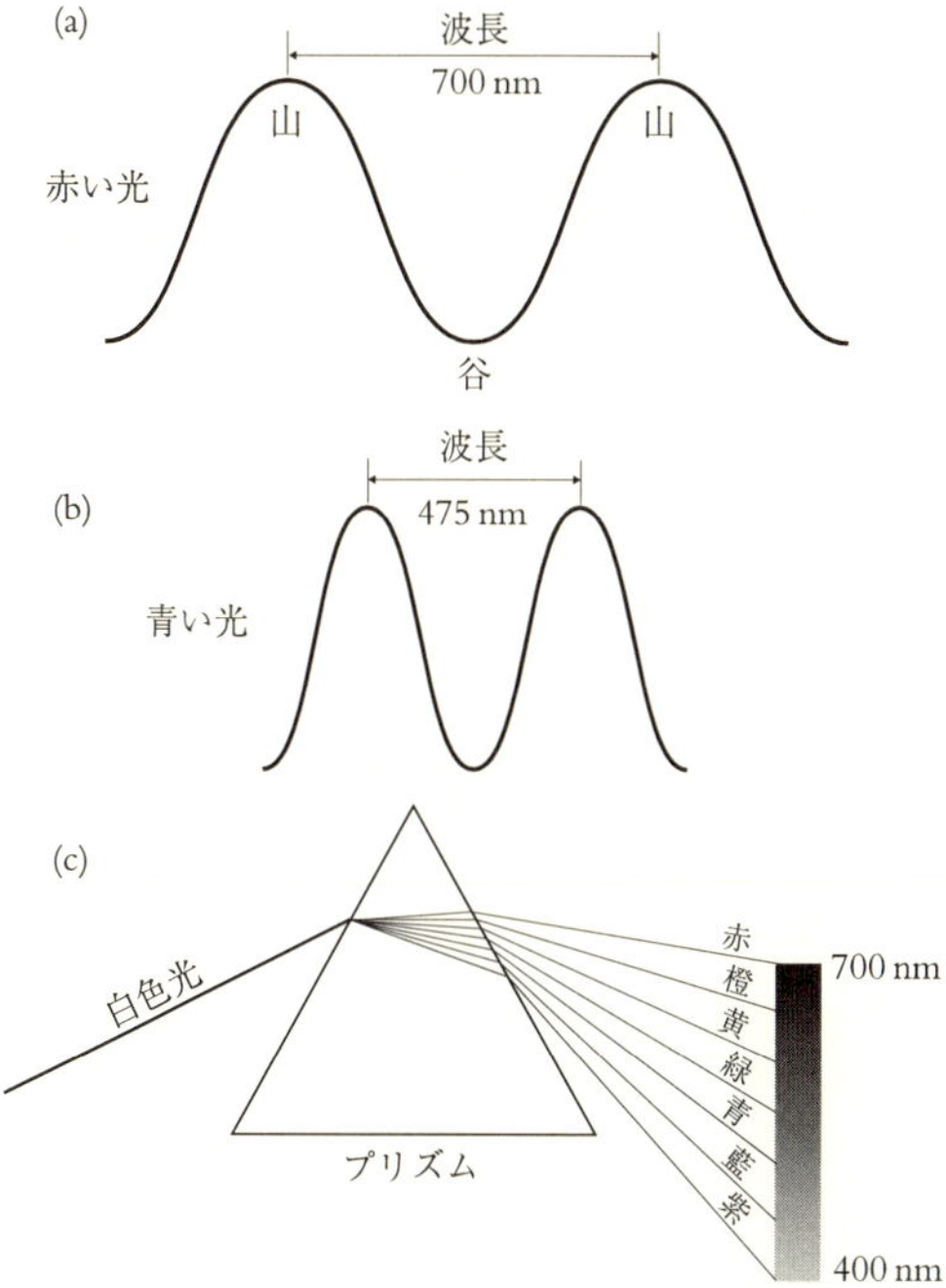

図51　光は波とみなすことができる。光波の波長は、隣り合う２つの山（または谷）の距離であり、この波長が、光について知る必要のあることはほとんどすべて教えてくれる。とくに波長は、光の色と、光のエネルギーに関係している。図(a)には、波長が長く、エネルギーの低い赤い光を示した。図(b)には、波長が短く、エネルギーの高い青い光を示した。可視光線の波長は1000分の１mmよりも短い。可視光線の波長領域は、おおよそ紫の波長0.0004mmから赤の波長0.0007mmまでである。通常、波長はナノメートル（nm）を単位として測られる。１nmは10億分の１mである。したがって、赤い光の波長はざっと700nmとなる。

青い光よりも波長の短い光（紫外線やX線など）や、赤い光よりも波長の長い光（赤外線やマイクロ波など）も存在するが、これらは人間の目には見えない。

白色光は、さまざまな色（あるいは同じことだが波長）が混じったものである。そのことは、図(c)のように、白色光をプリズムに通せば虹ができることからわかる。このとき虹ができるのは、光は波長ごとに異なる振る舞いをするからだ。とくに、ガラスに入るときと出るときの曲がり方は波長ごとに異なる。

である。赤外線やマイクロ波は、可視光線よりも波長が長く、エネルギーの低い光である。

天文学者にとって重要なのは、星が光波を出していることだった。そこで彼らは、星の光の波長がわかれば、星について何かが——たとえば温度などが——わかるのではないかと期待した。たとえば、物体の温度が摂氏五百度まで上がると、その物体は目に見える赤い光を出せるだけのエネルギーをもつようになり、文字通り「赤熱」した状態になる。温度がさらに上がると物体のエネルギーも上がり、エネルギーが高く、波長の短い青い光の割合が増えていく。高温の物体は赤から青までさまざまな波長の光を出せるため、物体の色は「赤熱」から「白熱」に変わる。普通の電球のフィラメントは、摂氏三千度ほどで使われるようになっており、たしかに白い色を出す。天文学者は、星の光の色を調べて、どの波長の光がどんな割合で含まれているかを明らかにすれば、星の温度を推定できることに気づいたのだ。図52には、星の表面温度が異なるとき、光の波長分布はどうなるかを示した。

天文学者たちは星の温度を測ると同時に、星を作り上げている物質を知る方法も突き止めた。彼らがそのために使ったテクニックの基礎となったのが、さかのぼって一七五二年に行われたひとつの研究だった。この年、スコットランドの物理学者トマス・メルヴィルは奇妙な現象に気がついた。さまざまな物質を炎にかざしてみたところ、その物質に特有な光が出ることがわかったのだ。たとえば食卓塩からは明るい黄色の光が出た。ガスレンジの炎に食塩をぱらぱらと振り掛けてみれば、一目でそれとわかる黄色の光が出るだろう。

食塩に特有な黄色がどこから出るのかを探っていくと、原子レベルの構造にいきつく。食塩は塩化ナトリウムとも言われるが、黄色の光は、塩化ナトリウム結晶中のナトリウム原子から出ているのである。街路灯に使われるナトリウム・ランプが黄色の光を出すのはそのためだ。ナトリウムか

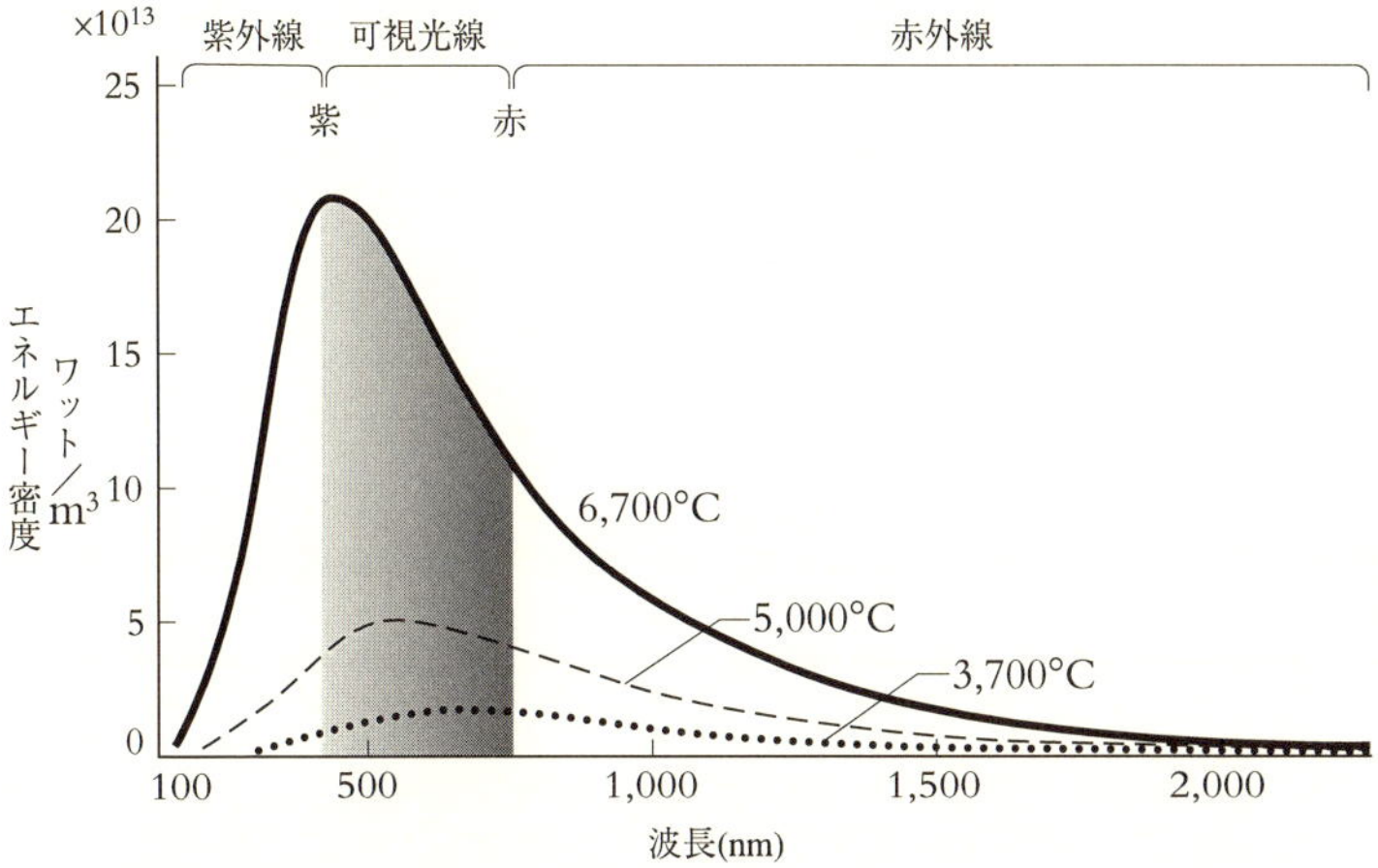

図52　表面温度の異なる３つの星が放出する光の波長領域を示す。太い実線によるカーブは、表面温度が6,700℃の星が放出する光の波長分布である。この分布のピークは青から紫の波長のあたりにあるが、可視スペクトル内のそれ以外の色の光も出ている。可視光線以外にも、波長の長い赤外線が少しと、可視光線より波長の短い紫外線が大量に放射されている。真ん中の破線によるカーブは、もう少し表面温度の低い星（5,000℃）が放出する光の波長分布である。この分布のピークは可視光線の真ん中あたりにあり、この星の光にはどの色もバランス良く混じっている。一番下の点線によるカーブは、さらに表面温度の低い星（3,700℃）が放出する光の波長分布である。この分布のピークはもっと波長の長いほうにあり、大量の赤い光と、目には見えない赤外線をかなりの量放出している。この星は、橙から赤い色に見える。

星の光の波長分布を調べることにより、天文学者は地球にいながらにして星の温度を推定することができる。波長分布は、温度の目印になるのだ。要するに、星の温度が低いほど波長の長い光を放出する傾向が強くなり、星は赤みを帯びた色に見える。逆に、星の温度が高いほど、波長の短い光を放出する傾向が強くなり、星は青みを帯びた色に見えるということだ。

ら出た光をプリズムに通せば、光の波長を正確に知ることができる。実際にやってみると、ナトリウムから出る主要な二つの光は、どちらもスペクトルの黄の領域にあることがわかる（**図53**）。

原子はそれぞれの内部構造に応じて、特定の波長（つまり色）の光を放射する能力をもっている。**図53**には、ナトリウムのほかにも、いくつかの元素から放射される光の波長を示した。ネオンはスペクトルの赤いほうの端に近い光を出し、これは夜のネオン街の色から予想される通りである。一方、水銀は青の波長領域からいくつかの光を出す。水銀灯の色が青白いのはこのためだ。照明器具を設計する人たちだけでなく、花火職人もさまざまな物質が出す光の波長に関心をもっており、その知識を利用して望みの効果を得ている。たとえば、バリウムの入った花火は緑の光を出し、ストロンチウムの入った花火は赤い光を出す。

それぞれの元素から放射される光は決まった波長をもち、その波長が元素の指紋の役割を果たす。したがって、熱せられた物質が放射する光の波長を調べれば、その物質に含まれる元素がわかることになる。**図53**の一番下に、未知の高温ガスから得られたスペクトルを示した。この高温ガスが放射した光の波長を、他のスペクトルのパターンと見比べてみれば、このガスにはヘリウムとナトリウムが含まれているのがわかる。

原子、光、波長、色に関する科学が、「分光学」である。物質が光を出すプロセスのことを「放射」と言う。逆のプロセス、すなわち特定の波長の光が原子に吸い込まれるプロセスも存在し、これを「吸収」と言う。食塩を強く熱して気化させたガスに、すべての波長領域にわたる光を通してやると、大半の光はそのまま通り抜けるが、特定の波長の光は食塩に含まれているナトリウム原子に吸収される（**図54**）。ナトリウムに吸収される光の波長は、ナトリウムから放射される光の波長と厳密に同じであり、吸収と放射のあいだのこの対称性はあらゆる元素で成り立つ。

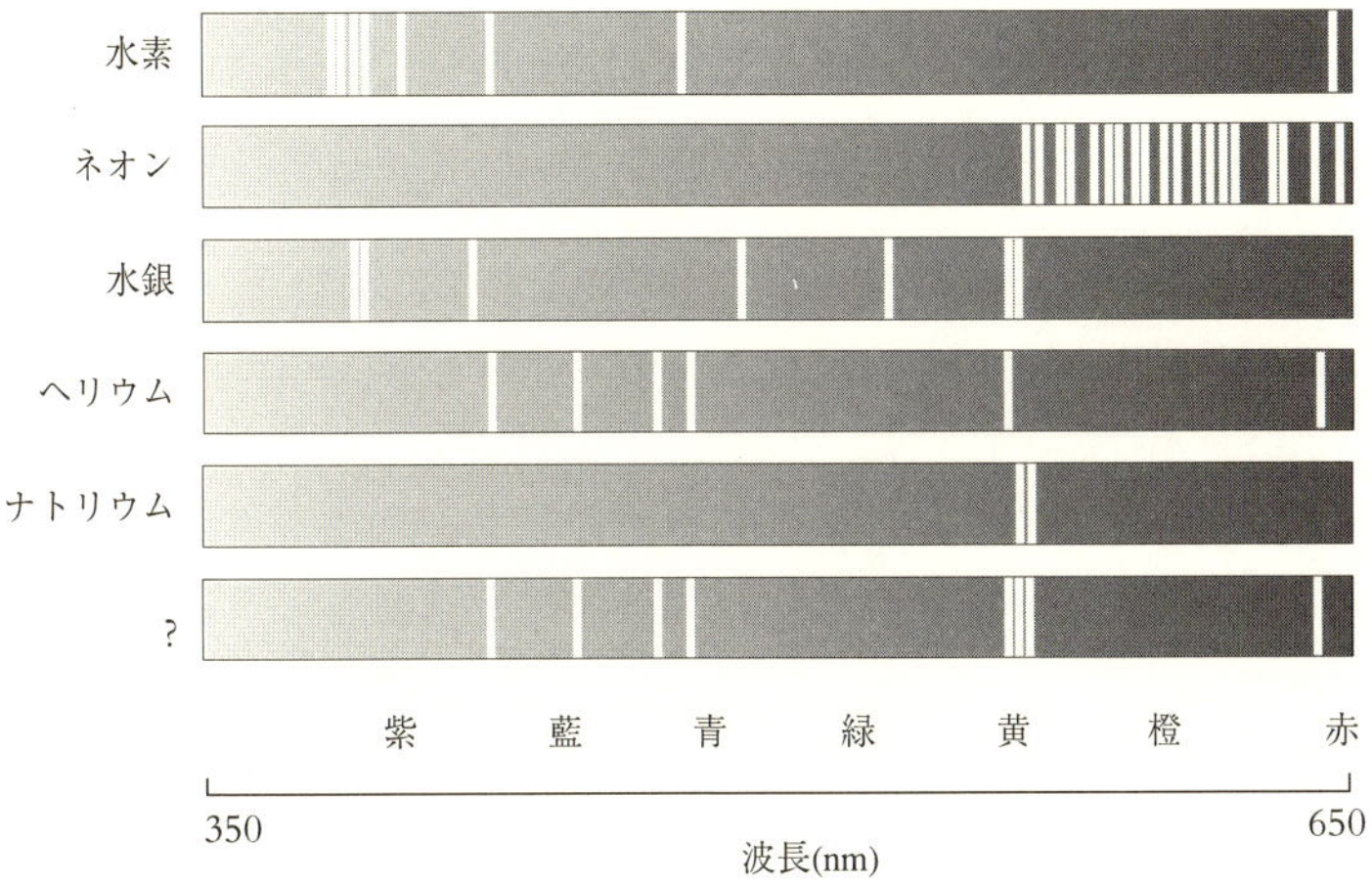

図53　ナトリウムから放射される主たる可視光線は、上から５番目のスペクトル図に示されている。ナトリウム・スペクトルには、おおよそ0.000589mm（589nm）のところに２本の主要な波長があり、これらは黄に対応している。このスペクトル図は、ナトリウムの指紋を表している。実際、個々の原子には独自の指紋があり、それはスペクトル図から明らかである。１個の原子は、環境によってわずかに異なる指紋を見せることがある。たとえば、原子が非常な高圧にさらされていた場合などだ。一番下のスペクトル図は、未知の気体のものである。放出された光の波長を他のスペクトル図と比較することにより、このガスにはヘリウムとナトリウムが含まれていることがわかる。

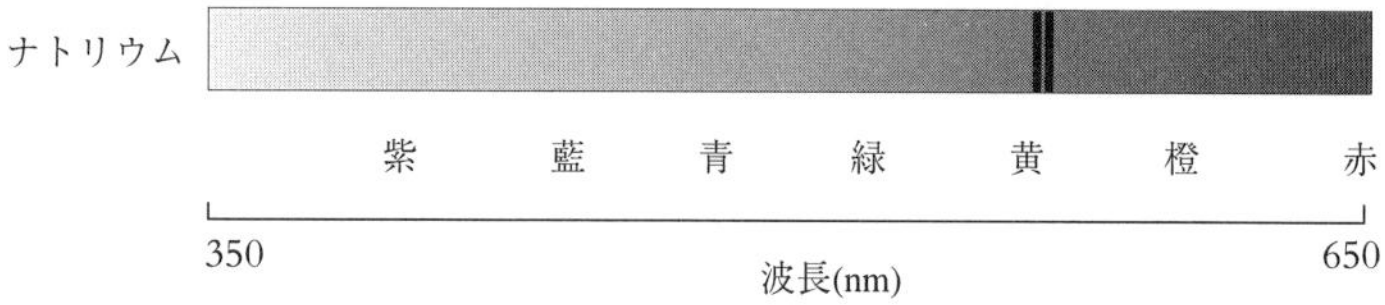

図54 分光学では、吸収と放射とは互いに逆のプロセスである。ここに示すのはナトリウムの吸収スペクトルで、白ではなく黒い線で示されていることを別にすれば、図53とまったく同じである。この図では、ナトリウムに吸収された２つの波長以外、すべての波長が見えている。

実は、天文学者たちが注目したのは放射ではなく吸収のほうだった。そして分光学は化学の研究室から連れ出され、天文台に持ち込まれた。天文学者たちは、吸収は星が何でできているかを知るための鍵になるのではないかと考え、はじめに太陽を調べてみた。**図55**に示すのは、太陽光をプリズムに通すことにより、波長の全領域を調べる方法である。太陽は十分に温度が高いため、可視光線のすべての波長領域で光を出すことができる。ところが十九世紀はじめの物理学者たちがやってみると、いくつかの波長が抜け落ちていたのだ。抜け落ちた波長は、太陽のスペクトルに暗線となって現れる。まもなくどこかの誰かが、波長が抜け落ちているのは、太陽の大気中に含まれる原子に吸収されたためだと気がついた。期待された通り、抜け落ちた波長を使えば、太陽の大気に含まれる元素を明らかにできるということだ。

この分野の基礎的研究のほとんどを成し遂げたのは、光学の先駆者であるドイツのヨーゼフ・フォン・フラウンホーファーである。しかし一八五九年に画期的な突破口を切り開いたのは、ロベルト・ブンゼンとグスタフ・キルヒホフの二人だった。ブンゼンとキルヒホフは力を合わせて、物体から放射された光の波長を高い精度で測定するために、特別にデザインされた「分光器」を作り上げた。二人はその分光器を使って太陽の光を調べ、ナトリウムと関係づけられる二つの波長が抜け落ちていることを突き止め、太陽の大気にはナトリウムが存在

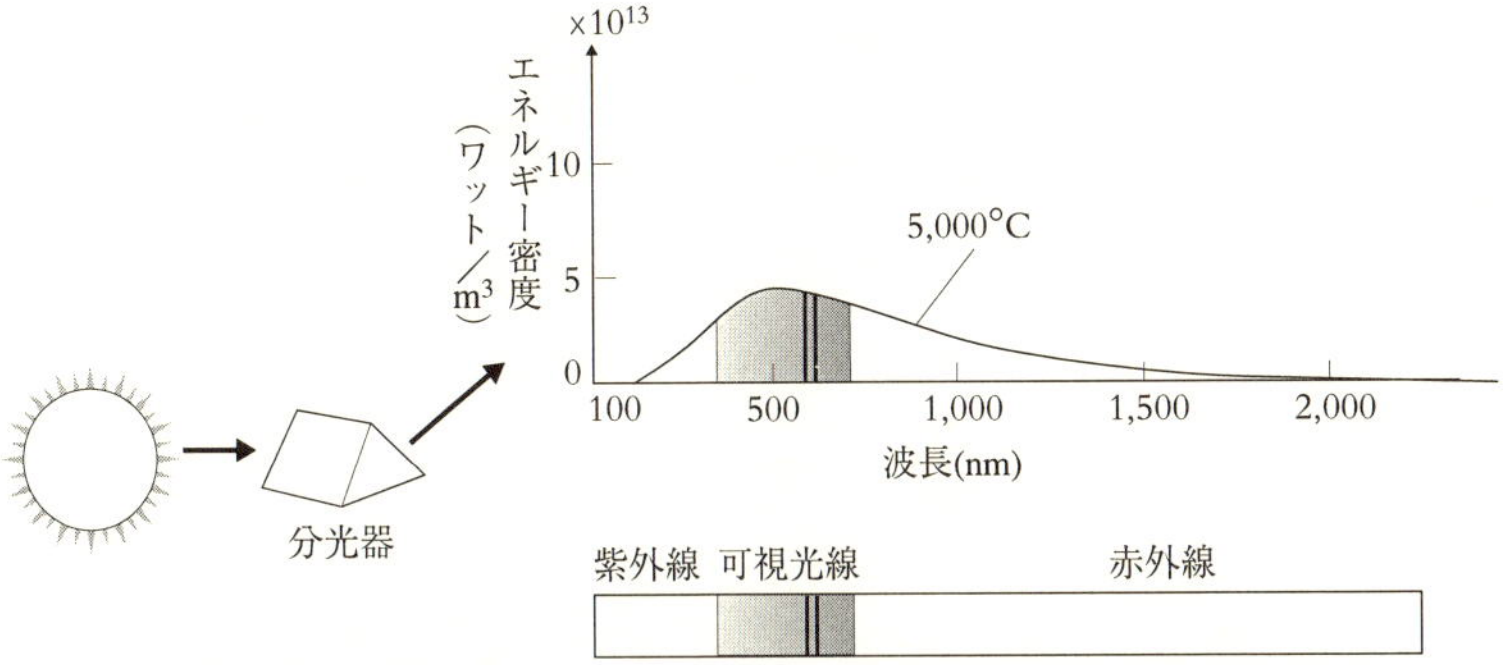

図55　太陽は十分に温度が高く、赤から紫まで可視光線の全領域の光を放射するほか、紫外線や赤外線も放射している。太陽光を調べるには分光器を通せばよい。分光器は、ガラスのプリズムなど（光を広げてすべての波長を検出できるようにしてくれる）からできている。このグラフは、太陽のような高温の物体が放射すると期待される波長の分布である。ただし、２つの波長が抜け落ちている。この抜け落ちた部分が、ナトリウムの吸収線である。下に示したスペクトルは、吸収線が感光板に現れた場合である。ただし実際の測定では、これほどくっきりした線にはならない。実際には、太陽光を詳しく調べてみると、何百もの波長が抜け落ちている。抜け落ちた波長は、太陽の大気に含まれるさまざまな原子に吸収されたのである。黒い吸収線を調べれば、太陽を構成する元素を突き止めることができる。

すると結論したのである。
「このところキルヒホフと一緒に取り組んでいる仕事のせいで、私たちは眠ることもできません」とブンゼンは書いた。「キルヒホフは、太陽スペクトルに暗線が見られる理由について、まったく予想を超えるすばらしい発見をしました。……硫酸塩や塩素などを試薬を使って同定するのと同じ精度で、太陽や恒星の成分を同定する方法が見つかったのです」こうして、星が何でできているかは永遠に知りえないというコントの考えは間違いだったことが示された。

キルヒホフはさらに歩を進め、太陽の大気中に他の物質、たとえば重金属などが存在する証拠を探しはじめた。彼が取引していた銀行の支店長はいい顔をせず、キルヒホフにこう尋ねた。「地球にもって来られないというのに、太陽に金があったところで何の役に立つのですか？」後年、キルヒホフはその研究を認められて金メダルを受賞し、狭量なその銀行家を訪れて勝ち誇ったようにこう言った。「太陽から得た金です」

星の分光学というテクニックは非常に強力で、一八六八年にはイギリス人ノーマン・ロッキャーとフランス人のピエール＝ジュール・ジャンサンがそれぞれ別個に、地球ではまだ見つかっていなかった元素を太陽に見出した。二人は太陽光のスペクトルを調べているときに、既知のどの元素とも合わない吸収線を発見し、まったく新しいタイプの元素が存在する証拠だと考えたのだ。その元素は、ギリシャ神話の太陽神ヘリオスにちなんでヘリウムと名づけられた。ヘリウムは太陽質量の四分の一を占める元素だが、地球にはきわめて稀にしか存在せず、地球でヘリウムが検出され、ロッキャーがその功績によりナイト爵に叙せられたのはそれから二十五年あまりも後のことだった。

ウィリアム・ハギンズもまた分光学の威力を知る科学者だった。若き日のハギンズは、父の仕事を継いで生地商人になったが、後年、科学をやりたいという夢を追う決心をして家業を売り払い、そうして得た金で、今日ではロンドン郊外になっているアッパー・タルス・ヒルに天文台を建設した。ブンゼンとキルヒホフが分光学で成し遂げた発見のことを聞いて、ハギンズは躍り上がって喜んだ。「その知らせは私にとって、乾ききった大地に湧き上がった泉のようだった」

一八六〇年代、ハギンズは太陽より遠い星たちに分光学を使い、星たちもやはり地球でみられるのと同じ元素を含むことを確認した。たとえばベテルギウスのスペクトルには、ナトリウム、マグネシウム、カルシウム、鉄、ビスマスなどの元素による吸収線が認められた。古代の哲学者たちは、星を作り上げているのは、地上にみられる空気、土、火、水の四元素ではなく、「第五元素」だと主張した。それに対してハギンズは、ベテルギウスは――そしておそらく宇宙のすべては――第五

図56　ハギンズ夫妻。星の速度を測定するために天文学に分光学を用いた先駆者。

元素などではない地球の物質でできていることをみごと証明したのである。ハギンズはその研究の意義を次のように結論づけた。「星やその他の天体から来る光を分光学的に調べるという研究には、ひとつ重要な目的があった。すなわち、地球にあるのと同じ化学元素が、宇宙にあまねく存在しているかどうかを明らかにすることである。この目的は、きわめて満足のいくレベルで肯定的に解決された。普通の元素が、宇宙にあまねく存在することが示されたのである」

ハギンズはその後も、妻のマーガレットと犬のケプラーに伴われて星の研究を続けた。マーガレット・ハギンズその人も熟練の天文学者で、夫より二十四歳年下だった。そんなわけで、ウィリアムが八十四歳になり、天文学者としての人生も終わりに近づいたときには、望遠鏡に登って必要な調整をするといった作業は六十歳の元気な妻にやってもらった。マーガレットはその苦労をこう述べている。「天文学者には、自由自在に動く関節とゴム製の脊椎が必要です」このハギンズ夫妻が力を合わせて開発したのは、やがてわれわれの宇宙観を変えることになる、まったく新しい分光学の応用分野だった。二人は、分光学を使えば星を作り上げている物質がわかるだけでなく、星の速度もわかることを示したのである。

それまで天文学者たちはガリレオに従い、恒星は動かないものと考えていた。すべての星は夜ごと空を移動していくが、それは地球の自転のせいで生じる見かけの運動であることがわかったからだ。とくに、星同士の位置関係は変わらないものと決めてかかっていた。実を言えばこの考えは間違いであり、一七一八年にはイギリスの天文学者エドマンド・ハレーがそれを指摘していたのである。ハレーは、地球の運動を考慮してもなお、シリウス、アルクトゥルス、プロキオンの記録された位置と、それより十何世紀も前にプトレマイオスによって測定された位置とにわずかなずれがあることに気づいた。ハレーは、このずれは測定誤差によっては説明できず、正真正銘、長いあいだに星同士の位置関係が変わったためだと考えるに到った。

無限に精度の高い測定装置と、無限に強力な望遠鏡を使えば、それぞれの星についていわゆる「固有運動」を検出することもできただろう。しかし現実には、星たちはごくわずかずつしか位置を変えないため、現代の天文学者にとってさえ、固有運動の検出はきわめて難しい。一般に、星の固有運動を検出するためには、その星の近くにある星たちを数年がかりで注意深く観測しなければならない(図57)。つまりわれわれのごく近くにある星ですら、固有運動を測定するにはたいへんな努力がいるのである。固有運動の研究をめぐるもうひとつの制約は、たとえ測定できたとしても、天球面内の運動の目安にしかならず、地球に近づいたり、地球から遠ざかったりする速度(これを「視線速度」という)については何もわからないことだ。ひとことで言えば、固有運動を検出したところで、星の速度に関しては限られた知識しか得られないのである。

しかしウィリアム・ハギンズは、分光学を使えば、固有運動の検出にまつわる二つの困難を克服

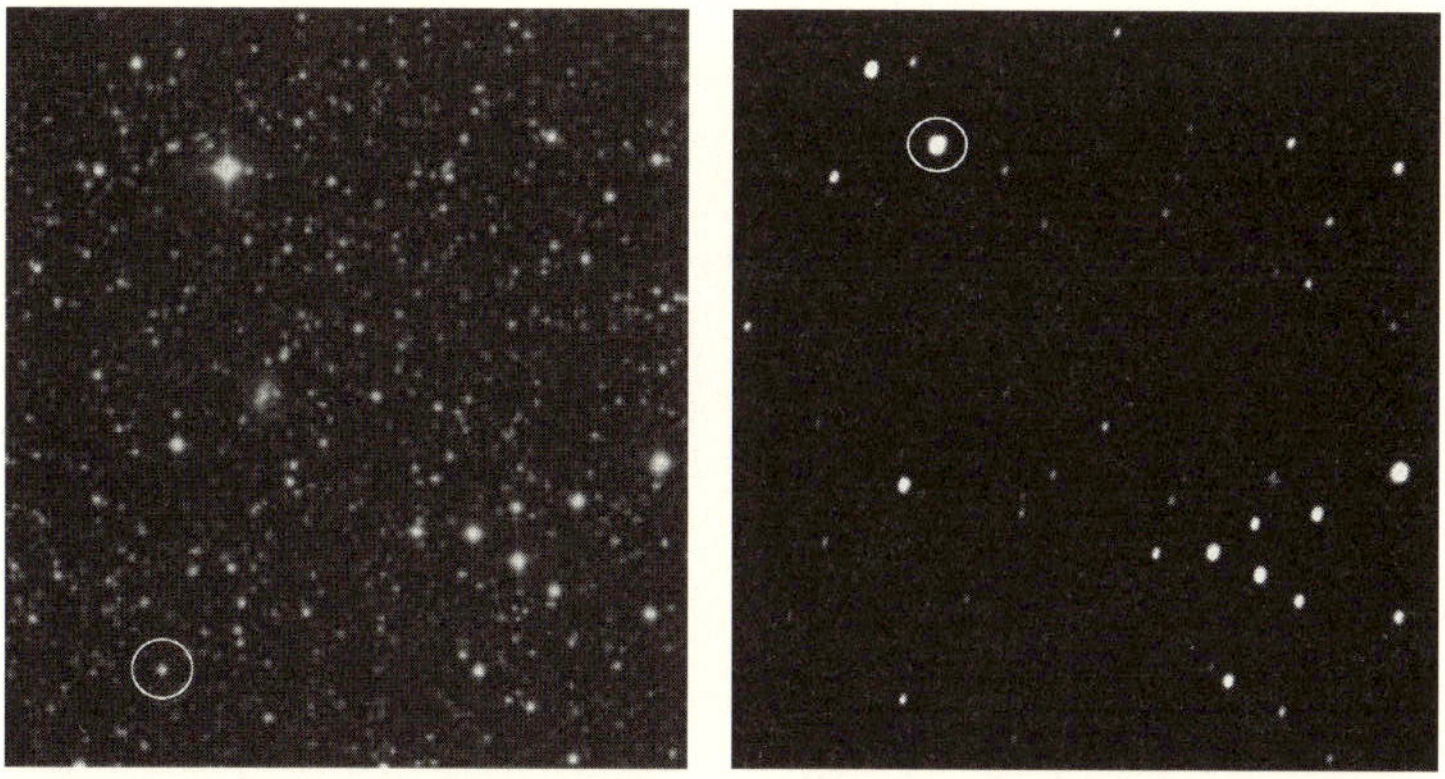

図57　円で囲んだのは、へびつかい座のバーナード星。左は1950年、右は97年に撮影されたもの。太陽系に２番目に近い恒星で、もっとも大きな固有運動を示す星でもある。この星は、年間10角度秒だけ位置を変える。この２枚の写真はほぼ半世紀を隔てて撮影されたもので、この星が他の星に対して大きく移動しているのがわかる。写真の右下に、くの形に並んでいる星の集まりを目印にするといい。

できることに気がついた。彼が開発した新しい分光学のテクニックは、どんな星の視線速度でも高い精度で測定でき、またどれほど遠くにある星にも使えた。ハギンズのアイディアは、分光学と、オーストリアの科学者クリスティアン・ドップラーによってすでに発見されていた物理現象を組み合わせるというものだった。

ドップラーは一八四二年に、物体の運動状態は、その物体から出る波に影響を及ぼすという結果を発表した。ここで言う波は、水の波でもいいし、音波や光波でもいい。「ドップラー効果」と呼ばれるその現象を理解するために、一匹のカエルが睡蓮の葉の上でくつろいでいるという簡単な状況を考えてみよう。カエルは水かきのある脚で、一秒間に一回のペースで水面を打ち、池には一連の波が生じる。波は一メートルの間隔を開けて、毎秒一メートルの速度で進んでいくものとする（**図58**）。このようすを真上から見下ろすと、睡蓮の葉は動いていないとすれば、図58(a)に示したように、同心円状になった波の山が見えるだろう。池の縁に立っている観測者から見ても、波は一メートルの間隔で岸に打ち寄せてくるだろう。

ところが、カエルが動いていれば話は変わってくる（図58(b)参照）。カエルが波を作りながら、睡蓮の葉とともに秒速〇・五メートルで右側の岸に向かっているとしよう。波はやはり秒速一メートルで水面を伝わっていく。このとき、カエルが向かっていく方角では波間が密になり、逆の方角では波間が広がる。右の岸辺からこれを見ている観測者にとっては、波は〇・五メートルの間隔で打ち寄せてくるのに対し、左側の岸辺から見ている観測者にとっては、波は一・五メートルの間隔で打ち寄せてくる。一方の観測者にとっては波長が短くなり、他方の観測者にとっては波長が長くなるのだ。これがドップラー効果である。

ここまでの話をまとめておこう。物体が観測者に近づきながら波を出せば、観測者にとって波長は短くなり、物体が観測者から遠ざかりながら波を出せば、観測者にとって波長は長くなる。逆に、波を出す物体が静止していて、観測者のほうが運動している場合にもこれと同じ効果が生じる。

一八四五年、オランダの気象学者クリストフ・ボイス＝バロットは、音波の場合にドップラー効果を検証した。実を言えばボイス＝バロットは、ドップラー効果は存在しないことを証明しようとしたのだった。彼はラッパ手を二つのグループに分けて、どちらのグループにもEフラットの音を出してくれるよう頼んだ。検証には、ユトレヒト―マールセン間に開通したばかりの鉄道が使われた。一方のグループは無蓋貨車に乗り込んでラッパを吹き、他方のグループは駅のホームに立ったままラッパを吹いた。静止しているときには二つのグループの音は同じだったが、列車が接近してくると、音楽の訓練を受けた耳には音が高くなるのがはっきりとわかり、列車の速度が大きくなるにつれて音はさらに高くなった。そして列車が遠ざかっていくと音は低くなった。ピッチが変わっ

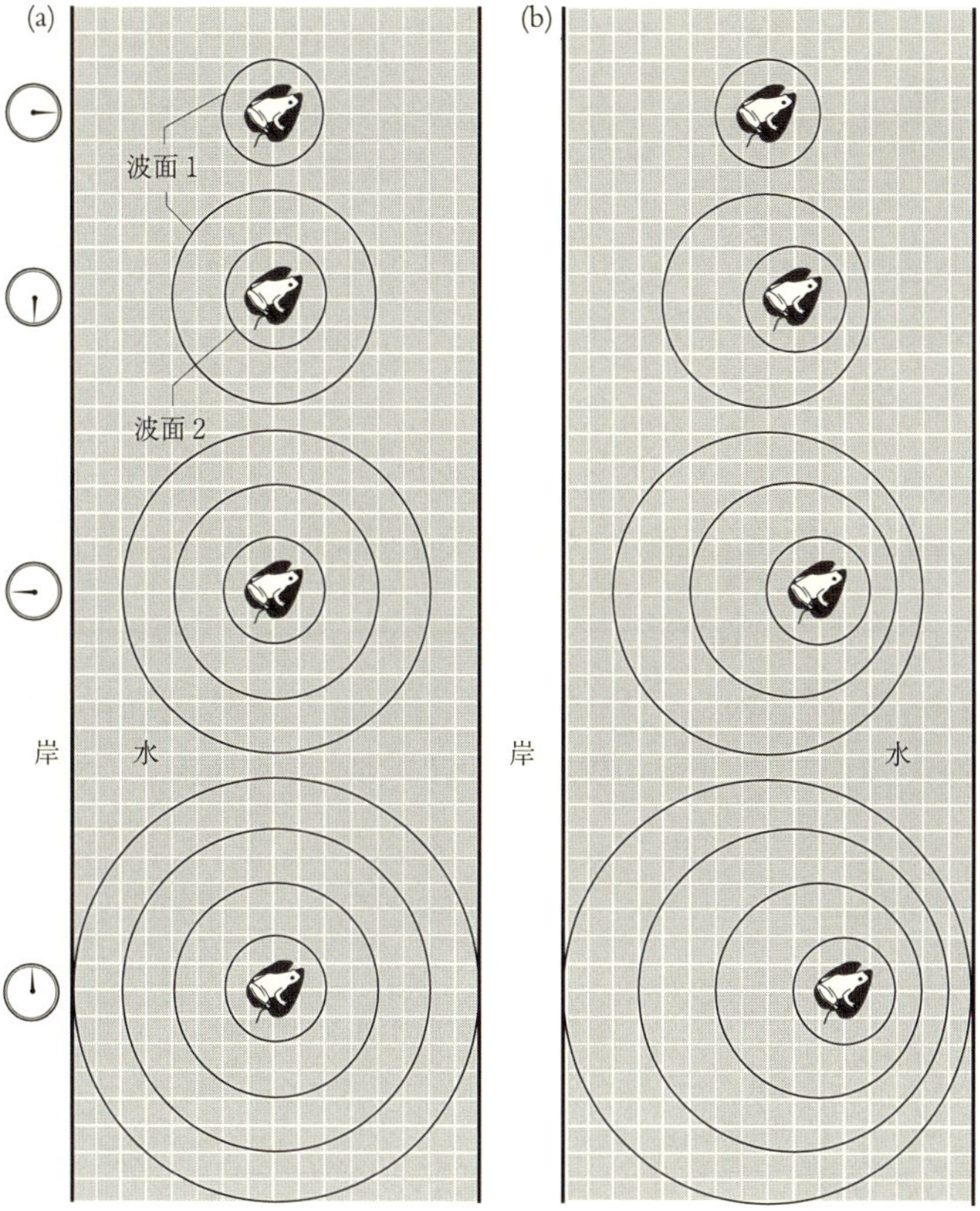

図58　睡蓮の葉の上にいるカエルは毎秒ひとつの水の波を生み、その波は１ｍの間隔で進んでいく。図(a)に示すように、カエルが静止しているときには、どちらの岸にいる観測者にとっても、水の波は１ｍの間隔を開けて到着するだろう。しかし図(b)のように、カエルが右の岸に向かって0.5m/sで進んでいけば、観測者たちはそれぞれ異なる現象を見る。カエルが向かっていく方向では波が密になるのに対し、逆の方向では波間が広がって見える。この違いは、カエルが次の波を出すまでに、他の波に近づいていくか遠ざかっていくかによるもので、水の波に見られるドップラー効果の一例である。

たのは、音波の波長が変わったためである。

現代のわれわれは、救急車のサイレンでこれと同じ効果を聞くことができる。救急車が近づいてくるときにはピッチが上がり（波長が短くなる）、救急車が遠ざかるときにはピッチが下がる（波長が長くなる）。救急車が通り過ぎる瞬間には、ピッチが高いほうから低いほうに切り替わるのがはっきりわかるだろう。レーシングカーのF1はスピードが大きいため、ドップラー効果もはっきりする。エンジンノイズのピッチが高いほうから低いほうに切り替わり、「イーーーオーーーー」と変化するのが聞き取れるだろう。

波長とピッチがどのぐらい変化するかは、ドップラーが導いた式を使って高い精度で予測できる。観測者が受け取る波長（λ_r）は、物体から出たときの波長（λ）と、物体の速度（ν_e）および波の速度（ν_w）との比で決まる。ν_eの符号は、波を出す物体が観測者に向かって近づいてくる場合を正とし、観測者から遠ざかっていく場合を負とする。

$$\lambda_r = \lambda \times \left(1 - \frac{\nu_e}{\nu_w}\right)$$

この式を使って、救急車が通り過ぎるときにサイレンの波長がどれだけ変化するかを計算してみよう。空気中を伝わる音波の速度（ν_w）はざっと時速千キロメートル、救急車の速度（ν_e）は百キロメートルほどだろうから、これらの値を式に代入すると、波長は上下にそれぞれ一〇パーセントほど変化することがわかる（近づいてくるときは波長が減少し、遠ざかるときは増大する）。

これと同様の計算により、救急車のランプの青い光の波長がどれだけ変化するかを知ることもできる。光の波は光速で進むから、ν_wは秒速三十万キロ、時速ではおよそ十億キロメートルである。

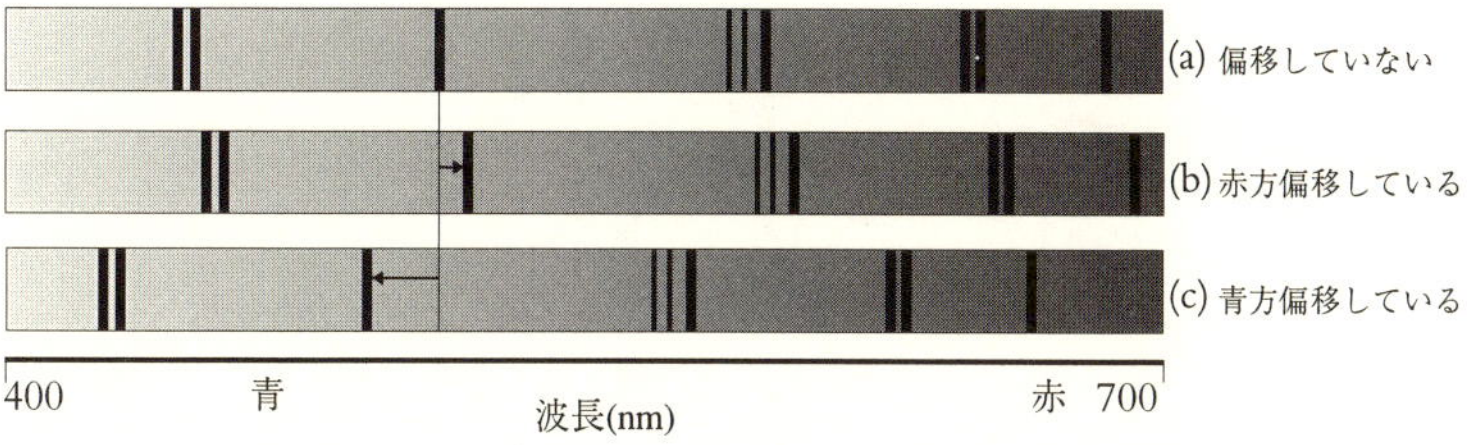

図59　これら３つのスペクトルは、星の動径方向の運動によって星の光がどう変化するかを示している。スペクトル(a)は、地球に近づいても遠ざかってもいない星（たとえば太陽）からの吸収線である。スペクトル(b)は、地球から遠ざかっている星からの赤方偏移した吸収線である。すべて右側にずれていることを別にすれば、２つのスペクトル線はまったく同じである。スペクトル(c)は、地球に近づいてくる星からの青方偏移した吸収線である。これもまた、すべて左側にずれていることを別にすれば、まったく同じである。青方偏移した星のスペクトルのずれは、赤方偏移した星のスペクトルのずれよりも大きいので、この青色偏移を示す星は、赤方偏移を示す星よりも大きな速度でこちらに近づいていることがわかる。

救急車の速度（ν_e）は、前と同じく時速百キロメートルとする。これらの値を代入すると、波長は〇・〇〇〇〇一パーセントだけ変化することがわかる。光の波長がこの程度変化したところで、人間の目には色が変わったことは感知できない。実際、日常生活のなかでは、光に関連するドップラー偏移（すなわち、ドップラー効果による波長のずれ）が感知されることはない。なぜなら、どれほどスピードの出る乗り物でも、光にくらべればはるかに遅いからだ。しかしドップラーその人は、光学的なドップラー偏移は間違いなく実在し、光を出す物体の運動速度が十分に大きく、検出装置の感度が十分に高ければ検出できるだろうと予言した。

はたせるかな、一八六八年にウィリアムとマーガレットのハギンズ夫妻は、シリウスのスペクトルにみごとドップラー偏移を検出してのけた。シリウスの吸収線は、太陽のそれとほとんど同じだったが、個々の吸収線が〇・〇一五パーセントだけ波長の長いほうにずれていたのだ。これはシリウスが地球から遠ざかりつつあるためと考えられた。思い出してほしいが、光を出している物体が観測者から遠ざかっていくなら、光の波長は長いほうにずれるのだった。可視光のスペクトルの中で一番波長が長いのは赤い光だから、波長が長いほうにずれることを「赤方偏移」という。また、光を出す物体が観測者のほうに近づいてくるなら、光の波長は短いほうにずれ、この場合を「青方偏移」という。両方の偏移を図59に示した。

ドップラーの式は、のちにアインシュタインの相対性理論と合わせるために修正が必要になるが、十九世紀の形のままでもハギンズの目的には十分であり、彼はシリウスが地球から遠ざかる速度を計算することができた。シリウスからやってくる光の波長を測定したところ、〇・〇一五パーセントだけ波長が伸びていたのだから、受け取った光の波長と、標準的な光の波長との関係は、$\lambda_r = \lambda \times 1.00015$ となる。光波の速度は光速だから、ν_w は秒速三十万キロメートルである。ハギンズは、式を少し変形してこれらの値を代入し、シリウスは秒速四十五キロメートルで地球から遠ざかっていることを示した。

$$\lambda_r = \lambda \times \left(1 - \frac{\nu_e}{\nu_w}\right) \qquad \lambda_r = \lambda \times 1.00015$$

だから、

$$1.00015 = \left(1 - \frac{\nu_e}{\nu_w}\right)$$

$$\nu_e = -0.00015 \times \nu_w$$

$$= -0.00015 \times 300,000\text{km/s}$$
$$= -45\text{km/s}$$

天文学をやりたいという初志を貫徹した元布地商人ウィリアム・ハギンズは、星の速度は測定可能であることを証明した。星は、地球上にある普通の元素（たとえばナトリウム）を含み、元素はそれぞれに特有な波長の光を出す。しかしその波長は、星が視線速度をもつためにドップラー効果のせいでずれる。そのずれを測定すれば、星の速度を求めることができるのだ。ハギンズの方法は途方もない可能性をはらんでいた。なぜなら目に見える星や星雲ならどんなものでも、分光器を使って波長を調べ、ドップラー効果による波長のずれを計測すれば、その速度がわかるのだから。こうして、星が天球上で移動する固有運動に加え、地球に近づいたり遠ざかったりする視線速度も測定できるようになった。

ドップラー効果で速度を求めるなどという話は、たいていの人にとっては初耳だろう。しかしこの方法は、たしかに使いものになる。それどころか非常に信頼性が高いため、警察はドップラー効果を利用してスピード違反を検挙しているほどなのだ。警察官は、近づいてくる車に向かって電波のパルスを発射し（電波も光の仲間であり、スペクトルでは可視光の外側にある）、車にぶつかって跳ね返ってきた電波を検出する。跳ね返ってきたパルスは、事実上、運動物体、すなわち車から出たものとみなすことができる。車の速度が大きければ大きいほど波長のずれも大きくなり、スピード違反の罰金も上がることになる。

あるジョークでは、天文台に向かって車を走らせていたある天文学者が、ドップラー効果を利用して警察を丸め込もうとした。その天文学者は信号無視をして捕まったのだが、自分は信号に向かって走っていたため、赤信号の光が青方偏移のために青く見えたのだと言い訳をした。すると警察官は、信号無視は見逃してやる代わりに、罰金を倍額にしてスピード違反のキップを切った。波長がそれほど大きくずれるためには、天文学者は時速二億キロメートルほどで車を飛ばしていたことになるからだ。

二十世紀に入ると分光学のテクニックもすっかり成熟し、新しく建設された巨大望遠鏡や高感度の感光板と組み合わせて使えるようになった。望遠鏡、写真、分光器という三位一体のテクノロジーは、星は何でできているのか、星はどんな速度で運動しているのかを探る空前の機会を天文学者にもたらした。どんな星の光にも抜け落ちた波長はたくさんある。抜け落ちた波長から星の成分を調べたところ、星の主成分は水素とヘリウムであることが明らかになった。さらに、抜け落ちた波長がどれだけずれているかを測定したところ、星たちはさまざまな速度で運動していることもわかった。星のなかには、地球に近づいてくるものもあれば遠ざかっていくものもあり、秒速数キロメートルでゆっくり動いている星もあれば、秒速五十キロメートルという猛烈なスピードで飛ばしている星もあったのだ。秒速五十キロメートルというのはかなりの速度で、もしも飛行機がこの速度で飛べるとすると、大西洋を越えるにはほんの二分ほどしかかからないだろう。

一九一二年には元外交官のヴェスト・スライファーという天文学者が、速度測定のレベルを前人未踏の高さにまで引き上げた。スライファーは、星雲のドップラー偏移をはじめて測定した天文学者になったのだ。そのために彼が使ったのは、アリゾナ州フラッグスタッフにあるローウェル天文台のクラーク望遠鏡だった。この望遠鏡は、ボストンの上流階級に属する富豪、パーシヴァル・ローウェルの寄付をもとに設置された二十四インチの屈折望遠鏡である。ローウェルは、火星には知的生命体がいるという考えに取り憑かれ、火星に文明が存在する証拠をつかむことに夢中になっていた。スライファーが興味をもったテーマはローウェルほど主流からはずれてはおらず、彼は時間の許すかぎり星雲に望遠鏡を向けた。

スライファーは、アンドロメダ星雲（のちに星雲ではなく銀河であることが立証された）からやってくるかすかな光を捉えるために、幾晩もかけて合計四十時間露光し、秒速三百キロメートルの速度に相当する青方偏移を得た。この速度はほかの星の速度よりも六倍ほど大きかった。一九一二年の段階ではまだ、アンドロメダはわれわれの天の川銀河の内部にあるというのが大方の意見だったので、天文学者たちにとって、天の川銀河の内部にある天体がそれほど大きな速度をもつというのは信じられないことだった。スライファー自身でさえもその測定結果を疑い、ミスを犯していないかどうかを確かめるために、今日ではソンブレロ銀河の名で知られる星雲に望遠鏡を向けてみた。すると今度は、青方偏移ではなく赤方偏移が検出され、しかもドップラー偏移による波長のずれはさらに大きかった。ソンブレロの赤方偏移を説明するには、秒速千キロメートルという非常に大きな速度で遠ざかっていると考えなければならなかったのだ。この速度は光速の一パーセントのオーダーにせまるものである。もしも飛行機にこれだけの速度が出せるなら、ロンドンからニューヨークまでは六秒で飛べるだろう。

スライファーはそれからの数年間につぎつぎと銀河の速度を測定していき、銀河はたしかに驚くべき速度で運動していることが明らかになった。しかし新たな謎も生まれた。はじめに測定した二つの銀河では、一方はこちらに近づき（青方偏移）、他方は遠ざかっていた（赤方偏移）。ところがその後、十二の銀河について測定を行ったところ、近づいてくる銀河よりも遠ざかっていく銀河のほうがずっと多かったのだ。スライファーは一九一七年までに二十五の銀河について測定を行ったが、そのうち遠ざかっていくものは二十一、近づいてくるものは四つだけだった。その後の十年間に、彼はさらに二十の銀河について測定を行ったが、そのすべてが遠ざかっていた。ほとんどすべての銀河が、猛烈なスピードで天の川銀河から遠ざかっているらしかった。あたかもわれわれの住む天の川銀河がたまらない悪臭でも発しているかのように。

天文学者のなかには、銀河はほぼ静止し、虚空の中に漂っていると予想していた人たちもいたし、銀河の速度はバランスよく分布していて、近づいてくるものもあれば遠ざかっていくものもあると考えた人たちもいた。しかしどうやら、どちらの予想もはずれのようだった。銀河は近づいてくるのではなく遠ざかっていくという傾向は、あらゆる予想を裏切っていたのだ。スライファーら天文学者たちは、現れつつある新たな宇宙像をどうにか理解しようと努めた。巧妙新奇な説がつぎつぎと打ち出されたが、共通の見解と言えるようなものはなかった。

銀河がなぜ後退しているのかという謎がようやく解明されたのは、エドウィン・ハッブルがその頭脳と望遠鏡をこの問題にふり向けたときのことだった。ハッブルはこの論争に参入したとき、荒唐無稽な説をひねり出すことには何の意義も認めなかった。なにしろウィルソン山天文台にある無敵の百インチ望遠鏡を使えば、新しいデータが得られることは確実だったのだから。彼には明快な座右の銘があった。「実験による結果がいよいよ尽きるまでは、思弁という夢の領分に踏み込む必要はない」

まもなくハッブルは決定的な観測を行い、天文学者たちはスライファーの結果を首尾一貫した宇宙モデルに組み込めるようになった。ハッブルはそうとは知らないままに、ルメートルとフリードマンの宇宙創造モデルを裏づける最初の大きな証拠をつかもうとしていたのである。

◇ハッブルの法則

星雲までの距離を測定し、その多くは別個の銀河であることを示してからの年月、エドウィン・ハッブルは天文学界にその権威をしっかりと刻みつけた。またプライベートな面でも大きな出来事があった。地元の裕福な銀行家の娘グレース・バークと知り合い、恋に落ちたのだ。グレースによれば、彼女がウィルソン山天文台を訪れたとき、星の写った感光板に一心に見入るハッブルの姿にすっかりまいってしまったのだという。後年、彼女はこう語っている。「彼はオリュンポスの神々のように堂々としていました。威厳があり、長身でたくましく、そしてまた美しく、プラクシテレスの手になるヘルメスの肩をもっていました。……そこには力の感覚がありました。その力は、個人的な野心などとは無縁な冒険へと振り向けられ、不安や動揺はありませんでした。ぎりぎりまで神経を集中させつつ、それとともに突き放したような客観性がありました。それは制御された力だったのです」

ハッブルと出会ったときグレースはすでに結婚していたが、一九二一年、地質学者だった夫のアール・リーブが鉱石サンプルを収集中に切り立った鉱道に落下して死亡した。ハッブルはその後改めてグレースと交際するようになり、一九二四年二月二十六日、二人は結婚した。

ハッブルが大論争に決着をつけて世間の注目を浴びたおかげで、彼とグレースは第一級の名士になった。ウィルソン山天文台はロサンゼルスからわずか二十五キロメートルの距離にあったので、二人はハリウッド社交界の常連になった。ハッブル夫妻はダグラス・フェアバンクスら俳優たちと食事をともにし、イーゴリ・ストラヴィンスキーのような文化人と交わる一方、レスリー・ハワードやコール・ポーターのような有名人がウィルソン山を訪れて天文台に華やかな空気をもたらした。

ハッブルは、世界一有名な天文学者という尊敬されるステータスが非常に気に入り、客や学生やジャーナリストたちを相手に生彩に富んだ思い出話をするのが大好きだった。若い頃は父親の言いなりだったハッブルは、彼を尊敬してくれる人たちに向かって力を誇示できるのが嬉しかった。たとえば彼はよく、ヨーロッパで暮らしていた頃、剣で決闘をしたときの話をした。友人たちは面白そうに聞いてくれたが、父親がその決闘の話を聞いたときには、こう言ってエドウィンを叱りつけただけだった。「決闘の傷は名誉の勲章にはならないのだぞ」

名声を手に入れ、華やかなセレブリティーとしての生活をしていたハッブルではあったが、自分はまずもって先駆的な天文学者であることを忘れたことはなかった。ハッブルは自らを「巨人たちの肩の上に立つ巨人」とみなし、コペルニクス、ガリレオ、ハーシェルがかつて占めた王座を継ぐのは当然自分だと考えていた。ハネムーンでイタリアに行ったときには、わざわざグレースをガリレオの墓まで連れて行き、自らの偉大な発見の基礎を作った人物に敬意を表した。

そんなわけで、赤方偏移を示す銀河のほうが圧倒的に多いというスライファーの結果を聞いたハッブルは、この大騒ぎに踏み込んで謎を解かなければなるまいと考えた。逃げていく銀河の謎を解明するのは、当代一の天文学者が果たすべき当然の義務に思われたのだ。ハッブルはウィルソン山で仕事に取りかかった。この天文台の百インチ望遠鏡は、ローウェル天文台でスライファーが使った望遠鏡より十七倍も大きな集光力をもっていた。暗闇の中で幾晩も仕事を続けるうちに、ハッブルは夜空の闇の中でも目が利くようになった。天文台の大きなドームの下、のっぺりとした黒の色調を破るものは、ハッブルのブライアー・パイプからときおり覗く穏やかな赤い光だけだった。

ハッブルの助手を務めたミルトン・ヒューメイソンは、しがない身の上から世界最高の天文写真家にまで上り詰めた人物である。ヒューメイソンは十四歳のときに学校をやめ、客員天文学者の宿泊施設だったウィルソン山ホテルでベルボーイとして働きはじめた。その後彼は天文台のラバ追いとなり、食料や装置類を山頂に運ぶ手伝いをするようになった。次に天文台の雑用係に採用されたヒューメイソンは、天文学者が夜ごと何をしているかを知るようになり、天文学者たちの使う写真の技術を学んでいった。学生の一人に頼み込んで、数学を教えてもらったこともあった。ウィルソン山天文台では、すさまじい勢いで天文学の知識を身につけている好奇心いっぱいの雑用係のことが話題になった。天文台に来てから三年後、ヒューメイソンは写真部門のスタッフに任命された。そしてさらに二年後、彼は一人前の助手になっていた。

ハッブルはそんなヒューメイソンが気に入り、あまりお似合いとはいえない協力関係を結んだ。ハッブルのほうは相変わらず気品ある英国紳士で通していたのに対し、ヒューメイソンのほうは、雲の出た夜にはトランプ遊びをしたり、「パンサージュース」と呼ばれる密造酒を飲んだりして過ごした。この二人の関係を成り立たせていたのは、「天文学の歴史とは、地平線が後退していく歴史である」というハッブルの信念だった。ヒューメイソンがもたらしてくれる画像のおかげで、ハッブルは世界中の誰よりも遠い宇宙を見ることができたのだ。ヒューメイソンは銀河の写真を撮る際は、銀河が望遠鏡の視界からはずれないようにするトラッキング機構のエラーに備え、望遠鏡を駆動するボタンの上に指をずっと置きっぱなしにしていた。ハッブルはそんなヒューメイソンの忍耐力と、細部まで行き届く注意力を高く買っていた。

スライファーの赤方偏移の謎を探るために、このペアは分担して仕事に取り組んだ。ヒューメイソンは多数の銀河についてドップラー偏移を測定し、ハッブルはその銀河までの距離を求めた。望遠鏡には新しいカメラと分光器を取り付け、以前ならば幾晩もかけて露光しなければならなかった写真を、わずか二、三時間で撮れるようにした。二人はまずはじめに、スライファーが最初に測定した銀河の赤方偏移を確認したのち、一九二九年までに四十六の銀河について赤方偏移と距離を求めた。あいにく、このとき得られた結果のほぼ半数は、誤差の生じる余地が大きすぎることが判明した。慎重になったハッブルは、十分に自信のもてる測定結果だけを使い、横軸に距離、縦軸に速度をとってグラフにしてみた（図60）。

ほとんどすべての銀河は赤方偏移を示し、これは銀河が後退していることをほのめかしていた。またグラフ上の点を見ていくと、銀河が後退する速度と、地球からその銀河までの距離とのあいだに強い相関がありそうだった。ハッブルはデータ点のあいだに一本の直線を引いてみた——銀河の速度は、地球からその銀河までの距離に比例するのではないかと考えたのだ。つまり、ある銀河より二倍遠くにある銀河は、おおよそ二倍の速度で遠ざかっていくように見え、三倍遠くにある銀河は、おおよそ三倍の速度で遠ざかっていくように見えるということだ。

もしもハッブルの考え通りなら、その波紋はとてつもなく大きい。銀河は宇宙の中をでたらめに飛び回っているのではなく、速度と距離のあいだには数学的な関係があるというのだから。そして科学者たちがそんな関係に気づけば、彼らはその背後にある深い意味を探ろうとする。この場合の意味は、宇宙に存在するすべての銀河は、過去のある時点において、ひとつの小さな領域に詰め込まれていたということだ。これは、今日ビッグバンと呼ばれているものを匂わせる最初の観測事実だった。宇宙創造の瞬間があったことをほのめかす、最初の手がかりが得られたのである。

ハッブルのデータと宇宙創造の瞬間とを結びつけるのは簡単だった。天の川銀河からある速度で遠ざかっていく銀河を考えよう。このとき、時計を逆回しにすると何が起こるだろうか？　その銀河は、昨日は今日よりも天の川銀河に近かったはずであり、先週はさらに近かったはずである。そ

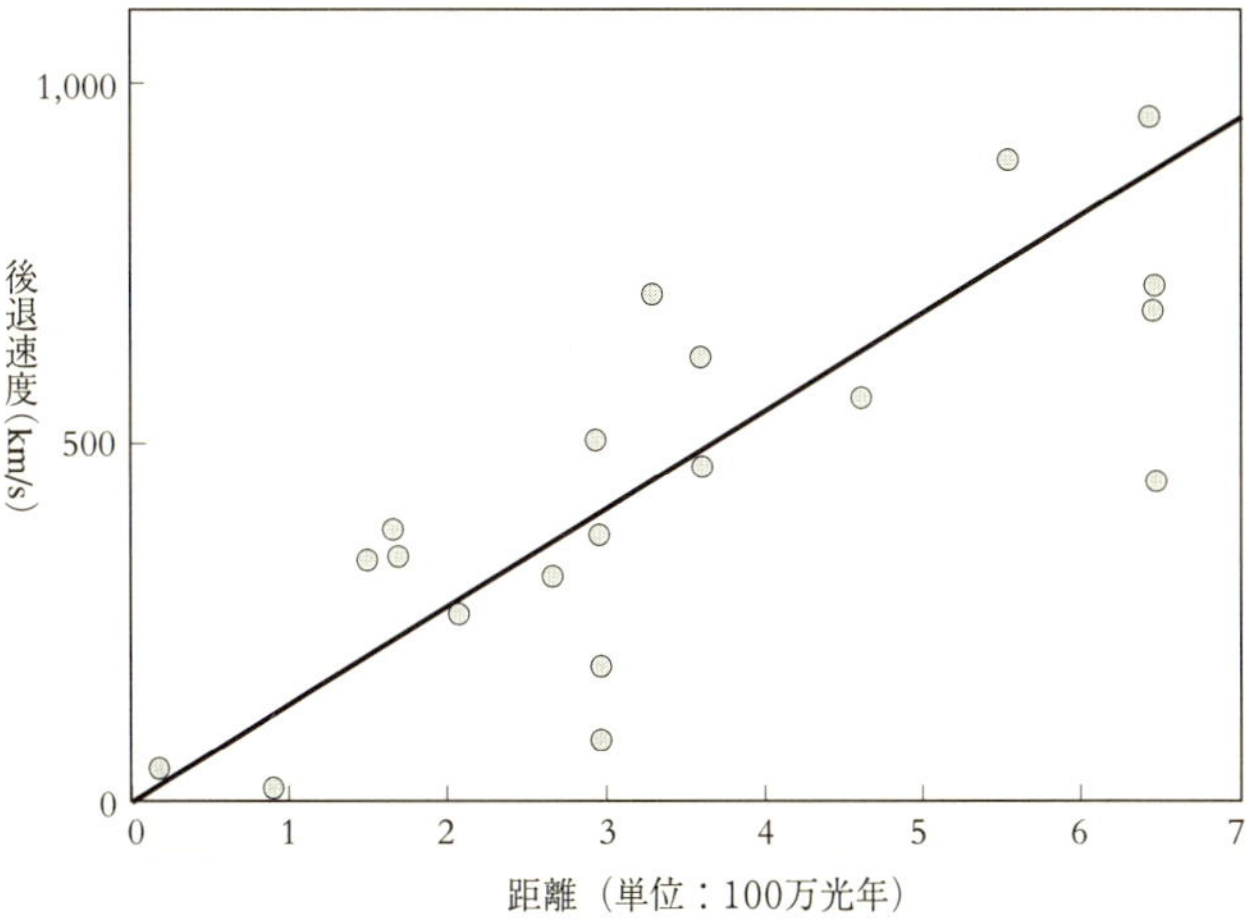

図60　このグラフにプロットされているのは、銀河のドップラー偏移を示すハッブルの最初のデータ（1929年）である。横軸は距離、縦軸は後退速度、各点は１つの銀河に対する測定値である。点のすべてが直線に乗っているわけではないが、一般的な傾向は見て取れる。このことから、銀河の速度は距離に比例することが示唆される。

の銀河までの今日の距離を、その銀河の後退速度で割ってやれば、その銀河が天の川銀河と重なっていたのはいつかがわかる（速度はずっと同じだったと仮定して）。次に、最初の銀河よりも二倍遠くにある第二の銀河を選び、同じ手続きで、第二の銀河が天の川銀河と重なっていたのはいつかを求める。グラフが示しているように、最初の銀河より二倍遠くにある銀河は、二倍の速さで遠ざかっていく。したがって時計を逆回しにすると、第二の銀河が天の川銀河のところまで戻ってくる時間は、第一の銀河のそれときっかり同じになるのだ。実際、すべての銀河が距離に比例する速度で天の川銀河から遠ざかっていくなら、過去のある時点で、すべての銀河は天の川銀河に重なっていたはずである（**図61**）。

　つまり宇宙に含まれるいっさいが、宇宙創造の瞬間に、たったひとつのきわめて高密度な領域から現れ出たように見えるのだ。また、時計を時刻ゼロから未来に向かって進めると、進化し膨張する宇宙が得られる。それはまさしくルメートルとフリードマンが理論的に導いたもの、すなわちビッグバンだった。

ハッブルはデータを集めはしたが、自らビッグバンを声高に唱道したり、宣伝したり、積極的に支持したりすることはなかった。ハッブルはこの結果を、「銀河系外星雲の距離と視線速度との関係」という地味なタイトルをつけた六ページの論文の中で発表した。堅実なハッブルは、宇宙の始まりについて思弁をめぐらせたり、哲学的な宇宙論の大問題に首を突っ込んだりする気はなかった。彼はただ優れた観測をして、精度の高いデータを手に入れたかっただけなのだ。前回の大躍進を遂げたときもこれと同じだった。ハッブルは、星雲のいくつかは天の川銀河のはるかかなたにあることを証明はしたが、それらの星雲が別個の銀河だという結論を出すことは他人に任せた。ハッブルは一種病的なまでに、自らのデータの深い意味に向き合うことができなかったようである。そんなわけで、銀河の速度と距離に関するハッブルのグラフを解釈したのも、同僚の天文学者たちだった。

しかし誰にせよ、ハッブルの観測結果について本気であれこれ考え出す前に、まずは彼の測定が正確だと思えなければならなかった。これは大きな壁だった。というのも、多くの天文学者はハッブルのグラフに納得しなかったからだ。そもそも少なからぬデータ点は、彼の引いた直線からだいぶ離れていた。点は、実は直線ではなく曲線に乗っているのではないだろうか？　あるいは直線でも曲線でもなく、単にランダムに分布しているだけではないのか？　このグラフは途方もなく重大な意味をもちかねなかっただけに、証拠は確実でなければならなかった。ハッブルはより精度の高い測定をもっとたくさん行う必要があった。

ハッブルとヒューメイソンはそれから二年のあいだ望遠鏡のそばで過酷な夜を過ごし、観測のテ

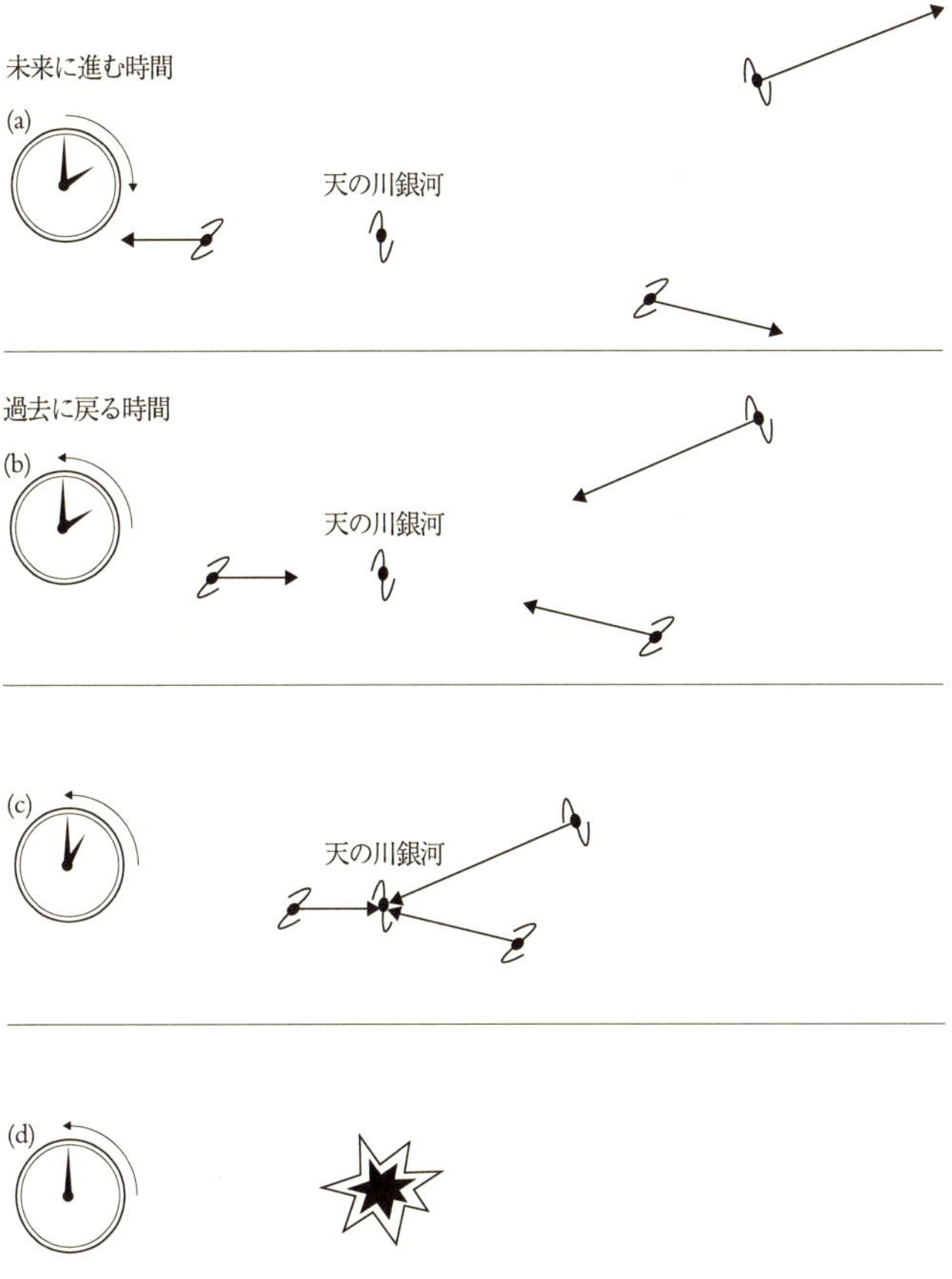

図61　ハッブルの観測は、宇宙創造の瞬間があったことをほのめかしていた。図(a)は今日の宇宙を表し、時計の針は２時を指している。簡略化のため、銀河は３つだけ示した。遠い銀河ほど大きな速度で天の川銀河から遠ざかっていく。速度の大きさを矢印の長さで示す。時計を逆回しにすると（図(b)）、銀河は近づいてくるように見える。図(c)では時計の針は１時を指し、銀河は天の川銀河に近づいている。零時になると（図(d)）、銀河はすべて天の川銀河に重なる。このときビッグバンが始まったと考えられる。

クノロジーをぎりぎりまで磨き上げた。その努力は実り、一九二九年の論文で取り上げたどの銀河よりも、二十倍も遠くにある銀河まで測定できるようになった。一九三一年、ハッブルは新しいグラフを含む論文を発表した（図62）。このたびのグラフでは、点はハッブルが引いた直線上にきれいに並んでいた。もはやデータの意味するところから逃れるすべはなかった。宇宙はたしかに膨張しており、しかも規則正しく膨張していたのだ。銀河の速度と距離は比例するというこの関係は、のちに「ハッブルの法則」として知られるようになった。法則とは言っても、たとえば重力法則が二つの物体間に働く重力の大きさを精密に教えてくれるのと同様の意味で厳密に成り立つわけではない。むしろこの法則は、ほとんどの場合に成り立つが例外も認めるという、事実にもとづく大まかな規則というべきものである。

たとえば、ヴェスト・スライファーが初期に調べた銀河のなかには青方偏移を示すものがいくつかあったが、これはハッブルの法則に真っ向から反している。これらの銀河は天の川銀河の近くにあったから、もしも銀河の速度が距離に比例するというなら、小さな後退速度をもつはずだった。しかし、予想される速度が十分に小さければ、天の川銀河や、その他近隣の銀河からの重力に引っ張られるせいで、速度の向きが逆転することもありうる。要するに、小さな青方偏移を示す銀河は、ハッブルの法則に合わない局所的な異常として無視できたのである。したがって一般には、銀河は距離に比例する速度でわれわれから遠ざかっていくと言ってよい。ハッブルの法則は簡単な式で表すことができる。

$$v = H_0 \times d$$

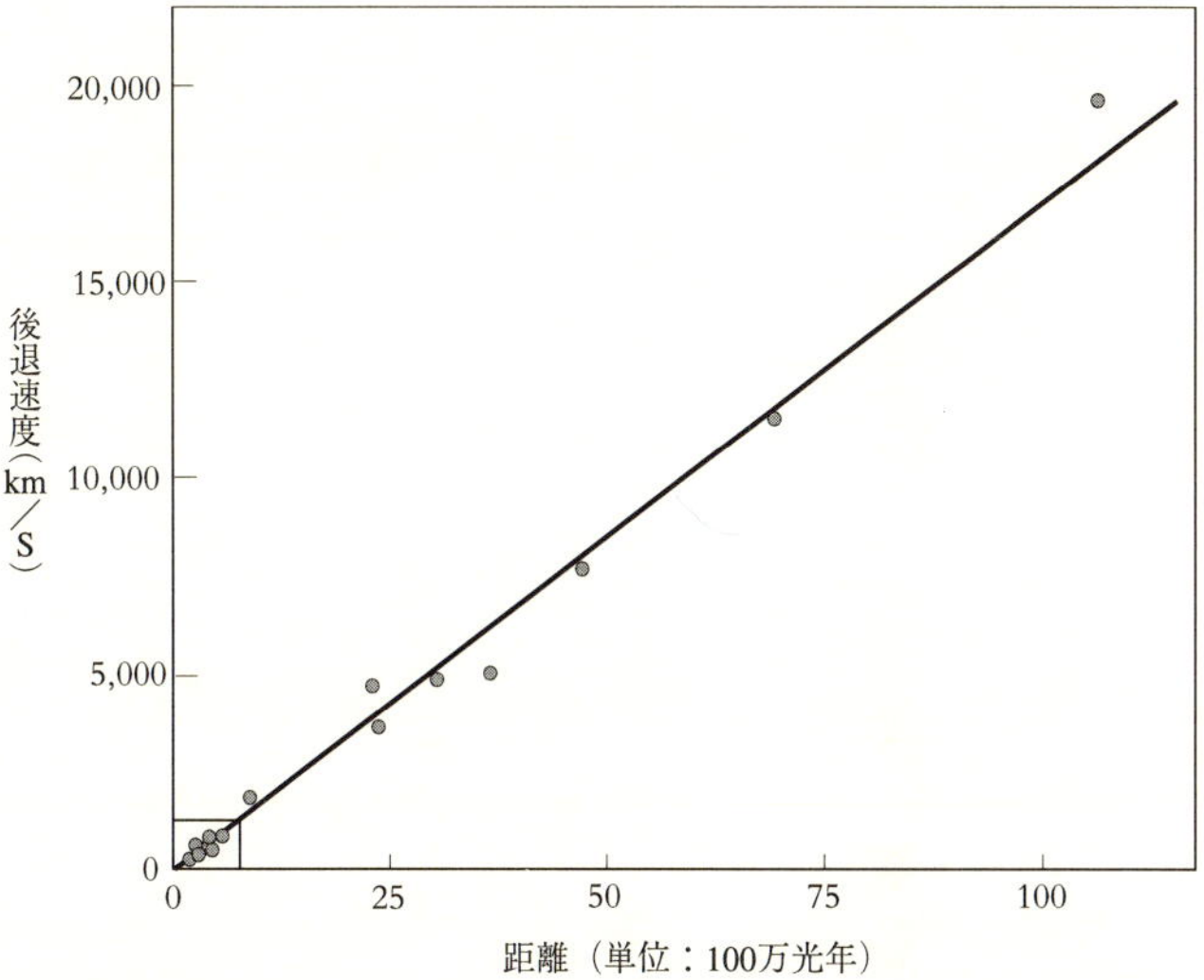

図62　1929年のグラフ（図60）と同様、ハッブルの1931年のグラフの各点は、それぞれひとつの銀河の測定結果を表している。測定は1929年の論文とくらべて大幅に改善されている。とくにハッブルはずっと遠くの銀河まで測定し、1929年の論文に含まれていたデータ点はすべて左下隅の小さな長方形の中に収まっている。このたびの測定からは、点が直線上に乗っていることが明らかに見て取れる。

この式の意味するところは、一般に銀河の速度（ν）は、地球からの距離（d）と、「ハッブル定数」として知られている定数（H_0）との積に等しいということだ。ハッブル定数の値は、距離と速度にどんな単位を用いるかによって変わる。普通、速度の単位としては「一秒間に何キロメートル進むか（km/s）」が使われるが、距離の単位としては専門的な理由により、天文学ではメガパーセク（Mpc）が使われることが多い。一メガパーセクは三二六万光年、あるいは同じことだが三〇九〇京キロメートルである。ハッブルは距離の単位としてメガパーセクを用い、ハッブル定数の値を558 km/s/Mpcとした。

ハッブル定数の値には二つの意

味がある。ひとつは距離と速度の関係である。地球から一メガパーセクの距離にある銀河は秒速五百五十八キロメートルほどで運動し、十メガパーセクの距離にある銀河は秒速五千五百八十キロメートルほどで運動しているということだ。したがってハッブルの法則が正しければ、どんな銀河に対しても、距離を測定すれば速度がわかることになる。またそれとは逆に、速度がわかれば距離を推定することができる。

ハッブル定数の二つ目の意味は、宇宙の年齢である。宇宙に存在するすべての物質が、非常に密度の高いひとつの領域から出現したのはいつだろうか？　ハッブル定数を558km/s/Mpcとすると、一メガパーセクの距離にある銀河は秒速五百五十八キロメートルの速度で進んでいるから、これまでずっとこの速度で進んでいたと仮定すれば、一メガパーセクの距離に到達するまでにかかった時間を計算することができる。この計算は、距離をキロメートルに換算すれば容易になるので、1Mpc=30,900,000,000,000,000kmという関係を使って距離をキロメートルに直しておくと、

$$
\begin{aligned}
\text{時間} &= \frac{\text{距離}}{\text{速度}} \\
&= \frac{30{,}900{,}000{,}000{,}000{,}000\,\text{km}}{558\,\text{km/s}} \\
&= 55{,}400{,}000{,}000{,}000{,}000\,\text{秒} \\
&= 1{,}800{,}000{,}000\,\text{年}
\end{aligned}
$$

したがって、ハッブルとヒューメイソンの観測結果によれば、宇宙のすべての物質は、ざっと十

NGC
221

NGC
379

双子座
銀河団

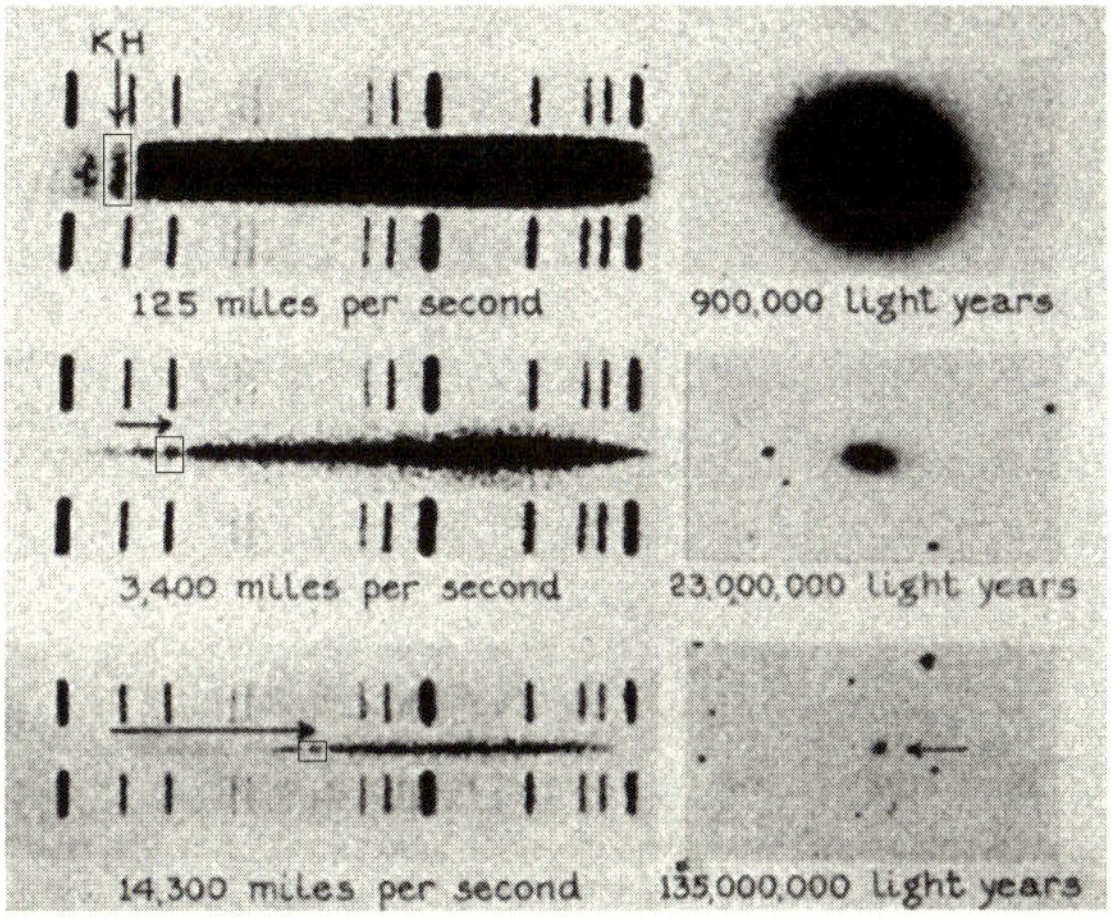

図63　図54の理想化された吸収スペクトルとは異なり、ここに示すスペクトルはハッブルとヒューメイソンによる実際の測定結果である。これを読み取るのは難しいが、横向きに伸びた線は、それぞれひとつの銀河によって吸収された複数の波長を表している。スペクトルの右側にはその銀河の画像が示されている。

一番上の銀河、NGC221は90万光年の距離にある。ヒューメイソンの分光測定から、この銀河の後退速度がわかる。真ん中にある横向きに伸びた太い線は、銀河からやってきた光である。４角で囲まれた縦線は、銀河内のカルシウムによる吸収線である。この縦線は、本来あるべき場所よりも右側にずれている。すなわちスペクトルは赤方偏移を示しており（図59参照）、ここからこの銀河の後退速度は200km/s であることがわかる。赤方偏移の大きさは、NGC221のデータの上下に示された基準線に対して計られる。

２番目の測定結果は、銀河 NGC379に関するものである。この銀河は2,300万光年の距離にあり、NGC221よりも小さな画像になっているのはそのためだ。ここで重要なのは、カルシウムの吸収線（４角形で囲まれている）がさらに右側にずれ、大きな赤方偏移を示していることだ。この場合の後退速度は5,440km/s。つまり NGC379は、NGC221の26倍遠くにあり、27倍の速度で遠ざかっている。したがって、速度は距離にほぼ比例して増加していることになる。

３番めの測定は、１億3,500万光年の距離にある双子座銀河団内の銀河に関するものである。カルシウムの吸収線（４角形に囲まれている）は、いっそう大きく右側にずれ、後退速度は23,000km/s となる。したがってこの銀河は、NGC221よりも約150倍遠くにあり、約115倍の速さで遠ざかっている。

八億年前には小さな領域に詰め込まれていたが、その後今日まで外向きに膨張を続けてきたことになる。これは、宇宙は永遠不変だという確立された宇宙像に真っ向から対立し、ルメートルとフリードマンの「ビッグバンで始まった宇宙」という考えを裏打ちする見方だった。

天文学者はすでに、宇宙は多少なりとも進化していることを認めざるをえなくなっていた。なぜなら、新星や超新星の出現といった宇宙の変化をその目で見たからである。しかし天文学者は、死んでいく星は、どこかで新たに生まれる星によって補充され、宇宙全体としての安定性とバランスが保たれているのだろうと考えていた。言い換えれば、新星がときおり現れるぐらいでは、宇宙全体としての性質は変わらないということだ。しかし新たに得られたこのデータは、宇宙は壮大なスケールでたえず進化していることを示していた。ハッブルの観測と、そこから引き出された膨張法則は、宇宙は動的で全体として変化しつつあり、時間とともに距離は増大し、平均密度は小さくなっていることを意味していたのである。

もちろん宇宙論研究者のほとんどは、研究というものに本来そなわる保守的性質から、宇宙は膨張しているとか、宇宙はある時点で創造されたとかいう考えを退けた。それはちょうど、星雲は遠くにある銀河だとか、光は有限な一定の速度で進むとか、地球が太陽のまわりを回っているとかいう考えに、かつて反対した人たちがいたのと同じことである。

元ラバ追いのヒューメイソンにしてみれば、そんな大層な議論はどうでもよかった。彼の仕事は赤方偏移を測定するところまでで、その結果をどう解釈するかなど知ったことではなかったのだ。「私はこの仕事の中で自分が果たした役割が、いわば基本的な部分だったことをいつもありがたく思ってきました。それは永遠に変わらない部分です——それが意味するところについて、どんな判断が下されようとも。私が測定したスペクトル線は、永遠に私が測定した位置にあります。速度も、赤方偏移と呼ばれようが、最終的にどんな名前で呼ばれることになろうが、変化することはありません」

ここでふたたび強調しておくべきは、ハッブルはまたしてもいっさいの思弁を避けたことだ。彼は測定結果こそ提供したものの、宇宙論の論争にはまったく関与しなかった。ハッブルとヒューメイソンの論文には次の一文がみえる。「筆者らは、〝見かけの速度変位〟（赤方偏移のこと）にやむなく言及するが、その解釈および宇宙論的意味に立ち入るものではない」

ハッブルは二つ目の大論争に首を突っ込む代わりに、天井知らずに高まる名声を存分に楽しんだ。一九三七年には、映画監督フランク・キャプラの主賓としてアカデミー賞授賞式に出席した。アカデミー会長のキャプラは、授賞式開式の辞の冒頭で、世界でもっとも偉大な天文学者としてハッブルを紹介した。ハリウッド社交界の面々を脇役として、ハッブルは立ち上がって喝采を受け、三つの輝かしいスポットライトを浴びた。彼はそれまでの人生を驚異の念をもって星を見つめることに費やしてきたが、今やハリウッドのスターたちが畏敬の念をもって彼を見つめていた。

会場にいた人は一人残らず、ハッブルの業績の偉大さを理解した。この人物が行った距離の測定が、われわれの宇宙観を拡大し、たったひとつの有限な天の川銀河から、たくさんの銀河をちりばめた無限の空間にまで広げたのだと。この人物が、宇宙は膨張していることを示し、そしてそのことは――ハッブル自身がそれを認めたかどうかはともかく――宇宙は無限の過去から存在したのではなく、宇宙の全物質が小さな領域に押し込められていた揺籃期があり、その小さな領域が爆発してここまで進化してきたことを意味しているらしい、と。エドウィン・ハッブルはそうとは知らずに、宇宙創造の瞬間があったという説を裏づける最初の客観的証拠を見出したのである。ついにビッグバン・モデルは単なる仮説ではなくなったのだ。

第Ⅲ章　大論争のまとめ

①天文学者たちは次々と大きな望遠鏡を建設していった。
彼らは天空を探り、星までの距離を測定した。

②一七〇〇年代にはハーシェルが、
太陽は星の集団に埋もれていることを示した。
この星の集団が天の川銀河である。
天の川銀河はことによると宇宙で唯一の銀河なのか？

③一七八四年までに、メシエは星雲（ぼんやりした光のシミのようなもの）のカタログを作った。それらは星（くっきりした光の点）とは違って見えた。
大論争は星雲の素性に関するものである。
⇩星雲は天の川銀河の内部にある天体なのか？
⇩星雲は別個の銀河なのか？

⇦

天の川銀河は唯一の銀河なのか？
宇宙のいたるところに銀河がちりばめられているのか？

④一九一二年、ヘンリエッタ・リーヴィットはケフェウス型変光星を調べ、
変光周期は実際の明るさの指標となり、
変光星までの距離を見積もれることを示した。
⇩
天文学者は宇宙を測定するものさしを手に入れた。

⑤一九二三年、エドウィン・ハッブルは星雲内にケフェウス型変光星を見つけ、
その星雲は天の川銀河のはるかかなたにあることを証明した！
（ほとんどの）星雲は別個の銀河であり、
われわれの天の川銀河と同様、何十億個もの星を含んでいる。

宇宙は銀河に満ちていたのだ。

⑥分光学：原子はそれぞれ決まった波長の光を放出したり吸収したりする。
星の光を調べれば、星が何でできているかがわかる。
⇩
天文学者は星の光の波長がわずかにずれていることに気づいた。

この現象はドップラー効果によって説明できた。

ドップラー効果とは、
近づいてくる星の光は波長の短いほうにずれ（青方偏移）、
遠ざかっていく星の光は波長の長いほうにずれる（赤方偏移）
というもの。

⇦

銀河の大半は天の川銀河から
遠ざかっているように見えた（赤方偏移を示す）！

⑦一九二九年、ハッブルは銀河の距離と速度のあいだに
直接的な関係があることを示した。
これが今日ハッブルの法則として知られているものである。

⇦

もしも銀河が後退しているなら、
1　明日は今日より遠ざかっているだろう。
2　昨日はもっと近かったろう。
3　昨年はもっともっと近かったろう。
4　過去のどこかの時点で、すべての銀河は天の川銀河に重なっていたはずだ。

ハッブルの測定は、
宇宙は小さなぎゅうぎゅう詰めの状態から出発して、
外向きに膨張したことを示しているらしかった。
宇宙は今日も膨張を続けている。

これはビッグバンの証拠なのだろうか?

〈訳者略歴〉
青木 薫（あおき・かおる）
1956年、山形県生まれ。京都大学理学部卒業、同大学院修了。理学博士。翻訳家。訳書に、チャンドラセカール『チャンドラセカールの「プリンキピア」講義』（共訳、講談社）、カール・セーガン『カール・セーガン　科学と悪霊を語る』、サイモン・シン『フェルマーの最終定理』『暗号解読』、ジョージ・G・スピーロ『ケプラー予想』（いずれも新潮社）などがある。

BIG BANG

Japanese edition first published in 2006 by Shinchosha Company.
Japanese translation rights arranged with Conville and Walsh Limited through Japan UNI Agency, Inc., Tokyo.

ビッグバン宇宙論　上

サイモン・シン

青《あお》木《き》薫《かおる》訳

発　行　2006. 6 .25

発行者　佐藤隆信
発行所　株式会社新潮社　郵便番号162-8711
東京都新宿区矢来町71
電話：編集部（03）3266-5411
読者係（03）3266-5111
http://www.shichosha.co.jp
印刷所　錦明印刷株式会社
製本所　大口製本印刷株式会社

ISBN4-10-539303-0　C0098　　価格はカバーに表示してあります。

四色問題

ロビン・ウィルソン
茂木健一郎訳

どんな地図でも塗り分けるには何色必要か？ 一見簡単そうでいて、全世界の数学者・パズラーが頭を悩ませた難問はいかにして解けたのか。一五〇年に及ぶ苦闘のドラマ。

脳と仮想

茂木健一郎

「ねえ、サンタさんていると思う？」少女の呟きから始まった考察。心とは何か。どこから生まれてくるのか。「心」の解明へと迫る、気鋭の脳科学者による画期的論考。

魂の重さの量り方

レン・フィッシャー
林一訳

精密測定の結果、ヒトの魂には30グラムほどの重さがあった！ 信じがたい事実を説明するために科学が生みだしてきた「奇妙な信念」の歴史をたどる、異色の科学史。

沈黙の春〈改装版〉

レイチェル・カーソン
青樹簗一訳

自然を破壊し、人体を蝕む化学薬品の乱用をいちはやく指摘、孤立無援のうちに出版され、いまなお鋭く告発しつづけて21世紀へと読み継がれた名著。待望の新装版。

センス・オブ・ワンダー

レイチェル・カーソン
上遠恵子訳

子どもたちへの一番大切な贈りもの！ 美しいもの、未知なもの、神秘的なものに目を見はる感性を育むために、子どもと一緒に自然を探検し、発見の喜びを味わう――

レイチェル・カーソン〈新装版〉

ポール・ブルックス
上遠恵子訳

『沈黙の春』で「海と大地」の汚染と破壊を最初に告発し、地球の美しさとあらゆる生命の尊厳を守りとおそうとした一人の女性。その作品と生涯。待望の新装版。